AF240498

Lt Colonel Dorat

[É]COLE SUPre D'AÉRONAUTIQUE
et de Conston Mécanique
[?]2, Rue de Clignancourt. PARIS

Mécanique de l'Aviation.

Reproduction interdite

Déposé

ÉCOLE SUPÉRIEURE D'AÉRONAUTIQUE

et de CONSTRUCTION MÉCANIQUE

****

COURS

de

MÉCANIQUE DE L'AVIATION

INTRODUCTION

Au début de l'Aviation, lorsque l'Ecole Supérieure d'Aéronautique a été fondée par le Colonel ROCHE, ce fût M. PAINLEVÉ lui-même qui voulut bien se charger du Cours de Mécanique de l'Aviation.

A cette époque, la tâche était d'autant plus difficile que l'avion venait à peine de naître et que la science nouvelle s'appuyait sur quelques vagues expériences pour la plupart indécises.

Aussi, M.PAINLEVÉ n'hésita pas à mettre à contribution ses connaissances très étendues dans le domaine de la mécanique rationnelle et à traiter par le calcul la plupart des problèmes qui intéressaient au plus haut point le fonctionnement de la machine volante.

Malgré les énormes progrès réalisés en Aviation depuis plusieurs années et en particulier pendant la guerre, il n'y a pas eu, en quelque sorte, d'inventions nouvelle depuis l'origine.

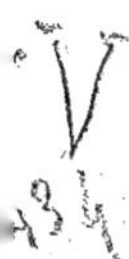

Le cours de M. PAINLEVÉ conserve donc toute sa valeur et il serait désirable qu'il ait pu être professé intégralement.

ECOLE SUPERIEURE D'AERONAUTIQUE

et de CONSTRUCTION MECANIQUE

COURS

de

MECANIQUE DE L'AVIATION

INTRODUCTION

Au début de l'Aviation, lorsque l'Ecole Supérieure d'Aéronautique a été fondée par le Colonel ROCHE, ce fût M. PAINLEVE lui-même qui voulut bien se charger du Cours de Mécanique de l'Aviation.

A cette époque, la tâche était d'autant plus difficile que l'avion venait à peine de naître et que la science nouvelle s'appuyait sur quelques vagues expériences pour la plupart indécises.

Aussi, M. PAINLEVE n'hésita pas à mettre à contribution ses connaissances très étendues dans le domaine de la mécanique rationnelle et à traiter par le calcul la plupart des problèmes qui intéressaient au plus haut point le fonctionnement de la machine volante.

Malgré les énormes progrès réalisés en Aviation depuis plusieurs années et en particulier pendant la guerre, il n'y a peu eu, en quelque sorte, d'inventions nouvelle depuis l'origine.

Le cours de M. PAINLEVE conserve donc toute sa valeur et il serait désirable qu'il ait pu être professé intégralement.

Mais, comme vous le savez, nous faisons ici un cours de guerre et nous devons savoir nous limiter, faute de temps.

Il importe que les ingénieurs de l'Aéronautique soient mis au courant du bagage scientifique très important que l'expérience intensive de plusieurs années a mis à notre disposition.

C'est pourquoi je serai obligé, tout en suivant le canevas général du cours de M. PAINLEVÉ, d'insister tout particulièrement sur les enseignements nombreux que nous avons pu tirer des résultats donnés par l'expérimentation.

Aujourd'hui, on ne saurait dire que l'Aéronautique est basée sur un empirisme raisonné.

C'est au même titre que la Physique une science expérimentale demandant à la mécanique rationnelle l'interprétation des résultats acquis.

A l'époque actuelle, nous savons évidemment bien peu de chose, mais le peu que nous savons doit être connu de tous, afin que toutes les intelligences et toutes les bonnes volontés puissent apporter leur pierre à l'édifice et contribuer à faire progresser cette merveilleuse machine qu'est l'Avion.

CHAPITRE I

Principe fondamentaux de l'Aérodynamique

=========

-I- Action de l'air sur les corps en mouvement

======

Si un corps se déplace avec une certaine vitesse V dans une masse d'air supposée immobile, le principe du mouvement relatif bien connu en mécanique nous permet d'admettre que tout se passe comme si le corps était au repos et la masse d'air animée d'une vitesse égale et de direction contraite à V. Le principe de la relativité que nous venons d'énoncer ne saurait être vrai qu'autant que la masse d'air est homogène et animée dans toutes ses parties, de la même vitesse V.

Pour étudier l'action de l'air immobile sur un corps en mouvement on pourra donc employer la méthode consistant à suspendre le corps à une balance spéciale dans un courant d'air très régulier dont on saura mesurer la vitesse V.

C'est la méthode expérimentale employée par M. Eiffel dans son tunnel aérodynamique.

Si, nous plaçons dans les conditions indiquées précédemment, un corps dans le courant d'air du tunnel aérodynamique, nous constatons que l'air en mouvement développe sur le corps des efforts dont nous pourrons apprécier les grandeurs et les directions. S'il s'agit, par exemple, d'un corps ayant comme axe de symétrie

CHAPITRE I

Principe Fondamentaux de l'Aérodynamique

-I- Action de l'air sur les corps en mouvement

Si un corps se déplace avec une certaine vitesse V dans une masse d'air supposée immobile, le principe du mouvement relatif bien connu en mécanique nous permet d'admettre que tout se passe comme si le corps était au repos et la masse d'air animée d'une vitesse égale et de direction contraire à V. Le principe de la relativité que nous venons d'énoncer ne saurait être vrai qu'autant que la masse d'air est homogène et animée dans toutes ses parties, de la même vitesse V.

Pour étudier l'action de l'air immobile sur un corps en mouvement on pourra donc employer la méthode consistant à suspendre le corps à une balance spéciale dans un courant d'air très régulier dont on saura mesurer la vitesse V.

C'est la méthode expérimentale employée par M. Eiffel dans son tunnel aérodynamique.

Si, nous plaçons dans les conditions indiquées précédemment, un corps dans le courant d'air du tunnel aérodynamique, nous constatons que l'air en mouvement développe sur le corps des efforts dont nous pourrons apprécier les grandeurs et les directions. S'il s'agit, par exemple, d'un corps ayant comme axe de symétrie

la direction du courant d'air, nous mesurons une force R dirigée dans le sens du mouvement et proportionnelle au carré de sa vitesse V.

- En vertu du principe de la relativité le même corps animé d'une vitesse V dans l'air immobile subira de la part du fluide une résistance à l'avancement égale à R donné par :

$$R = K_1 \; V^2$$

- Si l'on remplace le corps essayé au tunnel aérodynamique par un autre géométriquement semblable et que le rapport de similitude des dimensions homologues soit m, on aura :

$$R = K_2 \; m^2 \; V^2$$

- Comme pour les corps géométriquement semblables m^2 est proportionnel à la surface S du maitre couple on a :

$$R = K \; S \; V^2$$

- La valeur de K dépend de la forme du corps, de sa nature et de la plus ou moins grande rugosité de sa surface.

- On constate par l'expérience qu'un corps bien fuselé résiste 8 fois moins qu'une surface plane de même surface et que R sera d'autant plus petit que la surface sera plus lisse.

- La méthode du tunnel aérodynamique tend à se répandre dans tous les pays pour l'étude des lois de la résistance de l'air sur les corps, elle a contribué pour une grande part aux progrès de l'Aviation.

la direction du courant d'air, nous mesurons une force R dirigée dans le sens du mouvement et proportionnelle au carré de sa vitesse V.

- En vertu du principe de la relativité le même corps animé d'une vitesse V dans l'air immobile subira de la part du fluide une résistance à l'avancement égale à R donné par :

$$R = K_1 \ V^2$$

- Si l'on remplace le corps essayé au tunnel aérodynamique par un autre géométriquement semblable et que le rapport de similitude des dimensions homologues soit m, on aura :

$$R = K_2 \ m^2 \ V^2$$

- Comme pour les corps géométriquement semblables m^2 est proportionnel à la surface S du maître couple on a :

$$R = K \ S \ V^2$$

- La valeur de K dépend de la forme du corps, de sa nature et de la plus ou moins grande rugosité de sa surface.

- On constate par l'expérience qu'un corps bien fuselé résiste 8 fois moins qu'une surface plane de même surface et que R sera d'autant plus petit que la surface sera plus lisse.

- La méthode du tunnel aérodynamique tend à se répandre dans tous les pays pour l'étude des lois de la résistance de l'air sur les corps, elle a contribué pour une grande part aux progrès de l'Aviation.

§ 2 - Sustentation aérodynamique

a) Surfaces planes

Lorsque l'on remorque obliquement avec une certaine vitesse V une surface plane et mince A B (fig.1) sous un certain angle α, on constate par l'expérience qu'il existe une résultante N des actions de l'air sur la surface, sensiblement perpendiculaire à A B.

Cette force N peut se décomposer en deux autres : l'une R en sens inverse du mouvement et l'autre F perpendiculaire à sa direction.

Si la vitesse V est horizontale la force $F=N \cos \alpha$ est une force sustentatrice pouvant soulever un poids équivalent.

La force $R = N \sin \alpha$ qui s'oppose au mouvement est la résistance à l'avancement.

Pour pouvoir soutenir dans l'espace un poids 11 égal à l'effort sustentateur F il faudra entretenir la vitesse V à l'aide d'un effort propulseur P.

Si le mouvement nécessaire à la sustentation est uniforme, toutes les forces en présence se font équilibre et on aura :

$$F = 11$$

$$R = P$$

Le travail T de la force P sera celui nécessaire pour obtenir la propulsion et par conséquent la sustentation.

On aura : $T = P V$

travail nécessaire pendant l'unité de temps c'est-à-dire la puissance.

§ 2 - Sustentation aérodynamique

a) Surfaces planes

Lorsque l'on remorque obliquement avec une certaine vitesse V une surface plane et mince A B (fig.1) sous un certain angle α, on constate par l'expérience qu'il existe une résultante N des actions de l'air sur la surface, sensiblement perpendiculaire à A B.

Cette force N peut se décomposer en deux autres : l'une R en sens inverse du mouvement et l'autre F perpendiculaire à sa direction.

Si la vitesse V est horizontale la force $F = N \cos \alpha$ est une force sustentatrice pouvant soulever un poids équivalent.

La force $R = N \sin \alpha$ qui s'oppose au mouvement est la résistance à l'avancement.

Pour pouvoir soutenir dans l'espace un poids Π égal à l'effort sustentateur F il faudra entretenir la vitesse V à l'aide d'un effort propulseur P.

Si le mouvement nécessaire à la sustentation est uniforme, toutes les forces en présence se font équilibre et on aura :

$$F = \Pi$$

$$R = P$$

Le travail T de la force P sera celui nécessaire pour obtenir la propulsion et par conséquent la sustentation.

On aura : $T = P\,V$

travail nécessaire pendant l'unité de temps c'est-à-dire la puissance.

L'expérience nous montre que pour les surfaces planes géométriquement semblables la force N est de la forme:

$$N = K\ S\ V^2 f\ (\alpha)$$

Dans cette formule, S est la surface, f (α) une fonction de l'angle d'attaque α et K un coefficient dépendant du contour du plan et de sa rugosité.

Pour une surface rectangulaire, le contour est défini par l'envergure qui est le côté perpendiculaire à la direction de la vitesse et la profondeur deuxième côté du rectangle.

L'expérience montre que la valeur de K augmente avec le rapport entre l'envergure et la profondeur.

Pour les petits angles d'attaque α la fonction f (α) lorsqu'il s'agit du plan, est égale à 2 sin α.

On a donc :

$$N = 2\ K\ S\ V^2 \sin\alpha$$

$$F = 2\ K\ S\ V^2 \sin\alpha \cos\alpha$$

$$R = 2\ K\ S\ V^2 \sin^2\alpha$$

La valeur de K est voisine de 0,08 lorsque le rapport entre l'envergure et la profondeur est supérieur à 5.

Dès que l'homme a voulu construire le premier aéroplane, il a cherché tout naturellement à réaliser les profils des ailes des oiseaux et l'on peut dire que la surface plane n'a guère été utilisée que pour les cerfs volants.

Il était en effet à prevoir que la nature a donné aux oiseaux des ailes à profil incurvé pour leur permettre d'obtenir une exellente sustentation en réduisant au strict minimum le travail de propulsion.

Les études concernant les profils des ailes d'avions sont loin d'être terminées, mais nous possédons actuellement une documentation assez étendue à leur sujet et nous aurons à en reparler lorsqu'il s'agira de l'adaptation des ailes aux avions.

On peut dire en passant que la partie supérieure d'une bonne aile doit se rapprocher de la forme indiquée sur la figure 2; la partie inférieure peut-être plate ou creusée d'une certaine quantité ou même bombée suivant les performances à demander à l'avion.

On appelle par définition angle d'attaque i ,l'angle que fait la corde de l'aile avec la direction du mouvement.

Le centre de poussée sera par définition l'intersection C de la force N résultant des actions de l'air avec la corde A B de l'aile.

De même que pour le plan, la force N peut se décomposer en deux autres :

la première R qui s'oppose au mouvement,

la deuxième F normale à sa direction est l'effort sustentateur.

Si S est la surface de l'aile, on peut écrire :

(1) $F = Ky\ S\ V^2$ ....Effort sustentateur,

(2) $R = Kx\ S\ V^2$ ....Résistance à l'avancement.

Les essais au tunnel permettront de déterminer pour chaque modèle d'aile les valeurs de Kx et Ky pour différentes valeurs de i . On a donc les relations expérimentales suivantes:

(3) $Kx = f_1\ (i)$
(4) $Ky = f_2\ (i)$
} Caractéristiques expérimentales d'une aile.

Kx est appelé <u>coefficient unitaire de trainée</u>.

Ky est le <u>coefficient unitaire de sustentation</u>.

Le rapport $\frac{Kx}{Ky}$ est égal à celui qui existe entre la résistance à l'avancement et l'effort sustentateur.

§ - (3) Déplacement de la poussée lorsque l'angle d'attaque varie.

Le point C que l'on a appelé par définition centre de poussée se déplace lorsque l'angle d'attaque varie. Si x est la distance du bord de l'aile (fig.2) au point C et L la profondeur de l'aile, on aura :

$$\frac{x}{L} = f_3 (i)$$

Cette fonction peut se déterminer par l'expérienence.

On représente graphiquement les résultats expérimentaux concernant les ailes d'avions comme il est indiqué fig.(3) - (4) - (5).

On obtient ainsi leur véritable état-civil puisque l'on a :

1°-le profil avec ses dimensions pour une profondeur de 1 mètre, fig.(3).

2°-le rapport $\frac{x}{L}$ pour différentes valeurs de i

3°-la courbe polaire fig.(4) donnant ky en fonction de Kx .

4°-les courbes donnant Ky $\left(\frac{Kx}{Ky}\right)$ et Kx en fonction de i, fig.(5).

- (4) Influence de l'altitude sur les lois de la résistance de l'air.

Les lois expérimentales que l'on vient d'étudier ont été vérifiées en opérant au sol dans un air de densité moyenne δ_0

Si l'on opère à une altitude Z où la densité de l'air est plus faible qu'au sol et égale à δ les formules précédentes deviennent :

$$F = Ky\, S\, V^2 \mu_1$$
$$R = Kx\, S\, V^2 \mu_1$$
$$\mu_1 = \frac{\delta}{\delta_0}$$

Cela signifie que les actions de l'air sur les corps en mouvement sont proportionnelles à la densité de l'air.

Par contre, le rapport $\frac{R}{F} = \frac{Kx}{Ky}$ est indépendant de la densité de l'air et par conséquent de l'altitude de vol.

On a admis que l'air moyen est pris à la température de 15° et au niveau de la mer où la pression barométrique est 760^{mm}.

A une altitude Z où la température est égale à t et la pression barométrique à h on aura pour la densité de l'air δ

$$\delta = \delta_0 \frac{H}{760} \times \frac{1 + \alpha t}{1 + \alpha 15°}$$

On sait que la pression h et la température t décroissent avec l'altitude suivant des lois connues qui peuvent être représentées par les formules suivantes :

Loi barométrique:

$$Z = 18400 \left(1 + \frac{15 + t}{500} \right) \log \frac{760}{H}$$

- (a) Influence de l'altitude sur les lois de la résistance de l'air.

Les lois expérimentales que l'on vient d'étudier ont été vérifiées en opérant au sol dans un air de densité moyenne δ_0

Si l'on opère à une altitude Z où la densité de l'air est plus faible qu'au sol et égale à δ les formules précédentes deviennent :

$$T = Ky\ S\ V^2 \mu_1$$

$$R = Kx\ S\ V^2 \mu_1$$

$$\mu_1 = \frac{\delta}{\delta_0}$$

Cela signifie que les actions de l'air sur les corps en mouvement sont proportionnelles à la densité de l'air.

Par contre, le rapport $\frac{R}{T} = \frac{Kx}{Ky}$ est indépendant de la densité de l'air et par conséquent de l'altitude de vol.

On a admis que l'air moyen était pris à la température de 15° et au niveau de la mer où la pression barométrique est $760^{m/m}$.

A une altitude Z où la température est égale à t et la pression barométrique à h on aura pour la densité de l'air δ

$$\delta = \delta_0 \frac{h}{760} \times \frac{1 + \alpha t}{1 + \alpha 15°}$$

On sait que la pression h et la température t décroissent avec l'altitude suivant des lois connues qui peuvent être représentées par les formules suivantes :

Loi barométrique:

$$Z = 18400 \left(1 + \frac{15 + t}{500} \right) \log \frac{760}{h}$$

Loi de Radau .

$$t = 15^\circ - 0{,}08 \ (760 - h)$$

Les formules précédentes sont employées par les Services Techniques de l'Aéronautique pour analyser les résultats des essais en plein vol faits à des altitudes différentes.

Le tableau suivant donne les résultats des calculs en partant de l'air moyen et en appliquant la loi de Radau.

On désignera par μ le rapport $\frac{h}{760}$ et par μ_1 le rapport $\frac{\delta}{\delta_0}$

§ - (5) RELATIONS ENTRE LES ALTITUDES ET LES PRESSIONS BAROMETRIQUES, D'APRES LA LOI DE RADAU.

$$\mu = f_1(z) \qquad \mu_1 = f_2(z)$$

ALTITUDES. Z	PRESSIONS H	$\frac{H}{760} = \mu$	TEMPERATURES. T	$\frac{\delta}{\delta_0} = \mu_1$	$\frac{\mu_1}{\mu}$	$\frac{1}{\mu_1}$
0	760	1	15°	1	1	1
500	715	0,940	12°	0,95	0,99	1,051
1.000	574	0,886	9	0,905	0,97	1,104
1.500	635	0,850	5	0,865	0,96	1,155
2.000	597	0,785	2	0,824	0,955	1,215
2.500	562	0,736	0	0,78	0,945	1,281
3.000	526	0,690	- 3	0,74	0,932	1,354
3.500	495	0,650	- 6	0,7	0,95	1,429
4.000	462	0,608	- 8	0,66	0,925	1,513
4.500	434	0,570	- 11	0,625	0,912	1,593
5.000	407	0,535	- 15	0,594	0,902	1,685
5.500	381	0,501	- 15	0,56	0,896	1,786
6.000	356	0,468	- 17	0,526	0,89	1,897
6.500	533	0,439	- 19	0,496	0,888	2,012
7.000	312	0,410	- 20	0,468	0,876	2,139
7.500	293	0,385	- 22	0,442	0,872	2,260
8.000	274	0,360	- 23	0,414	0,87	2,407
8.500	257	0,338	- 25	0,392	0,86	2,546
9.000	240	0,310	- 27	0,363	0,858	2,704
9.500	225	0,296	- 28	0,348	0,854	2,873
10.000	210	0,277	- 29	0,325	0,852	3,065

Pour les applications il y a intérêt à construire sur papier quadrillé les courbes.

$$\mu = f_1(z) \ (2), \quad \mu_1 = f_2 \ (3), \quad \frac{1}{\mu_1}, \quad \left(\frac{1}{\mu_1}\right)^{\frac{3}{2}}$$

§ - (5) RELATIONS ENTRE LES ALTITUDES ET LES PRESSIONS BAROMETRIQUES , D'APRES LA LOI DE RADAU .

$\mu = f_1(z) \qquad \mu' = f_2(z)$

ALTITUDES.	PRESSIONS H	$\frac{H}{750} = \mu$	TEMPERATURES. T	$\frac{\sigma}{\sigma_0} = \mu'$	$\frac{\mu'}{\mu}$	$\frac{1}{\mu'}$
0	750	1	15°	1	1	1
00	715	0,940	12°	0,95	0,99	1,051
00	674	0,888	9	0,905	0,97	1,104
00	635	0,850	5	0,865	0,96	1,155
00	597	0,786	2	0,824	0,955	1,215
00	562	0,735	0	0,78	0,945	1,281
00	528	0,660	- 3	0,74	0,932	1,354
00	495	0,650	- 6	0,7	0,93	1,429
00	462	0,608	- 8	0,66	0,925	1,515
00	434	0,570	- 11	0,625	0,912	1,598
00	407	0,555	- 13	0,584	0,902	1,685
00	381	0,501	- 15	0,56	0,893	1,786
00	356	0,468	- 17	0,526	0,89	1,897
00	333	0,439	- 18	0,499	0,885	2,012
00	312	0,410	- 20	0,468	0,876	2,119
00	293	0,385	- 22	0,442	0,873	2,255
00	274	0,360	- 23	0,414	0,87	2,407
00	257	0,333	- 25	0,392	0,865	2,540
00	240	0,310	- 27	0,359	0,860	2,704
00	225	0,295	- 28	0,346	0,854	2,875
00	210	0,277	- 29	0,325	0,852	3,005

Pour les applications il y a intérêt à construire sur papier quadrillé les courbes .

$\mu = f_1(z)$ (1) , $\mu' = f_2$ (2) , $\frac{1}{\mu'}$, $\left(\frac{1}{\mu'}\right)^{\frac{1}{2}}$

V. - Mesure des vitesses des courants d'air.

Lorsqu'une masse d'air de densité ρ se déplace et que le régime du déplacement est bien établi, c'est-à-dire permanent, le principe de Bernouilli nous donne la relation suivante entre la pression h et la vitesse V en un point quelconque de la masse:

$$h + \frac{\rho v^2}{2 g} = \text{constante}$$

Si V = 0 h est égal à la pression atmosphérique Ho au point considéré.

On a donc :

$$Ho - H = \rho \frac{V^2}{2 g}$$

Ho - H est égal à la hauteur du fluide génératrice de la vitesse V, cette pression dynamique h_1 est d'ailleurs donnée par la formule classique de l'écoulement des fluides.

$$V = \sqrt{2 g h_1}$$

Plaçons dans le courant d'air un tube recourbé à angle droit dit tube de Pitot (fig.3) pourvu d'un orifice O normal à la direction du déplacement et communiquant avec une des branches d'un manomètre à eau.

Relions la deuxième branche du manomètre à un tube dont l'orifice débouche dans la masse d'air tangentiellement à la direction du mouvement.

Le manomètre indique par une colonne d'eau h la différence de pression h_1

On aura :

$$\frac{h_1}{h} = \frac{\text{densité de l'eau}}{\rho}$$

Nous avons donc, compte-tenu de la température et

de la pression barométrique, un moyen de mesurer la vitesse V.

Suivant l'orientation du tube Pitot dans le courant d'air, le manomètre accuseré une pression ou une dépression.

VII - Trompe de Venturi .

Le tube de Pitot donne des dépressions un peu faibles que l'on enregistre avec un manomètre incliné pourvu de vis calantes pour son réglage initial.

Lorsqu'il s'agit de mesurer la vitesse des avions en plein vol, on emploie de préférence la trompe de Venturi.

La trompe de Venturi se compose de deux pavillons d'égale ouverture ω réunis à la partie rétrécie de section ω fig.(8).

Au rétrécissement, on a ménagé un orifice O qui communique avec un manomètre permettant d'enregistrer la différence de pression entre les deux points A et O, (fig.8)

Lorsque le régime d'écoulement permanent est établi et si l'on néglige les pertes de charges, il passe une masse d'air égale par les orifices ω et ω^1.

Si V est la vitesse à l'entrée de la trompe et V^I la vitesse au rétrécissement de section ω^1 on aura, en appelant H la pression en A et H^1 la pression en O.

$$H + \frac{\delta V^2}{2 g} = H^1 + \frac{\delta V^{12}}{2 g}$$

D'où :

$$H - H^1 = \frac{\delta}{2g} (V^{12} - V^2) = \frac{\delta}{2g} V^2 \frac{\omega^2 - \omega^{12}}{\omega^{12}} = h_1$$

Parce que $V\omega = V^1\omega^1$

On voit que si $V < V^1$ on a $H > H^1$

La formule précédente montre que h'_1 donné par la trompe est supérieur à h_1 indiqué par le tube de Pitot .

Dans la trompe, il faut tenir compte des pertes de charge dues aux frottements et aux mouvements tourbillonnaires .

Ces pertes de charge peuvent être réduites au strict minimum en donnant à l'instrument une forme particuliaire représentée sur la fig,8 et obtenue à la suite d'essais méthodiques.

Dans une bonne trompe, les pertes de charges sont faibles et la vitesse à la sortie V'' est très voisine de V à l'entrée.

Le travail dépensé pour le passage d'une masse d'air m à travers la trompe est très faible et égal à :

$$m \frac{V^2 - V''^2}{2}$$

Chambre Aérodynamique de M. Eiffel.

D'après ce qui précède, on voit qu'avec une trompe bien établie, il est possible d'obtenir à son rétrécissement une grande vitesse V' tout en dépensant une quantité d'énergie très faible.

M. EIFFEL a utilisé ce fait dans sa chambre aérodynamique que, malgré lui, on dénomme tunnel aérodynamique EIFFEL.

Dans le dispositif EIFFEL, l'air aspiré entre dans le cône avant d'une trompe de Venturi à une vitesse V prend une vitesse V' très grande au rétrécissement puis perd progressivement sa vitesse qui redevient V'' voisine de V au moment où il est aspiré par un ventilateur.

Dans les installations actuelles, le ventilateur est une Hélice à quatre pales donnant un exellent rendement.

Chez M. EIFFEL, il y a interruption de la trompe à l'entrée et à la sortie d'une chambre d'expérience.

Le courant d'air traverse la chambre sans gêner les opérateurs.

La pression statique dans la chambre est égale à : $H_c - \rho \frac{V^2}{2g}$, il faut donc que ses parois soient suffisamment solides pour résister à l'action de la pression de l'air extérieur. Autrement dit, tout se passe comme les parois de la chambre supportaient la pression provoquée par un ouragan de vitesse V.

Dans certaines installations, on a supprimé la chambre d'expérience et prolongé la trompe d'un bout à l'autre.

Cette disposition a pour but de réduire les ennuis que l'on peut avoir pour régulariser le courant d'air.

Les installations aérodynamiques sont complétées par des balances spéciales permettant de mesurer rapidement en grandeur et en direction les réactions de l'air sur les corps exposés dans le courant d'air.

M. EIFFEL a utilisé ce fait dans sa chambre aérodynamique que, malgré lui, on dénomme tunnel aérodynamique EIFFEL.

Dans le dispositif EIFFEL, l'air aspiré entre dans le cône avant d'une trompe de Venturi à une vitesse V prend une vitesse V' très grande au rétrécissement puis perd progressivement sa vitesse qui redevient V'' voisine de V au moment où il est capté par un ventilateur.

Dans les installations actuelles, le ventilateur est une Hélice à quatre pales donnant un excellent rendement.

Chez M. EIFFEL, il y a interruption de la trompe à l'entrée et à la sortie d'une chambre d'expériences.

Le courant d'air traverse la chambre sans gêner les opérateurs.

La pression statique dans la chambre est égale à :

$H_c = \delta \frac{V^2}{2g}$, il faut donc que ses parois soient suffisamment solides pour résister à l'action de la pression de l'air extérieur. Autrement dit, tout se passe comme les parois de la chambre supportaient la pression provoquée par un ouragan de vitesse V.

Dans certaines installations, on a supprimé la chambre d'expérience et prolongé la trompe d'un bout à l'autre.

. Cette disposition a pour but de réduire les arrêts que l'on peut avoir pour régulariser le courant d'air.

Les installations aérodynamiques sont complétées par des balances spéciales permettant de mesurer rapidement en grandeur et en direction les réactions de l'air sur les corps exposés dans le courant d'air.

§ - 8 - Applications des lois de l'écoulement des fluides à la théorie élémentaire de la sustentation des ailes.

Si nous utilisons deux tubes de Pitot jumelés dont les orifices sont placés dos à dos et communiquant chacun avec l'une des branches d'un manomètre différentiel, celui-ci indiquera une différence de pression nulle lorsque la ligne joignant les deux orifices sera perpendiculaire à la direction de la vitesse du fluide.

Cet instrument permettra d'explorer une masse d'air en mouvement et de rechercher la direction suivie par le molécule.

Examinons ce qui se passe dans le voisinage d'une aile reconnue bonne telle que A B (fig.7)

En arrivant au contact de l'aile la veine fluide animée dans la section o o' d'une vitesse uniforme se fractionne en deux parties, l'une s'écoulant sur la face supérieure de l'aile et l'autre sous sa face inférieure.

Des molécules telles que m_1 m_2 m_3 m_4 suivront des chemins tracés sur la fig.7.

On obtiendra ainsi une série de veines fluides dont les différentes sections seront sensiblement égales à la partie inférieure de l'aile si celle-ci est plate et si A B est horizontale.

Par contre, à la partie supérieure les sections inégales iront en se rétrécissant depuis A jusqu'au point haut de la courbe d'extrados de l'aile pour s'épanouir ensuite jusqu'en B.

Considérons le premier filet-fluide qui est au contact de la partie supérieure de l'aile; nous pourrons l'assimiler à une canalisation à section inégale qui dans l'espèce sera une sorte de trompe.

Soit ω la section d'entrée et ω^1 une section plus petite en un point quelconque M de la partie supérieure de l'aile.

Le régime permanent étant établi il passera pendant l'unité de temps des masses d'air égales par les sections ω et ω^1 ; les vitesses seront V dans les sections ω et V^1 dans la section ω^1 qui est inférieure à ω.

En appliquant les lois de l'écoulement des fluides et en faisant abstraction des frottements et du travail des forces intérieures, on trouve comme on l'a vu précédemment que la pression H^1 en M est inférieure à la pression H dans la section ω puisque V^1 est $>$ V. La différence $H - H^1$ est de la forme.

$$H - H^1 = K V^2 \delta$$

δ étant la densité du fluide.

Le coefficient K est proportionnel à $\frac{\omega^2 - \omega^{12}}{\omega^{12}}$ il sera d'autant plus grand que ω^1 sera plus petit.

Il y aura donc une aspiration à la partie supérieure de l'aile qui se traduira par une force N dirigée normalement à la paroi, au point N considéré.

Si l'on fait la somme algébrique de toutes ces actions on obtient la force N.

$$N = K V^2 \delta$$

formule vérifiée par l'expérience.

D'après ce qui précède, on voit donc qu'une aile dont la partie inferieure est plane et horizontale et dont la partie supérieure est bombée pourra, étant animée d'une vitesse V, soulever un certain poids par aspiration seulement.

Si l'on donne à l'aile une certaine inclinaison sur la direction du mouvement, les lois de l'écoulement des fluides s'appliqueront comme précédemment et l'on retrouvera un effort résultant proportionnel à la densité du fluide et au carré de la vitesse.

Si l'on étudie expérimentalement la répartition des pressions et dépressions dans les différents points du profil de l'aile on trouve à la partie supérieure des dépressions variables et à la partie inférieure des pressions et même quelquefois des dépressions.

Pour effectuer ces recherches, M. de GUICHE a réalisé avant la guerre le dispositif suivant :

On ménage sur la nervure de l'aile un certain nombre d'orifices reliés par des tubulures à des manomètres dont on photographie en même temps les différentes colonnes de liquide.

La répartition des pressions et des dépressions se fait comme l'indique la fig. V et bien comme le font prévoir les lois sur l'écoulement des fluides.

Elle dépend de la forme de l'aile et de son angle d'attaque.

Ce mode d'investigation, très précieux, se généralise actuellement pour les essais des avions en plein vol.

On constate que les ailes portent beaucoup plus par aspiration sur la partie supérieure que par pression sous la face inférieure.

La forme du profil supérieur présente donc un intérêt capital.

En explorant la zône en avant du point A on constate qu'il y a dans cette région une sorte de proue d'air: à l'arrière L de l'aile on remarque une déviation des filets fluides vers le bas.

Les pressions et dépressions enregistrées par la photographie permettent de déterminer les vitesses de la veine fluide aux différents points de la surface.

Enfin, on remarque que la zône d'action d'une aile est assez étendue en-dessus et en-dessous de sa surface ce qui explique l'intéraction des ailes des avions multiplans.

Cette interaction a pour effet de réduire la sustentation à égalité de résistance à l'avancement.

§ - (9) Mouvement du centre de gravité.

Avant de faire l'applisation des principes généraux de l'aérodynamique au vol des avions, il y a lieu de rappeler le théorème fondamental du mouvement du Centre de gravité d'un corps solide.

A chaque instant t, l'accélération du centre de gravité d'un système solide est la même que si toute la masse était concentrée en ce point, toutes les forces appliquées

On constate que les ailes portent beaucoup plus par aspiration sur la partie supérieure que par pression sous la face inférieure.

La forme du profil supérieur présente donc un intérêt capital.

En explorant la zône en avant du point A on constate qu'il y a dans cette région une sorte de proue d'air; à l'arrière B de l'aile on remarque une déviation des filets fluides vers le bas.

Les pressions et dépressions enregistrées par la photographie permettent de déterminer les vitesses de la veine fluide aux différents points de la surface.

Enfin, on remarque que la zône d'action d'une aile est assez étendue en-dessus et en-dessous de sa surface ce qui explique l'intéraction des ailes des avions multiplans.

Cette interaction a pour effet de réduire la sustentation à égalité de résistance à l'avancement.

§ - (6) Mouvement du centre de gravité.

Avant de faire l'application des principes généraux de l'aérodynamique au vol des avions, il y a lieu de rappeler le théorème fondamental du mouvement du Centre de gravité d'un corps solide.

A chaque instant t, l'accélération du centre de gravité d'un système solide est la même que si toute la masse était concentrée en ce point, toutes les forces appliquées

au système étaient appliquées à ce point fectif .

Nous déduisons de là que le mouvement du centre de gravité est le même que si toute la masse étant concentrée en ce point on lui appliquait à chaque instant t toutes les forces intérieures s'exerçant effectivement sur le système au même instant .

Les forces extérieures comprennent naturellement la pesanteur, les réactions par rapport au solide.

Nous pouvons donc dans l'étude qui va suivre et dans laquelle il ne sera pas question au début de la stabilité rassembler toutes les forces en présence au centre de gravité et rechercher le mouvement de ce point.

Chapitre II .

Applications des principes généraux de l'aérodynamique au vol des avions .

§ - (10) Vol horizontal rectiligne de l'avion.

Un avion se compose :

1°-d'ailes sustentatrices de surface S.

2°-de parties non sustentatrices qui opposent à l'air des résistances parasites à l'avancement, dont la résultante est ρ .

3°-d'un système motopropulseur.

Soit Π le poids de l'avion et P l'effort propulseur.

Pour que le vol horizontal à la vitesse V soit

au système étaient appliquées à ce point fictif.

Nous déduisons de là que le mouvement du centre de gravité est le même que si toute la masse étant concentrée en ce point on lui appliquait à chaque instant t toutes les forces intérieures s'exerçant effectivement sur le système au même instant.

Les forces extérieures comprennent naturellement la pesanteur, les réactions par rapport au solide.

Nous pouvons donc dans l'étude qui va suivre et dans laquelle il ne sera pas question au début de la stabilité rassembler toutes les forces en présence au centre de gravité et rechercher le mouvement de ce point.

Chapitre II.

Applications des principes généraux de l'aérodynamique au vol des avions.

§ - (10) Vol horizontal rectiligne de l'avion.

Un avion se compose :

1°-d'ailes sustentatrices de surface S ;

2°-de parties non sustentatrices qui opposent à l'air des résistances passives à l'avancement, dont la résultante est R ;

3°-d'un système motopropulseur.

Soit Π le poids de l'avion et T l'effort propulseur.

Pour que le vol horizontal à la vitesse V soit

possible, il faut que les forces en présence qui ont déjà été analysées se fassent équilibre. Supposons toutes les forces passant par le même point.

Dans ce cas les équations d'équilibre sont les suivantes :

(1) $F = K_y\, S\, V^2 \mu_1 = \Pi$ sustentation.

$P = R = K_x\, S\, V^2 \mu_1 + r$ résistance à l'avancement.

$\frac{\delta}{\delta_0} = \mu_1$ rapport entre la densité de l'air à l'altitude de vol et la densité au sol.

Si l'on pose : $r = \sigma\, V^2 \mu_1$

On aura : $P = (K_x\, S + \sigma)\, V^2 \mu_1$

Des équations précedentes on tire en éliminant la vitesse V. :

$$\frac{R}{\Pi} = \frac{P}{\Pi} = \frac{K_x}{K_y} + \frac{\sigma}{K_y\, S} = \frac{P}{\Pi}$$

Ce qui donne la conséquence suivante :

CONSEQUENCE - Si l'angle d'attaque reste constant l'effort propulseur est indépendant de l'altitude; seule la vitesse varie proportionnellement à la racine carrée de μ_1 (rapport de densité de l'air à l'altitude de vol et au sol).

§ - (10) Minimum de l'effort de traction.

Considérons la polaire d'une aile (fig.10) et portons à partir de O et négativement la valeur de $\frac{\sigma}{S}$ = O O' nous aurons une nouvelle origine O' et un axe O'Y. L'axe O'Y et O'X seront les axes de coordonnées pour l'avion.

possible, il faut que les forces en présence qui ont déjà été analysées se fassent équilibre. Supposons toutes les forces passant par le même point.

Dans ce cas les équations d'équilibre sont les suivantes :

(1) $P = Ky \, S \, V^2 \rho$ — II sustentation.

$F = R = Kx \, S \, V^2 \rho$ résistance à l'avancement.

$\frac{\delta}{\delta_0} = \rho$ rapport entre la densité de l'air à l'altitude de vol et la densité au sol.

Si l'on pose : $\rho = \sigma \, V^2 \rho$

On aura : $F = (Kx \, S + \sigma) \, V^2 \rho$

Des équations précédentes on tire en éliminant la vitesse V. :

$$\frac{Kx}{Ky} = \frac{F}{P} = \frac{Kx}{Ky} + \frac{\sigma}{Ky \, S} = \frac{F}{P}$$

Ce qui donne la conséquence suivante :

CONSEQUENCE - Si l'angle d'attaque reste constant l'effort propulseur est indépendant de l'altitude; seule la vitesse varie proportionnellement à la racine carrée de ρ (rapport de densité de l'air à l'altitude de vol et au sol).

§ 4 (10) Influence de l'effort de traction.

Considérons la polaire d'une aile (fig.10) et portons à partir de O et négativement la valeur de [illegible] = O O', nous aurons une nouvelle origine O' et un axe O' [illegible] et O X seront les axes de coordonnées pour l'avion.

On aura :

$$M A = Ky \quad \Big) \text{(pour un angle d'..i .}$$

$$M B = Kx + \frac{\sigma}{S}$$

Le coefficient angulaire de la droite M O' sera égal à :

$$\frac{Ky}{Kx + \frac{\sigma}{S}}$$

On voit que $R = II \dfrac{Kx + \frac{\sigma}{S}}{Ky}$ est minimum lorsque $\dfrac{Ky}{Kx + \frac{\sigma}{S}}$ est maximum .

Ce résultat sera obtenu lorsque la droite telle que O'M sera $O'M_1$ tangente à la courbe.

Si i_1 est l'angle d'attaque correspondant on dit que i_1 est l'angle optimum.

On voit que si les résistances passives de l'aile et des parties inactives de l'avion et représentées par O'O'' n'existaient pas l'angle optimum serait O.

Si du point O l'on mène la tangente à la courbe polaire on obtient en M_2 la valeur de l'optimum de l'aile isolée correspondant à un angle d'attaque i_2.

L'examen d'une courbe polaire d'aile quelconque montre que :

$$i_2 < i_1 .$$

On doitrappeler que bien avant que les avions n ne volent, PENAUD en partant des équations donnant la résistance de l'air sur une surface plane trainée obliquement avait trouvé le minimum de traction de la façon suivante:

On a d'après ce qui a été dit au début :

$$R = 2 K S V^2 \sin^2 \alpha + \sigma V^2$$

$$II = 2 K S V^2 \sin \alpha \cos \alpha$$

On aura :

$$M\,A = Ky$$

$$M\,B = Kx + \frac{\ldots}{\delta} \quad \text{pour un angle } i \ldots$$

Le coefficient angulaire de la droite M O' sera égal à :

$$\frac{Ky}{Kx + \frac{\ldots}{\delta}}$$

On voit que $R = II \dfrac{Kx + \frac{\ldots}{\delta}}{Ky}$ est minimum lorsque $\dfrac{Ky}{Kx + \frac{\ldots}{\delta}}$ est maximum.

Ce résultat sera obtenu lorsque la droite telle que O'M sera O'M_1 tangente à la courbe.

Si i_1 est l'angle d'attaque correspondant on dit que i_1 est l'angle optimum.

On voit que si les résistances passives de l'aile et des parties inactives de l'avion et représentées par O'O'' n'existaient pas l'angle optimum serait 0.

Si du point O l'on mène la tangente à la courbe polaire on obtient en M_2 la valeur de l'optimum de l'aile isolée correspondant à un angle d'attaque i_2.

L'examen d'une courbe polaire d'aile quelconque montre que :

$$i_2 < i_1.$$

On doit rappeler que bien avant que les avions ne volent, RENARD en partant des équations donnant la résistance de l'air sur une surface plane traînée obliquement avait trouvé le minimum de traction de la façon suivante:

On a d'après ce qui a été dit au début :

$$R = 2\,K\,S\,V^2 \sin^2\alpha + f\,V^2$$

$$II = 2\,K\,S\,V^2 \sin\alpha \cos\alpha$$

Pour les petits angles $\cos\alpha = 1$ et $\sin\alpha$ peut être remplacé par α. On a donc :

$$R = \Pi \left(\alpha + \frac{\sigma}{2 K S \alpha}\right)$$

En annulant la donnée $\frac{dR}{d\alpha}$ on trouve que le minimum de R est obtenu lorsque α aura la valeur α_1 donnée par :

$$\alpha_1 = \sqrt{\frac{\sigma}{2 K S}}$$

§ - (12) Puissance propulsive.

La puissance propulsive est $T = P V = (Kx\, S + \sigma)\, V^3 \mu_1$.

Si l'on élimine V entre l'équation donnant T et l'équation de sustentation $\Pi = Ky\, S\, V^2 \mu_1$ on a :

$$\frac{\Pi^3}{T^2 S} = \frac{Ky^3}{\left(Kx + \frac{\sigma}{S}\right)^2 \mu_1} = q$$

A égalité d'angle d'attaque, de puissance et de surface le poids total enlevé, Π sera d'autant plus grand que q sera plus considérable.

Par conséquent q peut définir la qualité sustentatrice de l'avion pour un angle d'attaque donné.

La formule précédente permet de tirer la conclusion suivante :

Théorème- La qualité sustentatrice diminue avec μ_1 c'est-à-dire avec l'altitude du vol.

Du minimum de puissance:

En partant des formules de l'aile plane, PENAUD

a trouvé par le calcul qu'il existait un angle particulier d'attaque α_2 correspondant à un minimum de puissance nécessaire pour obtenir la sustentation d'un poids donné.

On a :

$$T = \frac{\Pi^{3/2}}{\delta^{\frac{1}{2}}} \frac{1}{\mu^{\frac{1}{2}}} \frac{Kx + \frac{\sigma}{S}}{Ky^{3/2}}$$

En prenant pour le plan :

$$Kx = 2 K\alpha^2$$

$$Ky = 2 K\alpha$$

On a :

$$T = \frac{\Pi^{3/2}}{\delta^{\frac{1}{2}}} \times \frac{1}{\mu_1} \frac{\left(2 K\alpha^2 + \frac{\sigma}{S}\right)}{(2 K\alpha)^{3/2}}$$

Annulons la dérivée $\frac{dT}{d\alpha}$

On voit que T dépasse par un minimum pour une valeur :

$$\alpha_2 = \sqrt{3 \frac{\sigma}{2 K S}} = \alpha_1 \sqrt{3}$$

Des équations précédentes, on tire :

$$T = \frac{\Pi^{3/2}}{\delta^{1/2}} \left(\frac{Kx}{Ky} + \frac{\sigma}{Ky\ S}\right) \left(\frac{1}{Ky}\right)^{1/2} \left(\frac{1}{\mu_1}\right)^{1/2}$$

Si on appelle $\frac{Kx}{Ky}$ le rapport entre la trainée et la sustentation pour l'avion entier on a :

$$T = \frac{\Pi^{3/2}}{\delta^{\frac{1}{2}}} \frac{R_x}{R_y} Ky^{1/2} \times \frac{1}{\mu}^{1/2}$$

Si l'on construit par point et à l'aide des données expérimentales la courbe :

$\frac{R_x}{R_y} \times Ky^{1/2}$ en fonction de Ky (fig.11) on constate qu'elle passe par un minimum pour un angle i_3 supérieur à l'angle <u>optimum</u> i_1 ce que PENAUD avait trouvé pour l'aile plane à l'aile du calcul .

§ - (13) Equations Générales du vol rectiligne et horizontal d'un avion en ce qui concerne le planeur.

Soient :

II le poids total d'un avion,

S la surface,

σ le coefficient des résistances parasites

Kx le coefficient unitaire de trainée des ailes.

Ky le coefficient unitaire de sustentation

P l'effort propulseur,

T la puissance utilisée,

ρ le rendement,

μ le rapport entre la densité de l'air à l'altitude de vol et celle de l'air normal.

On a vu précédemment que pour obtenir la sustentation les équations suivantes devaient être satisfaites:

(1) $\Pi = K_y S V^2 \mu$ équation de sustentatinn

(2) $R = (K_x S + \sigma) V^2 \mu$ équation de trainée

Les équations 1 et 2 donnent en posant:

$$\mathcal{R}_x = (K_x S + \sigma)$$

$$\mathcal{R}_y = K_y S$$

$$\Pi \frac{\mathcal{R}_x}{\mathcal{R}_y} = P$$

et comme $P V = T \rho$

On aura finalement :

(1) $\Pi = K_y S V^2 \mu$ équation de sustentation

§ - (15) Equations Générales du vol rectiligne et horizontal d'un avion en ce qui concerne le planeur.

Soient :

Π le poids total d'un avion,

S la surface,

σ le coefficient des résistances parasites

Kx le coefficient unitaire de trainée des ailes.

Ky le coefficient unitaire de sustentation

P l'effort propulseur,

T la puissance utilisée,

ρ le rendement,

$\frac{\delta}{\delta'}$ le rapport entre la densité de l'air à l'altitude de vol et celle de l'air normal.

On a vu précédemment que pour obtenir la sustentation les équations suivantes devaient être satisfaites:

(1) $\Pi = Ky\, S\, V^2 \frac{\delta}{\delta'}$ équation de sustentation

(2) $R = (Kx\, S + \sigma)\, V^2 \frac{\delta}{\delta'}$ équation de trainée

Ces équations 1 et 2 donnent en posant:

$$A_x = (Kx\, S + \sigma)\, \delta,$$

$$A_y = Ky\, S$$

$$\Pi \frac{A_x}{A_y} = P$$

et comme $P\, V = T\rho$

On aura finalement :

(1) $\Pi = Ky\, S\, V^2 \frac{\delta}{\delta'}$ équation de sustentation

(2) $\Pi \frac{Rx}{Ky} V = T \rho$ équation du travail.

(3) $\frac{Rx}{Ky} = \frac{Kx}{Ky} + \frac{\sigma}{Ky\,S} = F\,(Ky)$) équations caractéristiques des ailes données par l'expérience

(4) $i = f\,(Ky)$

(5) $\mu_1 = f_1\,(Z)$

Si l'on prend comme unité :

V vitesse en kilomètres à l'heure,

T puissance en H P ,

S surface en mètres carrés,

Π poids en kilos

On aura comme équations générales du planeur :

(1) $\Pi = Ky\; S\, \frac{V^2}{13} \mu_1$

(2) $\Pi = \frac{Rx}{Ky} \frac{V}{3.6} = T\, 75 \rho \mu_1$

(3) $\frac{Rx}{Ky} = \frac{Kx}{Ky} + \frac{\sigma}{Ky\; S} = (Ky)$

(4) $i = f\,(Ky)$

(5) $Z = f_1\,(\mu_1)$

§ 14 - Du vol plané sans moteur.

Lorsque le moteur d'un avion qui vole horizontalement s'arrête, celui-ci se met en descente planée en utilisant le travail de la pesanteur comme puissance.

Si l'on considère le déplacement de l'avion entre deux altitudes très voisines Z_1 et Z_2 on peut admettre sans erreur appréciable que la densité de l'air reste constante entre ces limites.

Soient :

x y une portion de la trajectoire, fig. (12) et A D la position de l'aile attaquant l'air sous un angle i.

Les forces en présence que l'on sait calculer sont les suivantes :

$F = Ky \frac{S V^2}{g} \mu$ perpendiculaire à la direction de la trajectoire,

$R = (Kx S + \sigma) \frac{V^2}{g} \mu$ résistance à l'avancement,

Π le poids de l'avion.

Pour que le régime de vitesse V puisse s'établir il faut que les forces en presence se fassent équilibre et que l'on ait en rappelant β l'angle de descente:

$$\operatorname{tg}\beta = \frac{R}{F} = \frac{Kx}{Ky} + \frac{\sigma}{Ky\ S} = \frac{Rx}{Ry}$$

Détermination de l'angle de descente.

En éliminant Π entre les 2 équations précédentes, on a :

$$\operatorname{tg}\beta = \frac{R}{F} = \frac{Kx}{Ky} + \frac{\sigma}{Ky\ S}$$

Reprenons la polaire de l'avion fig. (10)

Le coefficient angulaire d'une droite O'M joignant O' à un point M de la courbe est égal à :

$$\frac{Ry}{Rx} = \frac{1}{\operatorname{tg}\beta}$$

Par conséquent, l'angle O'MA est égal à β

Soient :

x y une portion de la trajectoire, fig. (12) et A B la position de l'aile attaquant l'air sous un angle i.

Les forces en présence que l'on sait calculer sont les suivantes :

$P = K_y S \frac{V^2}{g}$ perpendiculaire à la direction de la trajectoire,

$R = (K_x S + r) \frac{V^2}{g}$ résistance à l'avancement,

II le poids de l'avion.

Pour que le régime de vitesse V puisse s'établir il faut que les forces en présence se fassent équilibre et que l'on ait en appelant β l'angle de descente:

$$\operatorname{tg} \beta = \frac{R}{P} = \frac{K_x}{K_y} + \frac{r}{K_y S} = \frac{R_x}{R_y}$$

• Détermination de l'angle de descente.

En éliminant II entre les 2 équations précédentes, on a :

$$\operatorname{tg} \beta = \frac{R}{P} = \frac{K_x}{K_y} + \frac{r}{K_y S}$$

Reprenons la polaire de l'avion fig.(10)

Le coefficient angulaire d'une droite O'M joignant O' à un point M de la courbe est égal à :

$$\frac{K_y}{K_x} = \frac{1}{\operatorname{tg} \beta}$$

Par conséquent, l'angle O'MA est égal à β

§ - 15 - Discussion de la valeur de β .

Exixtence de deux régimes de vol sans le même angle de descente Minimum de β .

La droite OM coupe la courbe polaire en deux points M et M' correspondant à deux angles d'attaques i_1 et i_2 pour lesquels on aura le même angle de descente β .

On aura dans le premier cas une vitesse V_1 et dans le second une vitesse V_2 données par les équations:

$$\frac{V_1^2}{13} = \frac{II}{MA \times S \times \mu}$$

$$\frac{V_2^2}{13} = \frac{II}{M'A' \times S\mu}$$

Le rapport $\frac{V}{V'}$ est donné par :

$$\frac{V}{V'} = \sqrt{\frac{M^1A^1}{MA}}$$

On voit qu'il y a deux régimes l'un rapide de vitesse V_1 et l'autre lent de vitesse V_2 .

On voit en outre sur la figure que pour une augmentation de l'angle d'attaque i, le régime rapide donnera une diminution de l'angle de descente et le régime lent une augmentation .

Si l'on mène la tangente O'M, à la courbe polaire on obtient un point M, correspondant à un angle i_m pour lequel les deux régimes se confondent, et l'angle β de descente est minimum .

Ce régime particulier est celui qui permettra d'allonger le plus possible le vol plané en cas d'arrêt du moteur .

V – 15 – Discussion de la valeur de β.

Existence de deux régimes de vol sans le même angle de descente minimum de β.

La droite OM coupe la courbe polaire en deux points M et M' correspondant à deux angles d'attaques i_1 et i_2 pour lesquels on aura le même angle de descente β.

On aura dans le premier cas une vitesse V_1 et dans le second une vitesse V_2 données par les équations:

$$\frac{V_1^2}{16} = \frac{\Pi}{K_A \times S \times \Delta}$$

$$\frac{V_2^2}{16} = \frac{\Pi}{K'_A \times S \times \Delta}$$

Le rapport $\frac{V}{V'}$ est donné par :

$$\frac{V}{V'} = \sqrt{\frac{K'_A}{K_A}}$$

On voit qu'il y a deux régimes l'un rapide de vitesse V_1 et l'autre lent de vitesse V_2.

On voit en outre sur la figure que pour une augmentation de l'angle d'attaque i, le régime rapide donnera une diminution de l'angle de descente et le régime lent une augmentation.

Si l'on mène la tangente O'M à la courbe polaire on obtient un point M correspondant à un angle i_m pour lequel les deux régimes se confondent, et l'angle β de descente est minimum.

Ce régime particulier est celui qui permettra d'allonger le plus possible le vol plané en cas d'arrêt du moteur.

fig (1)

fig (2)

fig (3)

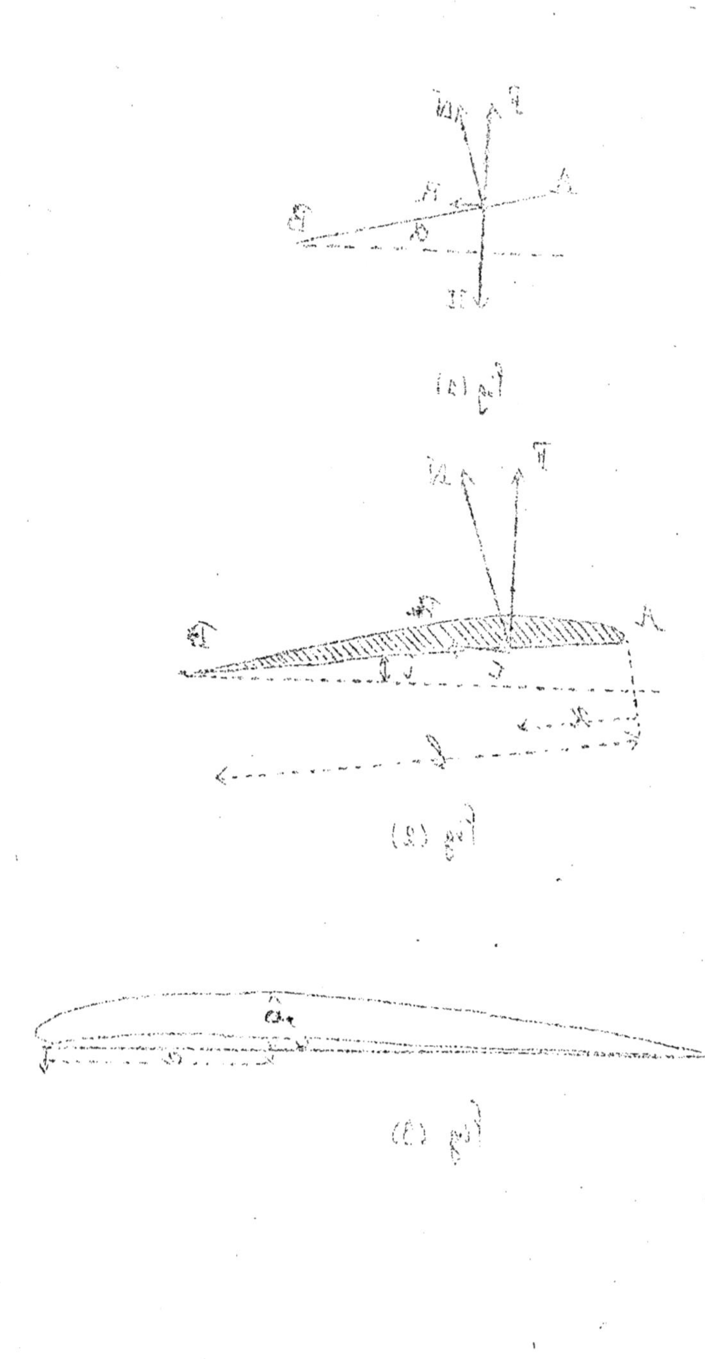

a	0.	0,01	0,02	0,03	0,04	0,06	0,08	0,12
b	0,018	0,027	0,035	0,04	0,044	0,951	0,057	0,066
c	0,018	0,013	-	0,011	-	-	0,013	0,016

a	0,16	0,258	0,40	0,50	0,60	0,70	0,80	0,90
b	0,073	0,077	0,075	0,071	0,045	0,058	0,045	0,048
c	0,02	0,022	0,020	0,016	0.013	0.010	0,007	0,005

a	0,96	0,98	0,99	1
b	0,015	0,01	0,007	0.004
c	-	0	-	0,04

i	-4°	-2°	0	2	3	4	6	8
$\frac{x}{l}$	0.144	1,15	0.52	0.413	"	0,37	0.33	0.316

i	10	12	14	16	20
$\frac{x}{l}$	0.297	0.288	0.290	0.324	

POLAIRE

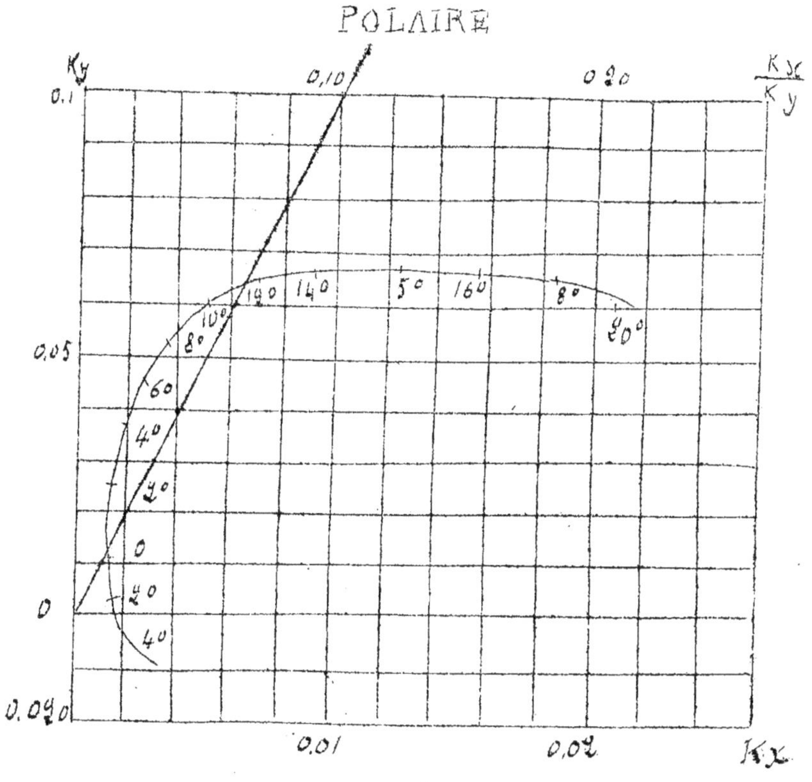

fig 4

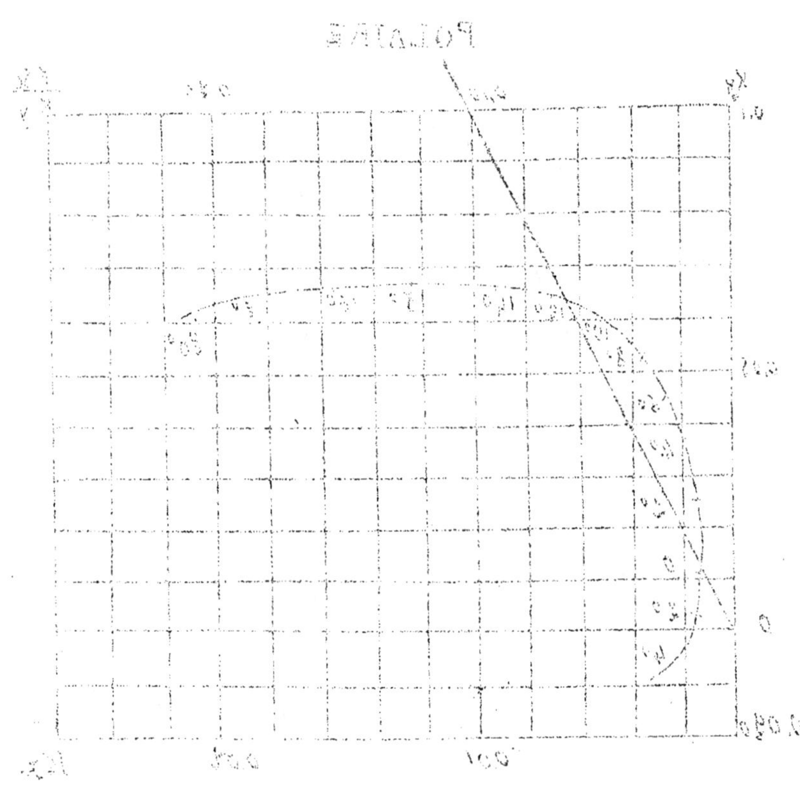
POLAIRE

- 2 - (suite)

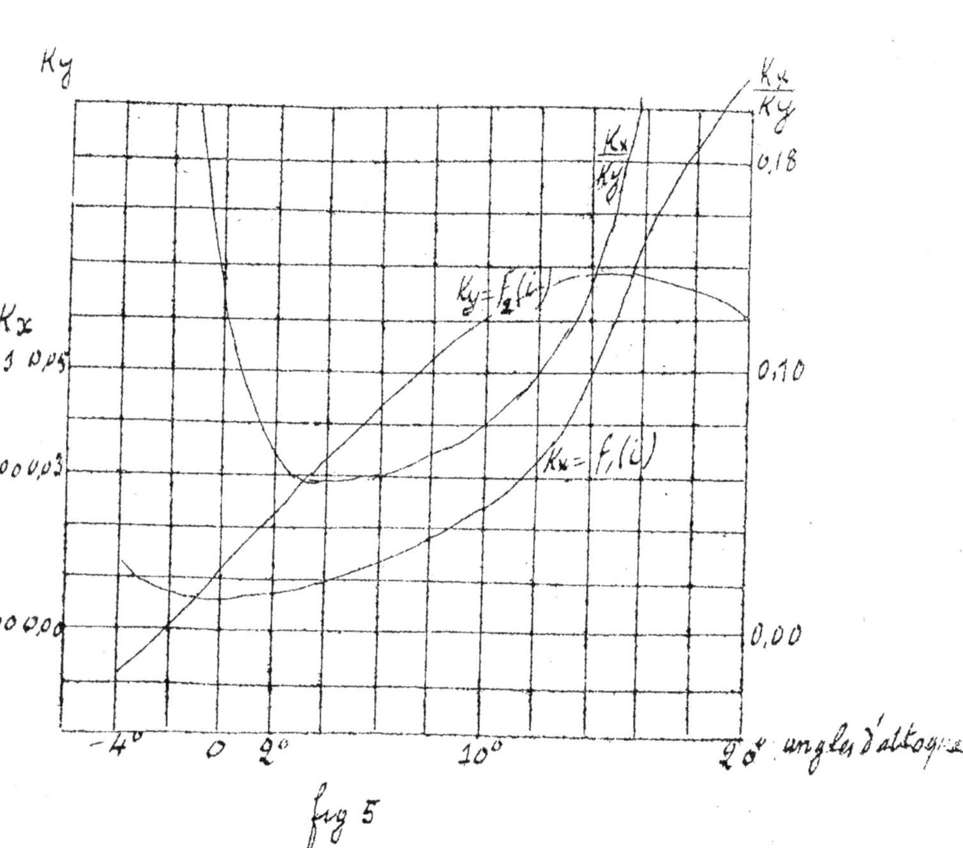

fig 5

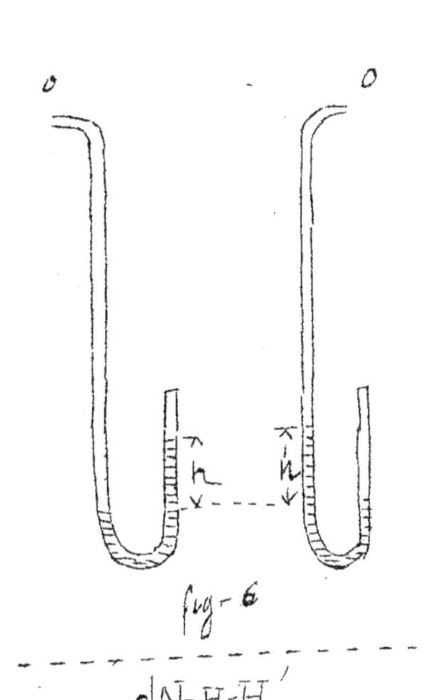

fig-6

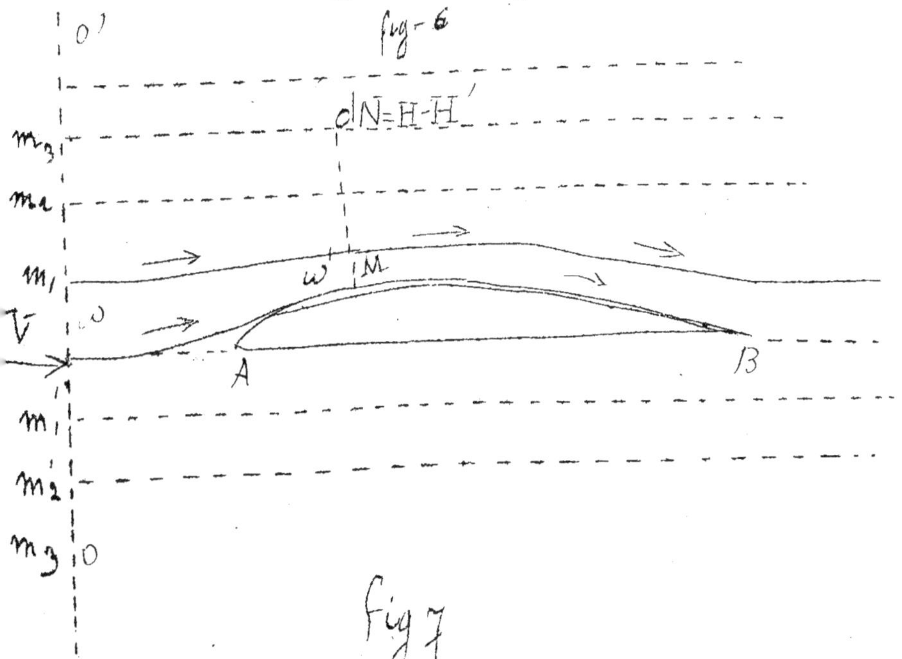

$dN = H - H'$

fig 7

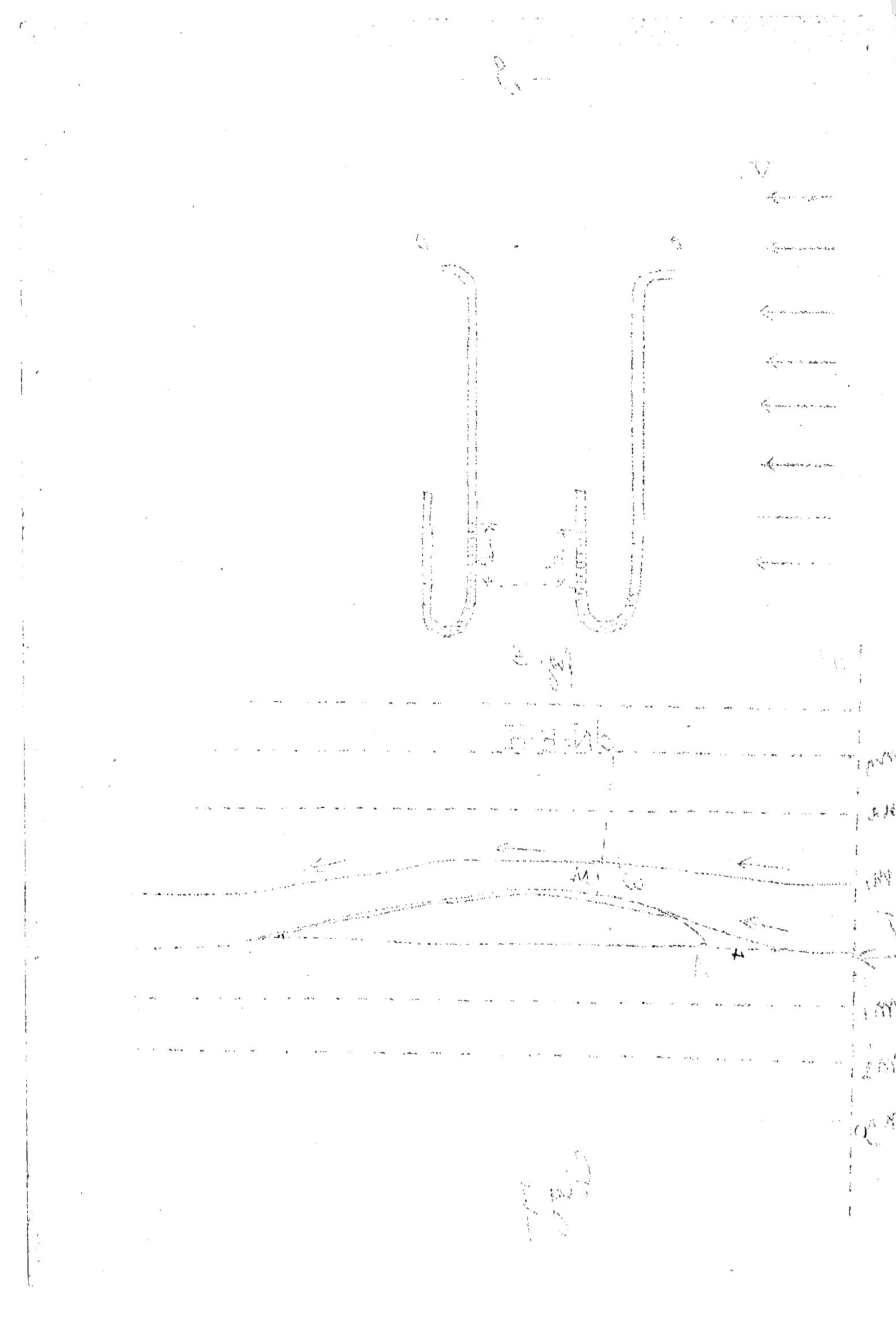

A

V → ω ω' V' ω V

B O

h

fg (8)

V'' V'

h =

fig. (9)

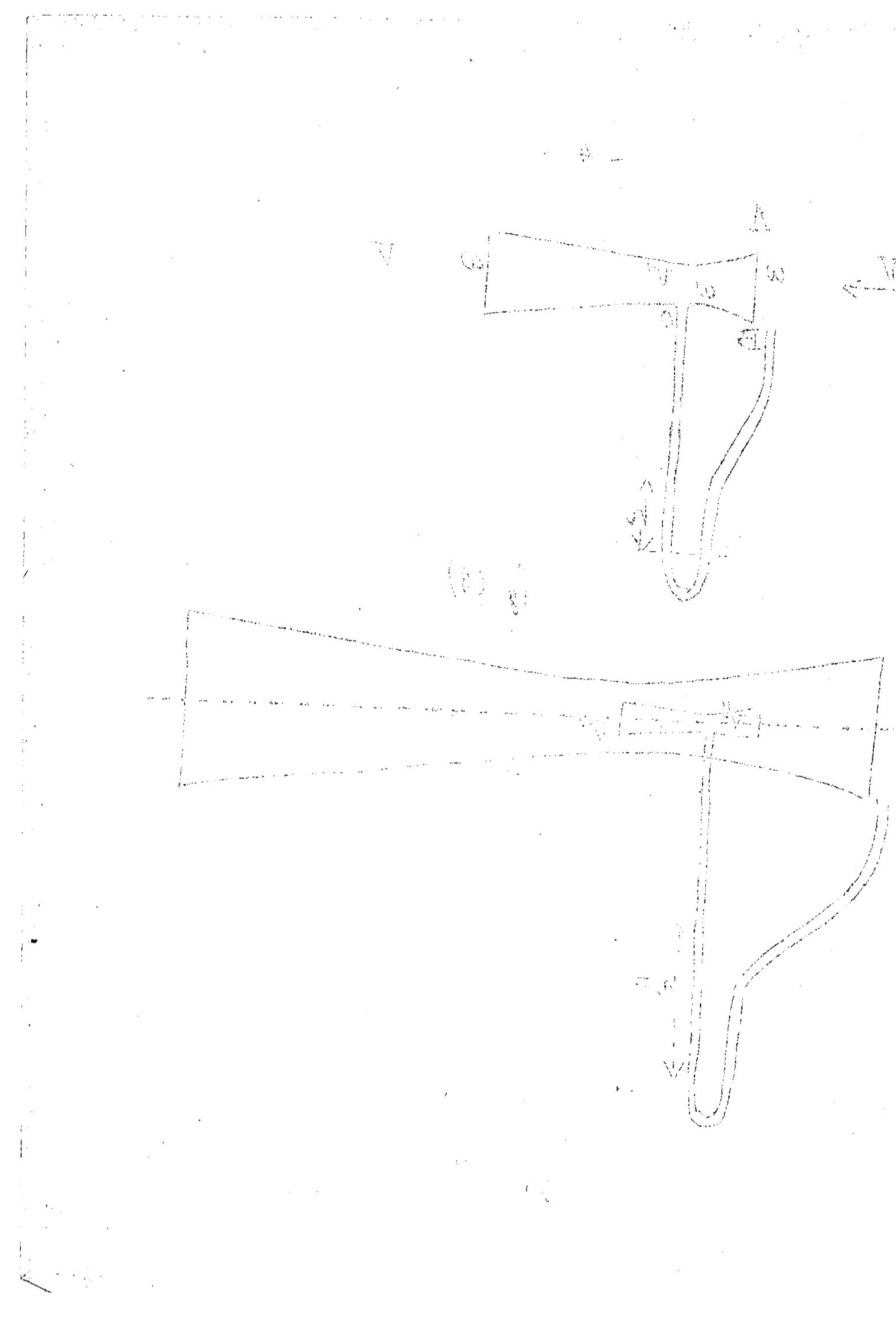

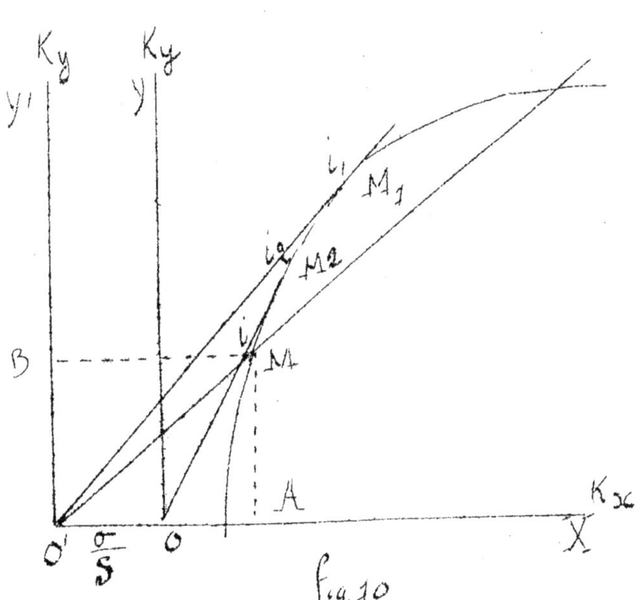

fig 10

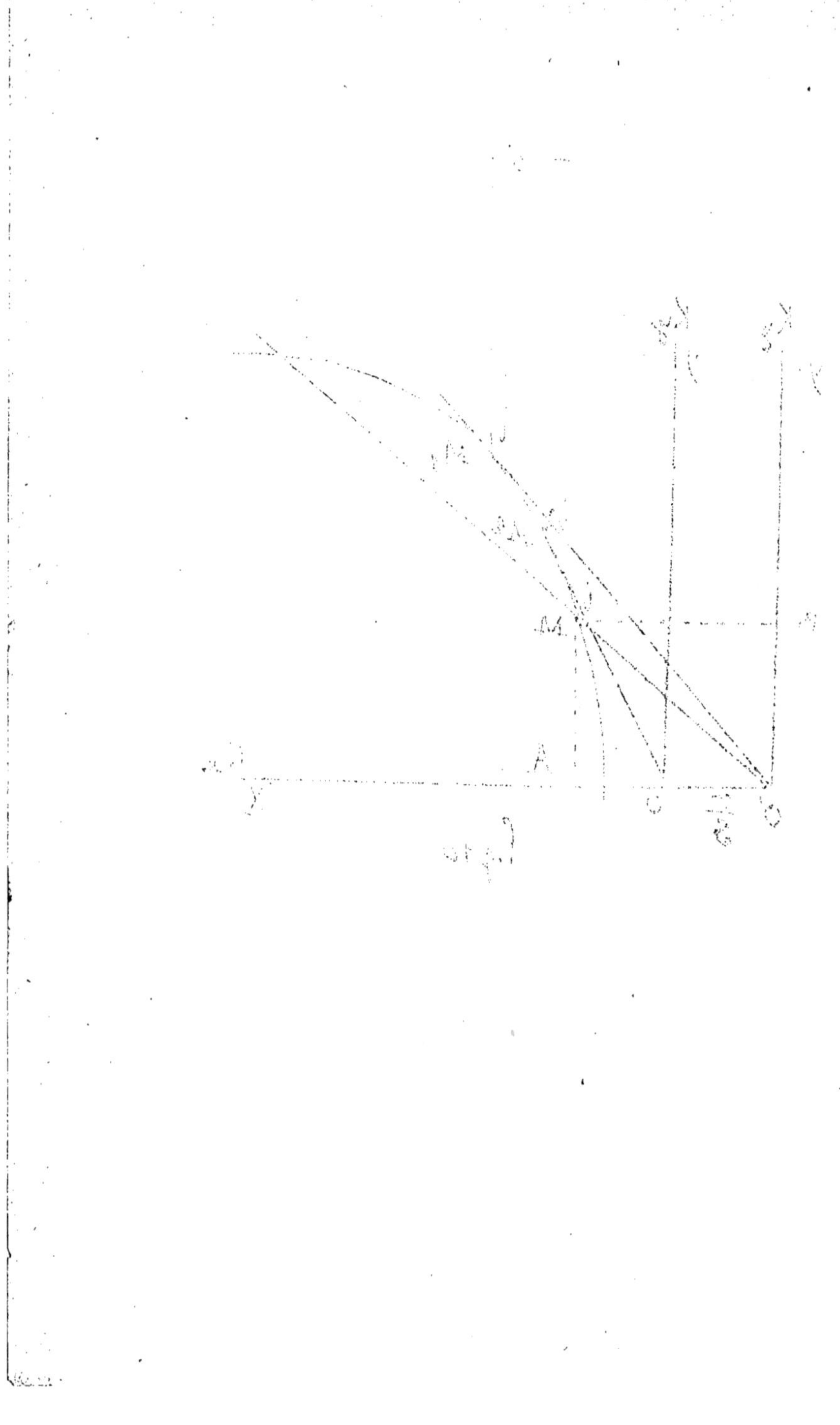

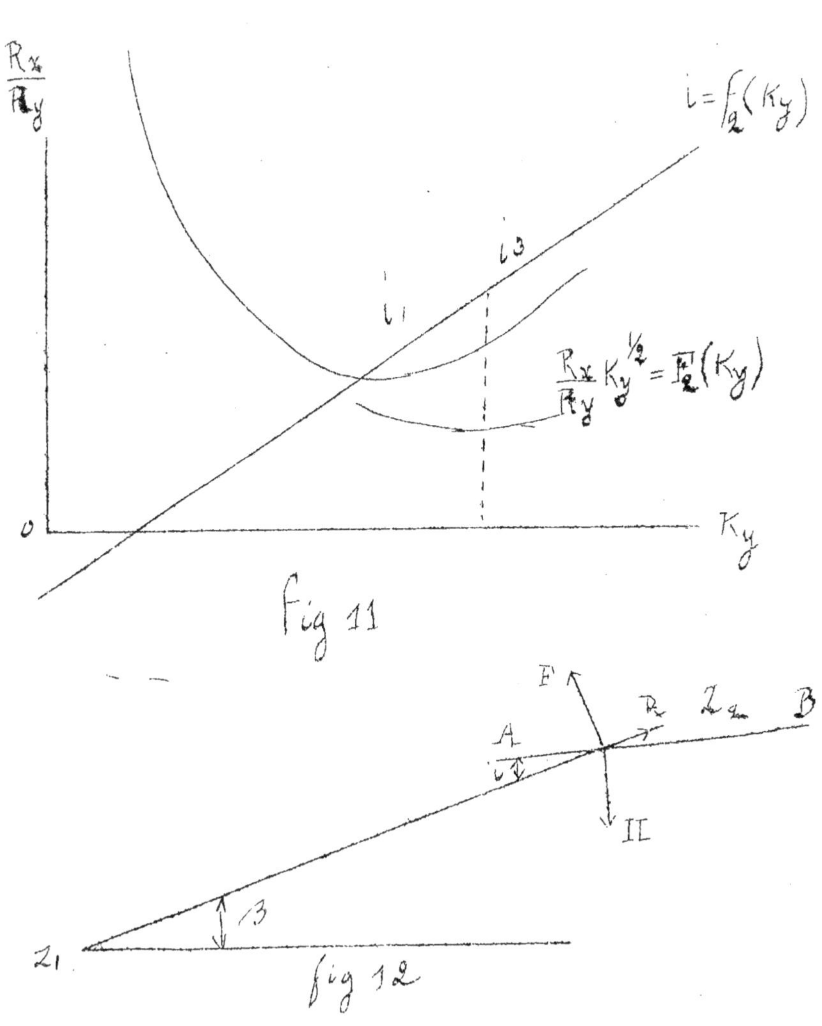

fig 11

fig 12

§ - 15 - Vitesse de descente sur la verticale.

La vitesse de descente v sur la verticale est égale à $\frac{V}{13}\sin\beta$

Les formules précédentes nous donnent :

$$\frac{V^2}{13} = \frac{II \cos\beta}{Ky\, S\mu_1}$$

d'où :

$$v^2 = \frac{V^2 \sin^2\beta}{13} = \frac{II \cos\beta \sin^2\beta}{Ky\, S\mu_1}$$

$$v = \left(\frac{II}{S}\right)^{\frac{1}{2}} \frac{Rx}{Ry} \left(\frac{1}{Ky}\right)^{\frac{1}{2}} \left(\frac{1}{\mu_1}\right)^{\frac{1}{2}} \cos\beta^{3/2}$$

Avec les avions actuels les valeurs de $\frac{Rx}{Ry}$ sont pour un bon planement comprises entre 0,10 et 0,20 .

Dans ces conditions, les valeurs de β sont comprises entre 6 et 12° et par conséquent cos $\beta^{3/2}$ voisin de l'unité .

L'examen de la formule précédente nous permet de tirer les conséquences suivantes :

1° Conséquence.- La vitesse verticale de descente d'un avion en vol plané est proportionnelle à la racine carrée du poids soulevé par mètre carré de la surface portante.

2° Conséquence.- La vitesse verticale de descente d'un avion en vol plané est proportionnelle à $\frac{Rx}{Ry}$ qui représente <u>la finesse</u> de l'avion .

3° Conséquence.- La vitesse verticale de descente d'un avion en vol plané est minima en même temps , que $\frac{Rx}{Ry}\left(\frac{1}{Ky}\right)^{\frac{1}{3}}$ c'est-à-dire comme l'on a vu précédemment pour l'angle d'attaque correspondant au minimum de puissance néc.

§ - 10 - Vitesse de descente sur la verticale.

La vitesse de descente v sur la verticale est

égale à $\frac{V}{13} \sin \theta$

Les formules précédentes nous donnent :

$$\frac{V^2}{13} = \frac{II \cos \theta}{Ky\ S\ \delta}$$

d'où

$$v^2 = \frac{V^2 \sin^2 \theta}{13} = \frac{II \cos \theta \sin^2 \theta}{Ky\ S\ \delta}$$

$$v = \left(\frac{II}{S}\right)^{\frac{1}{2}} \frac{Kx}{Ky} \left(\frac{1}{Ky}\right)^{\frac{1}{2}} \left(\frac{1}{\delta}\right)^{\frac{1}{2}} \cos^{3/2} \theta$$

Avec les avions actuels les valeurs de $\frac{Kx}{Ky}$ sont pour un bon [illegible] comprises entre 0,0[illegible] et 0,20.

Dans ces conditions, les valeurs de θ sont comprises entre 6 et 12° et par conséquent cos θ voisin de l'unité.

L'examen de la formule précédente nous permet de tirer les conséquences suivantes :

1° Conséquence.- La vitesse verticale de descente d'un avion en vol plané est proportionnelle à la racine carrée du poids soulevé par mètre carré de la surface portante.

2° Conséquence.- La vitesse verticale de descente d'un avion en vol plané est proportionnelle à $\frac{Kx}{Ky}$ qui représente la finesse de l'avion.

3° Conséquence.- La vitesse verticale de descente d'un avion en vol plané est minima en même temps que $\frac{Kx}{Ky} \left(\frac{1}{Ky}\right)^{\frac{1}{2}}$ c'est-à-dire comme l'on a vu précédemment pour l'angle d'attaque correspondant au minimum de puissance utile.

aire pour obtenir la sustentation.

§ 17 - Conditions que doivent remplir les trains d'attérissage.

A la fin du vol plané alors que μ est égal à 1, la vitesse verticale devient :

$$v = \left(\frac{II}{S}\right)^{\frac{1}{2}} \frac{Rx}{Ry} \left(\frac{1}{Ky}\right)^{\frac{1}{2}}$$

Au moment où les roues touchent le sol $\mathcal{V}$ s'annule et par conséquent l'effort que elles ont à supporter est : φ

$$\varphi = \frac{II\mathcal{V}}{g} = \frac{II}{g} \left(\frac{II}{S}\right)^{\frac{1}{2}} \frac{Rx}{Ry} \left(\frac{1}{ky}\right)^{\frac{1}{2}}$$

φ varie avec $\frac{Rx}{Ry}$ et passe par un minimum correspobdant à la descente sous l'angle d'attaque corréspondant au minimum de vitesse de descente sur la verticale,

Il sera facile de calculer φ et de choisir dans la collection des roues employées en aviation, celles qui conviendront le mieux dans chaque cas particulier.

En dehors du choc que subissent les roues, il y a une quantité d'énergie à faire abserver par les amortisseurs et égale à $1/2 \ \frac{II\mathcal{V}}{g} \ 2$

Cette quantité d'énergie une fois calculée permettra de choisir la force et la course des ressorts amortisseurs.

§ 17 bis - Influence de la densité de l'air par le vol plané :

Reprenons la formule :

$$\frac{V^2}{13} = \frac{II \cos \beta}{ky \ S\mu}$$

La valeur de μ_1 proportionnelle à la densité de l'air à une altitude donnée Z varie avec l'altitude suivant les lois énoncées précédemment.

Par conséquent, l'on ne saurait obtenir un régime permenent à vitesse constante dans une descente planée même en conservant un angle d'attaque constant.

Comme $\cos \beta^{\frac{1}{2}}$ est très voisin de l'unité nous aurons :

$$\frac{V}{3.6} = \left(\frac{II}{S}\right)^{\frac{1}{2}} \left(\frac{1}{Ky}\right)^{\frac{1}{2}} \left(\frac{1}{\mu_1}\right)^{\frac{1}{2}}$$

Si pour un angle d'attaque constant V_0 est la vitesse dans le voisinage du sol et V la vitesse à une altitude Z on aura sensiblement :

$$\frac{V}{V_0} = \left(\frac{1}{\mu_1}\right)^{1/2}$$

Les valeurs de $\frac{V}{V_0}$ sont données en fonction de l'altitude sur le tableau suivant ;

ALTITUDE	$\frac{V}{V_0}$
500	1.023
1.000	1.051
1.500	1.075
2.000	1.102
2.500	1.132
3.000	1.164
3.500	1.195
4.000	1.230
4.500	1.262
5.000	1.298
5.500	1.337
6.000	1.377
6.500	1.419
7.000	1.463
7.500	1.503
8.000	1.552

L'analyse mathématique du problème conduit à une fonction elleptique.

La valeur de ρ proportionnelle à la densité de l'air à une altitude donnée ζ varie avec l'altitude suivant les lois énoncées précédemment.

Par conséquent, l'on ne saurait obtenir un régime permanent à vitesse constante dans une descente planée même en conservant un angle d'attaque constant.

Comme $\cos \zeta^{\frac{1}{2}}$ est très voisin de l'unité nous aurons :

$$\frac{V}{3,6} = \left(\frac{11}{2}\right)^{\frac{1}{2}} \left(\frac{1}{K\gamma}\right)^{\frac{1}{2}} \left(\frac{1}{\rho}\right)^{\frac{1}{2}}$$

Si pour un angle d'attaque constant V_0 est la vitesse dans le vol plané au sol et V la vitesse à une altitude de ζ, on aura sensiblement :

$$\frac{V}{V_0} = \left(\frac{1}{\rho_\zeta}\right)^{1/2}$$

Les valeurs de $\frac{V}{V_0}$ sont données en fonction de l'altitude sur le tableau suivant :

ALTITUDES	$\frac{V}{V_0}$
500	1,025
1.000	1,051
1.500	1,076
2.000	1,103
2.500	1,132
3.000	1,164
3.500	1,195
4.000	1,225
4.500	1,252
5.000	1,298
5.500	1,327
6.000	1,377
6.500	1,428
7.000	1,452
7.500	1,503
8.000	1,533

L'analyse mathématique du problème conduit à une fonction elliptique.

§ - 18 - Emploi de l'indicateur de vitesse dans une descente planée.

L'indicateur de vitesse tel que nous l'avons défini précédemment donne dans un air de densité ρ pour une vitesse V une indication h d'un manomètre telle que l'on ait :

$$h = K V^2 \frac{\rho}{\rho_0} = K V^2 \mu$$

Si nous remplaçons dans cette formule V^2 par sa valeur dans le vol plané, on aura :

$$h = \frac{K \Pi \cos \beta}{K_y S}$$

Pour un angle β très petit $\cos \beta$ est voisin de 1, par conséquent nous aurons sensiblement :

$$h = \frac{K \Pi}{K_y S}$$

De cette formule, nous pouvons tirer la conséquence suivante :

<u>Conséquence</u>.- Dans une descente planée à angle d'attaque constant la pression dynamique enregistrée par l'indicateur de vitesse est sensiblement constante à toutes les altitudes.

Supposons que nous ayons installé à bord d'un avion :

1°- un indicateur de vitesse enregistreur ou plus exactement un <u>indicateur de pression dynamique</u>. (Trompe de Venturi, Pitot, ect...)

2°- un baromètre enregistreur,

3°- une girouette placée en dehors de la zône d'influence des ailes et qui donne la direction du vent relatif

§ - II - Rôle de l'indicateur de vitesse dans une descente piquée.

L'indicateur de vitesse tel que nous l'avons défini précédemment donne dans un air de densité ρ pour une vitesse V une indication h d'un manomètre telle que l'on ait :

$$h = K V^2$$

Si nous remplaçons dans cette formule V^2 par sa valeur dans le vol plané, on aura :

$$h = \frac{K \Pi \cos i}{K_y S}$$

Pour un angle i très petit $\cos i$ est voisin de 1, par conséquent nous aurons sensiblement :

$$h = \frac{K \Pi}{K_y S}$$

De cette formule, nous pouvons tirer la conséquence suivante :

<u>Conséquence</u>.- Dans une descente piquée à angle d'attaque constant la pression dynamique enregistrée par l'indicateur de vitesse est sensiblement constante à toutes les altitudes.

Supposons que nous ayons installé à bord d'un avion :

1°- un indicateur de vitesse ou enregistreur qui soit exactement un <u>indicateur de pression dynamique</u> (Venturi, Pitot, etc...)

2°- un tube d'enregistreur.

3°- une girouette placée en dehors de la zone d'influence des ailes et qui donne la direction du vent relatif.

par rapport à la corde de l'aile

4°- un indicateur de pente donnant l'angle de la corde de l'aile avec la verticale.

On peut admettre que le régime soit établi pendant un temps très court lorsque le pilote aura obtenu une valeur constante de la pression dynamique h.

A ce moment il n'y a pas d'accélération et l'indicateur de pente fonctionne comme un niveau ordinaire.

Supposons que les résultats de l'expérience soient les suivants:

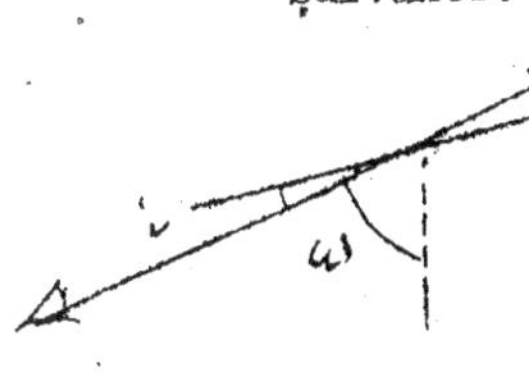

h pression dynamique

H pression barométrique

i angle de la direction de la corde de l'aile avec celle de la trajectoire (girouette)

ω angle de la corde de l'aile avec la verticale.

On a : $h = \frac{KII}{S} \times \frac{1}{Ky}$

i angle d'attaque

$$\frac{Rx}{Ry} = tg\,\beta = tg\,(\omega - i)$$

On aura donc : $Ky = \frac{12\ II}{S} \times \frac{1}{h}$

$$\frac{Rx}{Ry} = tg\,(\omega - i)$$

En faisant varier h et parconséquent i on obtiendra la fonction :

$$\frac{Rx}{Ry} = F\,(Ky)$$

La vitesse V de l'avion sera donnée par :

$$V = \sqrt{\frac{h}{K\mu}}$$

par rapport à la corde de l'aile

2°- un indicateur de pente donnant l'angle de la corde de l'aile avec la verticale.

On peut admettre que le régime sera établi pendant un temps très court lorsque le pilote aura obtenu une valeur constante de la pression dynamique h.

A ce moment il n'y a pas d'accélération et l'indicateur de pente fonctionne comme un niveau ordinaire.

Supposons que les résultats de l'expérience soient les suivants.

h pression dynamique

B pression barométrique

α angle de la direction de la corde de l'aile avec celle de la trajectoire (girouette)

α' angle de la corde de l'aile avec la verticale.

On a $\frac{1}{h} = \frac{K\Pi \times 1}{S \, K_y}$

i angle d'attaque

$$\frac{K_x}{K_y} = \varphi(i) = \varphi(\alpha' - \alpha)$$

On aura donc $K_y = \frac{K\Pi}{S} \times \frac{1}{h}$

$$\frac{K_x}{K_y} = \varphi(\alpha' - \alpha)$$

En faisant varier h et par conséquent i on obtiendra la fonction :

$$\frac{K_x}{K_y} = F(K_y)$$

La vitesse V de l'avion sera donnée par :

$$V = \sqrt{\frac{h}{K_y}}$$

μ étant connu en fonction de H à l'aide de la table donnée précédemment.

Cette méthode expérimentale a été employée avant la guerre en même temps par M.M. Toussaint et Lepère à l'Institut Aérotechnique de St-Cyr et par moi-même au Laboratoire d'Aéronautique Militaire de Chalais-Meudon.

Elle a servi de base aux méthodes plus complètes mises au point en 1916 à la Section Technique de l'Aéronautique Française pour les essais des avions en plein vol et la détermination de leurs caractéristiques.

§ 19 - Vol à voile sans moteur.

Le vol à voile sans moteur consiste soit à faire stationner dans l'espace, soit à faire monter en avançant ou en reculant un avion dont le moteur est éteint.

Le vol à voile est utilisé fréquemment par les grands oiseaux dits voiliers, il a été réalisé à plusieurs reprises en 1913 et 1914 par les Lieutenants GRASSET et LABOUCHERE du Laboratoire d'Aéronautique Militaire de Chalais-Meudon.

Le mécanisme du vol à voile s'explique de la façon suivante :

Soit (fig.13) un avion représenté par son aile A B, dont le centre de gravité G suit le chemin G H, avec une vitesse u Soit un vent ascendant de pente α et de vitesse O M = V.

Le déplacement de l'avion suivant G H aura pour effet de produire sur l'avion supposé immobile un vent relatif de di-

étant connu en fonction de H à l'aide de la table donnée précédemment.

Cette méthode expérimentale a été employée avant la guerre en même temps par M.M. Toussaint et Lepère à l'Institut Aérotechnique de St-Cyr et par moi-même au Laboratoire d'Aéronautique Militaire de Chalais-Meudon.

Elle a servi de base aux méthodes plus complètes mises au point en 1918 à la Section Technique de l'Aéronautique Française pour les essais des avions en plein vol et la détermination de leurs caractéristiques.

§ 19 - Vol à voile sans moteur.

Le vol à voile sans moteur consiste soit à faire stationner dans l'espace, soit à faire monter en avançant ou en reculant un avion dont le moteur est éteint.

Le vol à voile est utilisé fréquemment par les grands oiseaux dits voiliers, il a été réalisé à plusieurs reprises en 1913 et 1914 par les Lieutenants CHASSE et LABOUCHERE du Laboratoire d'Aéronautique Militaire de Chalais-Meudon.

Le mécanisme du vol à voile s'explique de la façon suivante :

Soit (fig.15) un avion représenté par son aile A B, dont le centre de gravité G suit le chemin G H, avec une vitesse u. Soit un vent ascendant de pente α et de vitesse C I = V.

Le déplacement de l'avion suivant G H aura pour effet de produire sur l'avion supposé immobile un vent relatif de di-

rection opposée à G H et de même vitesse u = OD
Dans le triangle des vitesse O M C la vitesse résultante W = O C du vent relatif total attaquera l'avion sous un angle i et l'on peut dire que tout se passera comme si l'appareil descendait en vol plané suivant la ligne G O de pente β avec une vitesse égale à W.

Ona a vu précédemment que pour chaque altitude et chaque valeur de la pente de descente β il existe deux valeurs de l'angle d'attaque i et deux valeurs de la vitesse W.

Ces valeurs étant calculées facilement pour un avion doht les caractéristiques sont connues, on construira en coordonnées polaires les courbes

$$\left.\begin{array}{l} W = F_1 (\beta) \\ i = F_2 (\beta) \end{array}\right\} \text{ équations du vol plané}$$

Les 2 courbes ont l'allure générale indiquée fig. 14.

On fera remarquer que la partie O A de la courbe i correspond seulement à la partie O A_I de la courbe des vitesses W ; Il en est de même pour les portions A B de la courbe i et A_I B_I de celle des vitesses W.

Considérons un angle d'attaque i mesuré par O B (fig.15) correspondant à une descente en vol plané de pente β, la vitesse W sera mesurée par O C.

Supposons que le vent ascendant soit représenté en grandeur et en direction par O M. Dans le triangle des vitesses O C M, C M est la vitesse u, de l'avion en grandeur et en direction.

Dans le cas particulier de la figure, le vol sera ascen-

rection opposée à u R et de même vitesse $u = …$

Dans le triangle des vitesses O N O la vitesse résultante $W = O\ O$ du vent relatif total attaquera l'avion sous un angle i et l'on peut dire que tout se passera comme si l'appareil descendait en vol plané suivant la ligne O O de pente β avec une vitesse égale à W.

On a vu précédemment que pour chaque altitude et chaque valeur de la pente de descente β il existe deux valeurs de l'angle d'attaque i et deux valeurs de la vitesse W.

Ces valeurs étant calculées facilement pour un avion dont les caractéristiques sont connues, on construira en coordonnées polaires les courbes

$$\left.\begin{array}{l} W = F_1(\beta) \\ i = F_2(\beta) \end{array}\right\} \text{équations du vol plané}$$

Ces 2 courbes ont l'allure générale indiquée fig. 14.

On fera remarquer que la partie O A de la courbe i correspond seulement à la partie O A_1 de la courbe des vitesses W ; il en est de même pour les portions A B de la courbe i et A_1 B_1 de celle des vitesses W.

Considérons un angle d'attaque i mesuré par O B (fig.15) correspondant à une descente en vol plané de pente β, la vitesse W sera mesurée par O B.

Supposons que le vent ascendant soit représenté en grandeur et en direction par O H. Dans le triangle des vitesses O B H, O H est la vitesse u, de l'avion en grandeur et en direction.

Dans le cas particulier de la figure, le vol sera ascen-

dant avec recul de l'appareil.

Pour l'angle d'attaque i = OB_1 correspondant au même angle β_1 choisi précédemment la vitesse W sera OC_1 et celle de l'avion deviendra $C_1M = u_2$

Dans ce cas, l'avion montera légèrement en avançant.

Pour qu'il y ait stationnement de l'avion dans l'espace il faut que u_1 ou u_2 soit nul, c'est-à-dire que le point M soit sur la courbe $W = F_1(\beta)$

Lorsque la pente du vent ascendant est inférieure à angle optimum, l'avion ne saurait se soutenir dans l'espace et doit descendre. S

Des résultats précédents, on peut tirer les conséquences suivantes :

<u>Conséquence I</u> - Le stationnement dans l'air d'un avion, moteur éteint ne saurait être obtenu qu'à l'aide d'un vent ascendant de pente supérieure à celle minimum du vol plané que peut prendre l'avion.

Sur la figure cette pente est β_1

<u>Conséquence 2</u> - Pour chaque valeur de la pente du vent ascendant il existe 2 angles d'attaque et 2 vitesses permettant le stationnement. Ces vitesses sont celles du vol plané correspondant à la pente du vent ascendant pour les 2 angles d'attaque considérés.

<u>Conséquence 3</u> - La pente minimum β_1 et la vitesse du vent permettant le stationnement sera d'autant plus faible que $\frac{Rx}{Ry}$ sera plus petit.

Ce rapport dépend en particulier de $\frac{\sigma}{S}$ qui devra être le

lent avec recul de l'appareil.

Pour l'angle d'attaque $i = O\,E$, correspondant au plané angle [illegible] choisi précédemment la vitesse W sera $O\,Q$, et celle de l'avion deviendra $Q\,H = u_2$

Dans ce cas, l'avion montera légèrement en avançant.

Pour qu'il y ait stationnement de l'avion dans l'espace il faut que u_1 ou u_2 soit nul, c'est-à-dire que le point H soit sur la courbe $W = F_1$ ([illegible])

Lorsque la pente du vent ascendant est inférieure à angle optimum, l'avion ne saurait se soutenir dans l'espace et doit descendre.

Des résultats précédents, on peut tirer les conséquences suivantes :

Conséquence 1 – Le stationnement dans l'air d'un avion, moteur éteint ne saurait être obtenu qu'à l'aide d'un vent ascendant de pente supérieure à celle minimum du vol plané que peut prendre l'avion.

Sur la figure cette pente est [illegible].

Conséquence 2 – Pour chaque valeur de la pente du vent ascendant il existe 2 angles d'attaque et 2 vitesses permettant le stationnement. Ces vitesses sont celles du vol plané correspondant à la pente du vent ascendant pour les 2 angles d'attaque considérés.

Conséquence 3 – La pente minimum [illegible] et la vitesse du vent permettant le stationnement sera d'autant plus faible que $\frac{C_x}{C_y}$ sera plus petit.

Ce rapport dépend en particulier de [illegible] qui devra être le

plus petit possible.

L'avion qui a servi à faire l'essai était délesté et pesait 700 kilos pour 52 mètres carrés de surface $\frac{Rx}{Ry}$ minimum était égal à 0,15 pour i =. 7°

La pente minima du vent ascendant permettant le stationnement était donc β = 9°

La vitesse correspondant à cette pente est donnée par

$$\Pi = Ky \quad S \, V^2$$

pour 7° on avait Ky = 0,05

On trouve :

V = 16 m,40

Cette vitesse peut être réduite dans le cas où la pente du vent ascendant est supérieure à 9°

On trouve le vent ascendant en se plaçant à une centaine de mètres au-dessus d'un plateau précédé par une vallée d'où vient le vent.

Dans la manoeuvre du vol à voile l'avion vole sous un angle assez grand et se trouve presqu'immobile dans l'espace.

A ce moment la stabilité latérale est conservée à l'aide de battements exécutés à l'aide des ailerons.

CHAPITRE III

HELICES PROPULSIVES

§ 20 - GÉNÉRALITÉS

L'hélice est l'agent de liaison entre le moteur et l'avion ; elle est destinée à imprimer à celui-ci la vitesse de translation nécessaire pour obtenir la sustentation en empruntant au moteur le maximum de l'énergie disponible.

Une hélice peut être assimilée à des ailes d'aéroplanes tournant autour d'un axe en attaquant l'air obliquement.

Les hélices ont la forme hélicoidale, d'où leur nom.

Il est indispensable de ne pas confondre l'hélice sustentatrice et l'hélice propulsive.

L'hélice sustentatrice tourne au point fixe, c'est un ventilateur qui refoule l'air vers l'arrière.

La réaction de l'air sur les pales provoque une poussée P au point fixe données par les formules du Colonel RENARD.

(I) $$P = \eta\, n^2 D^4$$

(2) $$T = \beta\, n^3 D^5$$

dans lesquelles :

P est la poussée de l'hélice

n le nombre de tours,

D le diamètre

T la puissance

η et β sont des coefficients constants pour toutes les

CHAPITRE III

HELICES PROPULSIVES

§ 20 - GÉNÉRALITÉS

L'hélice est l'agent de liaison entre le moteur et l'avion ; elle est destinée à imprimer à celui-ci la vitesse de translation nécessaire pour obtenir la sustentation en empruntant au moteur le maximum de l'énergie disponible.

Une hélice peut être assimilée à des ailes d'aéroplanes tournant autour d'un axe en attaquant l'air obliquement.

Les hélices ont la forme hélicoïdale, d'où leur nom.

Il est indispensable de ne pas confondre l'hélice sustentatrice et l'hélice propulsive.

L'hélice sustentatrice tourne au point fixe, c'est un ventilateur qui refoule l'air vers l'arrière.

La réaction de l'air sur les pales provoque une poussée P au point fixe donnée par les formules du Colonel RENARD.

$$P = \alpha n^2 D^4 \qquad (1)$$

$$T = \beta n^3 D^5 \qquad (2)$$

dans lesquelles :

P est la poussée de l'hélice

n le nombre de tours

D le diamètre

T la puissance

α et β sont des coefficients constants pour toutes les

hélices géométriquement semblables.

Les formules précédentes donnent en éliminant la vitesse de rotation n :

$$(3) \qquad \frac{P^3}{T^2 D^2} = \frac{\gamma^3}{\beta^2} = q$$

Plus le rapport $\frac{\gamma^3}{\beta^2} = q$ sera grand, plus la poussée sera considérable, à égalité de puissance dépensée

Par conséquent : $\frac{\gamma^3}{\beta^2} = q$

représente la qualité de l'hélice sustentatrice telle que l'a définie le Colonel RENARD.

Au point de vue propulsion, le rendement de l'hélice est nul puisque le déplacement de la force P est nul.

Le pas h est une caractéristique de l'hélice et pour les hélices sustentatrices géométriquement semblables, le rapport $m = \frac{h}{D}$ du pas au diamètre est une constante.

Le Colonel RENARD qui a vérifié par l'expérience les lois représentées par les formules précédentes, a trouvé que pour une valeur particulière de m, la "qualité" passe pour un maximum.

Pour les hélices de la forme adoptée par le Colonel RENARD, l'optimum correspond à m = 0,75

Pour les hélices propulsives, nous avons un effort de Propulsion P dirigé suivant l'axe et un déplacement V de cette force pendant l'unité de temps, puisque V est la vitesse de l'avion. Le travail propulseur est donc P V, et le rendement ρ donné par :

$$(4)\ \rho = \frac{PV}{T}$$

T étant la puissance du moteur.

Le Colonel RENARD ayant étudié et vérifié les lois de similitude des hélices sustentatrices géométriquement semblables, j'ai pensé qu'il y avait lieu de poursuivre ses études et j'ai vérifié en 1909 les lois de similitude des hélices propulsives à l'aide du wagon dynamométrique du Laboratoire d'Aéronautique Militaire de Chalais-Meudon établi à cette époque.

Ces lois de similitude peuvent se démontrer simplement de la façon suivante :

Considérons une tranche A B de la pale d'hélice fig.16 située à une distance d de l'axe de l'hélice, tournant à n tours par seconde et avançant dans le sens de l'axe à la vitesse V kilomètres à l'heure.

Si l'on compose, fig. 17, la vitesse de rotation 3,14 n d et la vitesse $\frac{V}{3,6}$ de translation, on constate que tout se passe comme si la palette A B se déplaçait suivant A A' et attaquait l'air sous un angle i -

Pour toutes les hélices semblables, les éléments homologues tels que A B auront le même angle d'attaque i lorsque l'on conservera l'angle constant ou, ce qui revient au même, le rapport $\frac{V}{3,6 \times 3,14\, n\, d}$ ou plus simplement $\frac{V}{n\ d}$

Si l'on appelle D le diamètre de l'hélice, on sait que pour toutes les tranches homologues des hélices géométriquement semblables, le rapport $\frac{d}{D}$ sera constant.

On aura donc dans ce cas :

$$[illegible]$$

étant la puissance du moteur.

Le Colonel Renard ayant reconnu et vérifié les lois de similitude des hélices sustentatrices, j'ai pensé qu'il y avait lieu de poursuivre ses études et j'ai vérifié en 1909 les lois de similitude des hélices propulsives à l'aide du manège dynamométrique du Laboratoire d'aéronautique militaire de Chalais-Meudon établi à cette époque.

Ces lois de similitude peuvent se démontrer simplement de la façon suivante :

Considérons une lamelle A B de la pale d'une hélice [illegible] située à une distance l de l'axe de l'hélice, tournant à n tours par seconde et avançant dans le sens de l'axe à la vitesse V kilomètres à l'heure.

Si l'on compose, fig. 17, la vitesse de rotation $2 \pi l n$ et la vitesse $\frac{V}{3,6}$ de translation, on constate que tout se passe comme si la palette A B se déplaçait suivant V' et attaquait l'air sous un angle i.

Pour toutes les hélices semblables, les éléments homologues tels que A B auront le même angle d'attaque si l'on conserve l'angle constant ou, ce qui revient au même, le rapport $\frac{V}{3,6 \times 3,14 \, n \, l}$ ou plus simplement $\frac{V}{n \, d}$.

Si l'on appelle d le diamètre de l'hélice, on voit que pour toutes les branches homologues des hélices géométriquement semblables, le rapport $\frac{l}{d}$ sera constant.

On aura donc dans ce cas :

(5) $\frac{V}{nD} = \gamma$ = constante

Lorsque cette condition est remplie pour des hélices géométriquement semblables, les différents éléments homologues attaquent l'air sous les mêmes angles. Les actions de l'air sur les pales sont à égalité d'angle d'attaque proportionnelles à la surface et au carré de la vitesse; il en sera de même de la composante P qui est la poussée suivant l'axe et de la résistance R à l'avancement.

Les surfaces des hélices semblables sont proportionnelles à D .

Les vitesses pour chacun des éléments homologues sont proportionnelles à nD.

On aura donc pour l'altitude Z ou $\frac{\delta}{\delta_0} = \mu_1$

(5) $P = \alpha n^2 D^4 \mu_1$

Le travail de la force R sera proportionnel à R × nD; on aura donc, en appelant T la puissance du moteur:

(7) $T = \beta n^3 D^5 \mu_1$

Les coefficients α et β ne sauraient être modifiés qu'en même temps que $\frac{V}{nD} = \gamma$ ils sont donc fonction de γ

On a donc comme équations générales des hélices géométriquement semblables :

(6) $P = \alpha n^2 D^4 \mu_1$

(7) $T = \beta n^3 D^5 \mu_1$

(8) $\frac{V}{n \cdot D} = \gamma$

(9) $\alpha = \varphi (\gamma)$

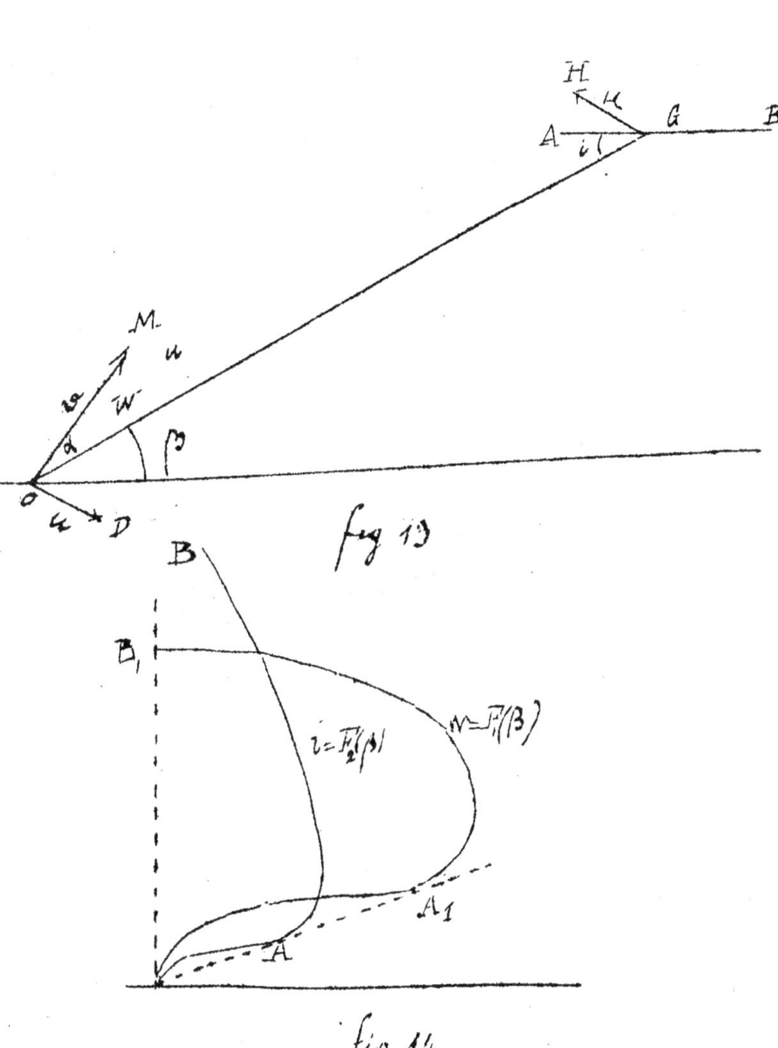

fig 13

fig 14

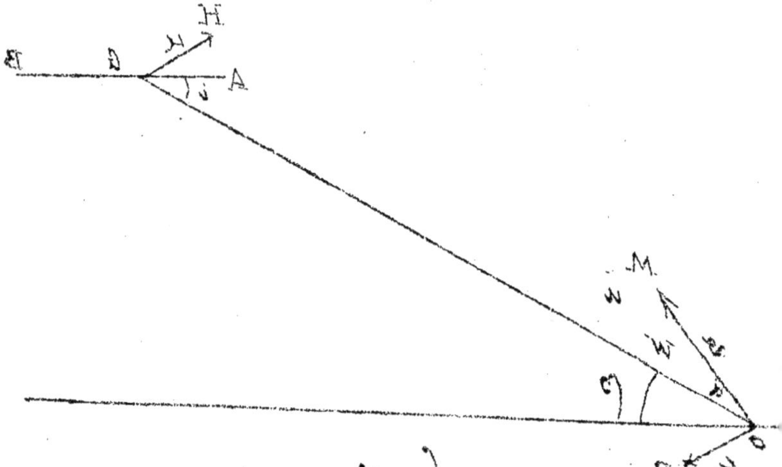

Fig 13

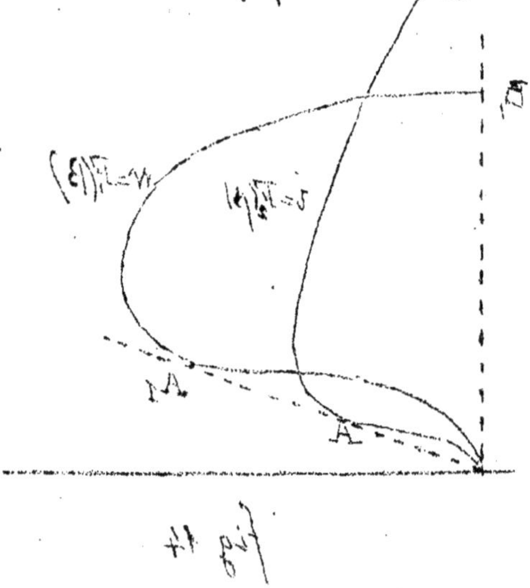

Fig 14

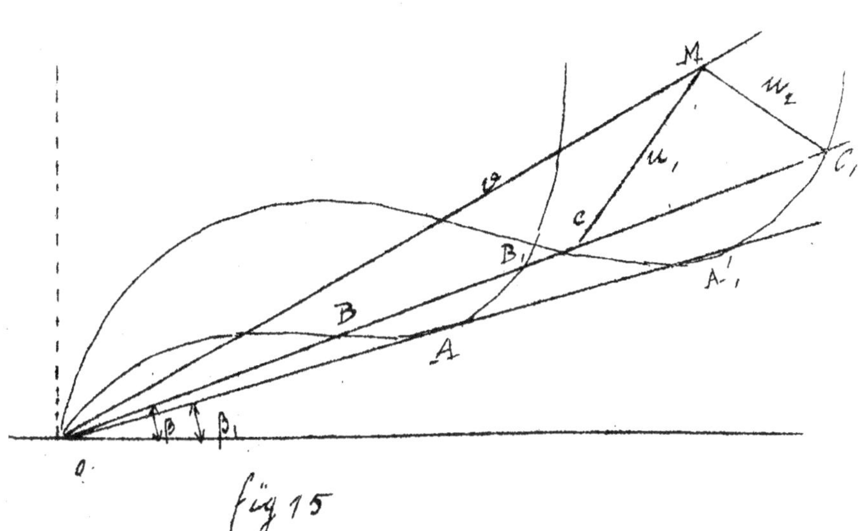
M
w_2
u_1
v
c
C_1
B_1
B
A'_1
A
β
β_1
O

fig 15

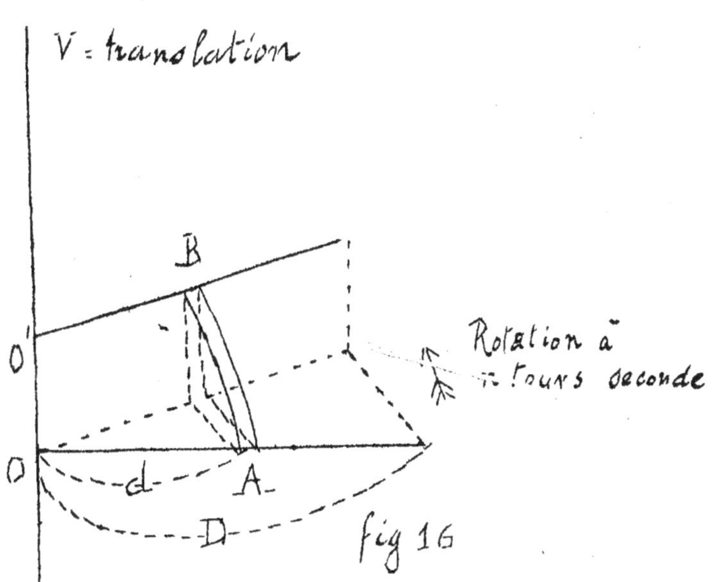
V = translation
B
O'
Rotation à
n tours seconde
O
d
A
D

fig 16

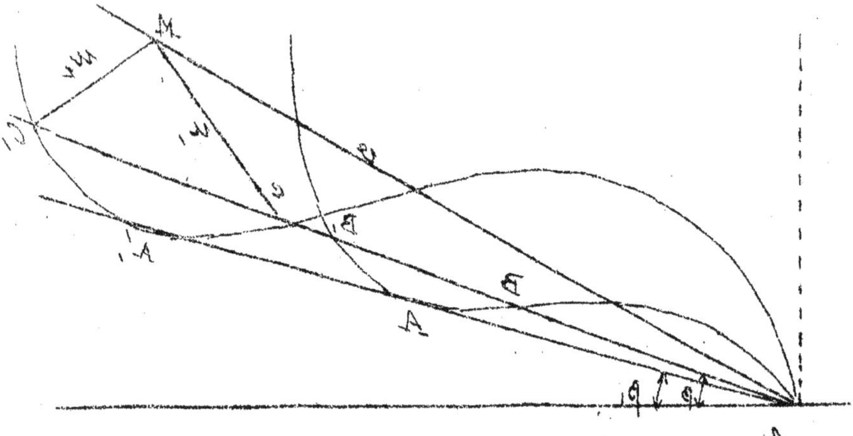

fig 15

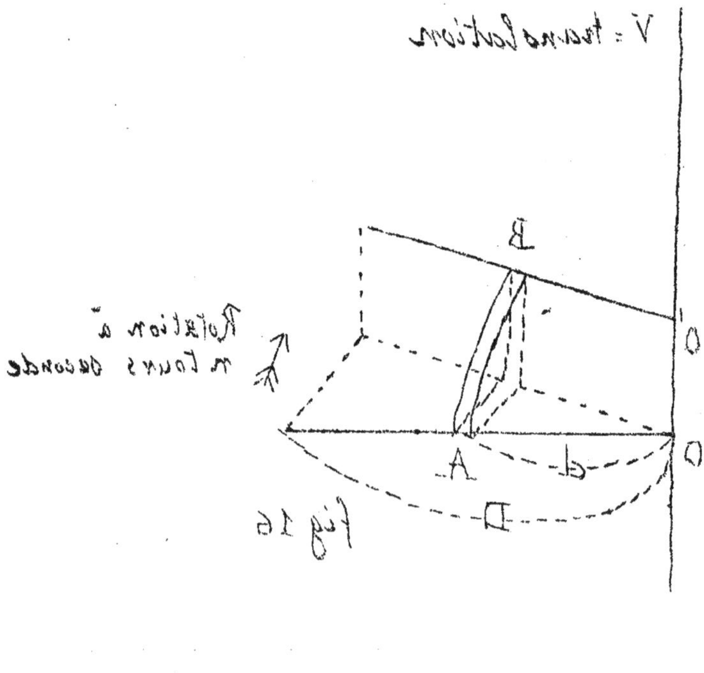

V = translation

Rotation à n tours seconde

fig 16

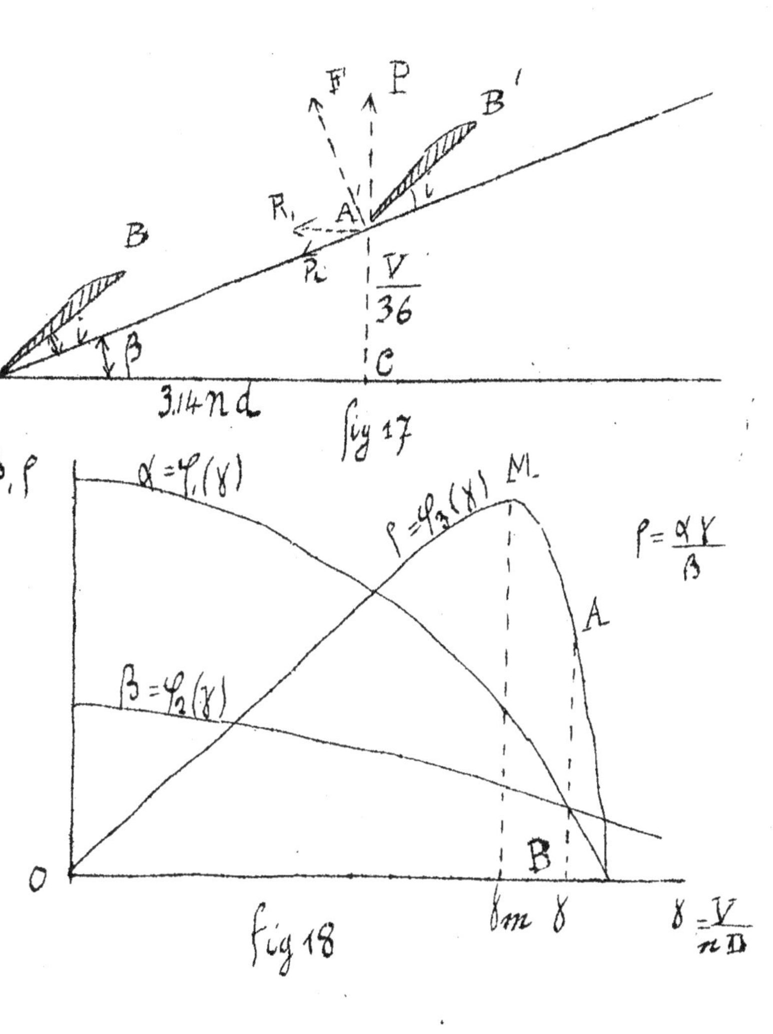
F
P
B'
R
A
B
R_2
$\frac{V}{36}$
β
C
3.14 n d
fig 17
β, ρ
$\alpha = \varphi_1(\gamma)$
$\rho = \varphi_3(\gamma)$
M
$\rho = \frac{\alpha \gamma}{\beta}$
A
$\beta = \varphi_2(\gamma)$
B
O
γ_m
γ
$\gamma = \frac{V}{nD}$
fig 18

P
F
B'
A
R'
R_2
B
$\frac{V}{36}$
C
β
$3.14\,n\,d$

fig 17

α, ρ
M
$\rho=\varphi_3(\gamma)$
$\alpha=\varphi_1(\gamma)$
$\rho=\frac{\alpha\gamma}{\beta}$
A
$\beta=\varphi_2(\gamma)$
B
O
γ_m
γ
$\gamma=\frac{V}{n\,D}$

fig 18

(10) $\beta = \varphi_2 (\gamma)$

(11) $\mu_1 = f_2 (z)$

Conséquence - . Le rendement $\rho = \frac{P\ V}{T_0} = \frac{\alpha\ \gamma}{\beta}$ est indépendant de l'altitude de vol.

La représentation graphique de ces résultats est faite fig. 18

On a porté $\gamma = \frac{V}{n \cdot D}$ en absoisses et en ordonnées α et β

Ces lois ont été vérifiées par l'expérience en 1909 pour la première fois au Laboratoire d'Aéronautique de Chalais-Meudon. Elles ne sont rigoureuses que pour une vitesse circonférentielle supérieure à une valeur donnée.

Cela tient à ce que les hélices se déforment pendant la rotation et que cette déformation croissante avec la vitesse atteint une certaine fixité pour une valeur de nD et celles qui lui sont supérieures. Cette particularité sera démontrée dans la suite.

Cette valeur limite de nD est inférieure à celles utilisées dans la pratique.

§ 21 - RENDEMENT DES HÉLICES GÉOMÉTRIQUEMENT SEMBLABLES.

Les expériences faites à Chalais en 1910 montrent que les rendements d'une famille d'hélices géométriquement sembla-

$$(10) \quad \delta = f_1(\gamma)$$

$$(11) \quad \rho = f_2(\gamma)$$

<u>Conséquence</u>. - Le rendement $\rho = \frac{P V}{C n}$ = [illegible] est indépendant de l'altitude de vol.

La représentation graphique de ces relations est faite Fig. 18

On a porté $\gamma = \frac{V}{nD}$ en abscisses et en ordonnées δ et ρ

Ces lois ont été vérifiées par l'expérience en 1909 pour la première fois au Laboratoire d'Aéronautique de Chalais-Meudon. Elles ne sont rigoureuses que pour une vitesse circonférentielle supérieure à une valeur donnée.

Cela tient à ce que les hélices se déforment pendant la rotation et que cette déformation, croissante avec la vitesse atteint une certaine limite pour une valeur de nD et celles-ci sont supérieures, cette particularité sera démontrée dans la suite.

Cette valeur limite de nD est inférieure à celles utilisées dans la pratique.

§ 21 - RENDEMENT DES HÉLICES
CARACTÉRISTIQUES GÉOMÉTRIQUES.

Les expériences faites à Chalais en 1910 montrent que les rendements d'une famille d'hélices géométriquement semblables

bles vont en croissant avec $\frac{V}{nD} = \gamma$ passent par un maximum pour une certaine valeur de γ puis décroissent ensuite très rapidement (voir le diagramme (fig. 10)

Ceci explique qu'une hélice, même à grand rendement maximum mal employée, peut donner dans certains cas des rendements déplorables, si la valeur de $\frac{V}{nD}$ obligée par les caractéristiques de l'avion n'est pas convenable.

D'après les formules précédentes on voit que le rendement maximum est le même pour toutes les hélices géométriquement semblables.

§ 22 - INFLUENCE DU RAPPORT DU PAS AU DIAMETRE SUR LE RENDEMENT MAXIMUM DES HÉLICES GÉOMÉTRIQUEMENT SEMBLABLES

===============

Si l'on essaie au wagon dynamométrique plusieurs hélices de même surface alaire et de même diamètre, mais dont les inclinaisons de l'extrémité de la pale sur un plan perpendiculaire à l'axe vont en croissant, on constate, par expérience, que pour les hélices semblables à chacun des propulseurs considérés, on a des rendements maximum qui vont d'abord en augmentant avec l'inclinaison et pour des valeurs croissantes de $\frac{V}{nD}$.

bles vont en croissant avec $\frac{V}{nD} = \gamma$ passent par un maximum pour une certaine valeur de γ puis décroissent ensuite très rapidement (voir le diagramme (fig. 10)

Ceci explique qu'une hélice, même à grand rendement maximum mal employée, peut donner dans certains cas des rendements déplorables, si la valeur de $\frac{V}{nD}$ obligée par les caractéristiques de l'avion n'est pas convenable.

D'après les formules précédentes on voit que le rendement maximum est le même pour toutes les hélices géométriquement semblables.

§ 22 - INFLUENCE DU RAPPORT DU PAS AU DIAMÈTRE SUR LE RENDEMENT MAXIMUM DES HÉLICES GÉOMÉTRIQUEMENT SEMBLABLES

Si l'on essaie au wagon dynamométrique plusieurs hélices de même surface alaire et de même diamètre, mais dont les inclinaisons de l'extrémité de la pale sur un plan perpendiculaire à l'axe vont en croissant, on constate, par expérience, que pour les hélices semblables à chacun des propulseurs considérés, on a des rendements maximums qui vont d'abord en augmentant avec l'inclinaison et pour des valeurs croissantes de $\frac{V}{nD}$

Puis ces rendements maxima passent par un maximum maximorum pour une certaine valeur de $\frac{V}{nD}$ et de l'inclinaison de l'extrémité de la pale sur le plan perpendiculaire à l'axe de rotation.

Si l'on remplace l'inclinaison de l'extrémité de la pale sur le plan perpendiculaire à l'axe de rotation par le rapport du pas h au diamètre D, le même pour toutes les hélices géométriquement semblables, on trouve expérimentalement que le rendement maximum passe par un maximum maximorum pour un certain rapport du pas au diamètre voisin de 1,3.

Dans ces conditions, on pourrait croire qu'il suffirait d'utiliser pour toutes les hélices le rapport I,3 du pas au diamètre pour obtenir le plus grand rendement possible.

Il n'en est pas ainsi, malheureusement, car le maximum maximorum du rendement correspond à une valeur particulière de $\gamma = \frac{V}{nD}$ que l'on ne saurait réaliser pour tous les avions puisque la vitesse est une fonction de leurs caractéristiques.

On conçoit par exemple que si l'on utilise l'hélice pour γ (fig. 18) correspond au rendement A B, on aura une mauvaise utilisation d'une très bonne hélice.

Si après essais au wagon dynamométrique, on établit les diagrammes des rendements pour différentes hélices de même surface alaire, mais de rapports du pas au diamètre différents, on trouve une série de courbes représentées (fig.4,) dont l'enveloppe est :

$$\rho_m = f_1(\gamma)$$

Si l'on reporte sur le diagramme (fig. 5) les valeurs de β correspondant à ces rendements ainsi que les rapports du pas au diamètre, on aura pour représenter $\frac{h}{D}$ et β deux droites =

$$\frac{h}{D} = A\gamma + B$$

$$\beta = A'\gamma + B'$$

Les coefficients angulaires A et A' des droites $\frac{h}{D}$ et β sont sensiblement les mêmes pour toutes les hélices essayées à ce jour; par contre, les valeurs de B et B' varient et dépendent de la largeur de la pale et de sa forme.

Il est bien évident que pour une valeur particulière de $\frac{V}{nD} = \gamma$ obligée par les caractéristiques de l'avion, (fig. 19), il y aura intérêt à choisir l'hélice pour laquelle on aura :

$$\rho = A\ M$$

$$\beta = A\ M'$$

$$\frac{h)}{D} = A\ M''$$

C'est d'ailleurs ce à quoi on arrive dans la pratique par tâtonnements comme le démontre l'expérience.

En effet, si à l'aide des résultats des essais d'avions faits en plein vol en 1916 et 1917 à la S.T.Aé. ,on dresse le tableau des valeurs de $\frac{h}{D}$ et $\frac{V}{nD}$ trouvées pour chacun des appareils essayés et si l'on représente graphique-

ment les résultats obtenus, on constate que tous les points $\frac{h}{D}$ et β se placent dans le voisinage de deux droites parallèles à celles trouvées à la suite des essais faits en 1910 au Laboratoire d'Aéronautique Militaire de Chalais-Meudon sur des hélices de rapports du pas au diamètre différents mais de même surface alaire.

Par conséquent, lorsque l'on devra calculer une hélice pour un avion donné, on pourra utiliser pour ρ, γ, β, $\frac{h}{D}$ les relations précédentes.

$$\rho_m = f_1 (\gamma)$$
$$\beta = f_2 (\gamma)$$
$$\frac{h}{D} = f_3 (\gamma)$$

Le diagramme représentant ces fonctions fig. 20 sera appliqué d'après la méthode donnée au chapitre " Adaptation des hélices aux avions "

Il est entendu que ce diagramme devra pouvoir s'améliorer en même temps que l'hélice progressera.

THEORIE DE L'HELICE PROPULSIVE (Drzewiecki)

Considérons une tranche de l'hélice A B située à une distance d de l'axe tournant à n tours et animée d'une vitesse de translation V' (fig. 16 et 17) par seconde.

On peut, comme on l'a montré précédemment, considérer l'élément de palette A B comme se déplaçant suivant A A' à une

vitesse linéaire :

$$\frac{3,14 \quad n'd}{\cos \beta}$$

Cette portion de palette est soumise à deux composants F et R que l'on sait calculer.

On a en appelant S la surface de l'élément et Kx et Ky les coefficients de trainée et de sustentation de l'aile.

$$F = \frac{Ky\ S \times \overline{3,14\ n'd}^2}{\cos^2 \beta}$$

$$R = \frac{Kx\ S \times \overline{3,14\ n'd}^2}{\cos^2 \beta}$$

Si nous calculons la poussée P dans le sens de la marche de l'axe et R_1 la résistance à l'avancement de la palette dont le moment d'équilibre le couple moteur, on aura :

$$P = \frac{S\ 3,14^2\ n'^2\ d^2\ (Ky \cos\beta - Kx \sin\beta)}{\cos^2 \beta}$$

$$R_1 = \frac{S\ 3,14^2\ n'^2\ d^2\ (ky \sin\beta + kx \cos\beta)}{}$$

Le travail propulseur est P V' et le travail moteur :

$$T = R_1 \quad 3,14\ n'd$$

On aura pour le rendement :

$$\rho = \frac{P\ V'}{T}$$

$$\rho = \frac{V'}{3,14\ n'd} \quad \frac{(ky \cos - kx \sin)}{(ky \sin + kx \cos)}$$

mais comme $\frac{V'}{3,14\ n'd} = tg \beta$ l'expression ρ peut se

mettre sous la forme :

$$\rho = \frac{\left(1 - \frac{Kx}{Ky}\,\mathrm{tg}\,\beta\right)\mathrm{tg}\,\beta}{\mathrm{tg}\,\beta + \frac{Kx}{Ky}}$$

$$\frac{Kx}{Ky} = \frac{\mathrm{tg}\,\beta\,(1 - \rho)}{\rho + \mathrm{tg}^2\beta}$$

On voit que le rendement pour chaque tranche d'aile dépend de $\frac{Kx}{Ky}$ qualité propre à l'aile et de $\mathrm{tg}\,\beta$ c'est-à-dire de $\frac{V'}{n'\,d}$: c'est d'ailleurs ce que l'expérience nous démontre.

Construisons les courbes :

$$\frac{Kx}{Ky} = \frac{\mathrm{tg}\,\beta\,(1 - \rho)}{\rho + \mathrm{tg}^2\beta}$$

pour les valeurs de ρ = 0,70, 0,75, 0,80, 0,85, 0,90.

Nous avons un faisceau représenté fig. (19bis) sur laquelle on voit que plus $\frac{Kx}{Ky}$ sera petit, plus le rendement sera meilleur à égalité de $\mathrm{tg}\,\beta$ ou de $\frac{V'}{n'\,d}$.

Or, pour chaque forme d'aile, $\frac{Kx}{Ky}$ passe par un minimum pour une certaine valeur de l'angle d'attaque, ce sera donc cet angle optimum que l'on devra choisir pour la construction de l'hélice bien adaptée.

Soit $\frac{Kx}{Ky}$ la valeur minimum particulière à l'aile choisie pour hélice.

On voit sur la figure que le rendement augmente avec $\frac{V'}{n'\,d}$ et passe par un maximum pour décroître ensuite, ce que l'expérience nous démontre.

mettre sous la forme :

$$\rho = \frac{1 + 8\frac{Kx}{Ky} \dots}{1,8 \dots + \frac{Kx}{Ky}}$$

$$\frac{Kx}{Ky} = \frac{1,8\,\rho^2 (1 - \rho^2)}{\rho + 6,5 \dots}$$

On voit que le rendement pour chaque tranche d'aile dépend de $\frac{Kx}{Ky}$ qualité propre d'aile et de 1,8 c'est-à-dire de $\frac{V}{n'd}$: c'est d'ailleurs ce que l'expérience nous démontre.

Construisons les courbes :

$$\frac{Kx}{Ky} = \frac{1,8\,\rho^2 (1 - \rho^2)}{\rho + 6,5 \dots}$$

pour les valeurs de ρ = 0,70 - 0,75 - 0,80 - 0,85 - 0,90 .

Nous avons un faisceau représenté fig. (9bis)

sur laquelle on voit que plus $\frac{Kx}{Ky}$ sera petit, plus le rendement sera meilleur à égalité de tg φ ou de $\frac{V}{n'd}$.

Or, pour chaque forme d'aile, $\frac{Kx}{Ky}$ passe par un minimum pour une certaine valeur de l'angle d'attaque, ce sera donc cet angle optimum que l'on devra choisir pour la construction de l'hélice bien adaptée.

Soit $\frac{Kx}{Ky}$ la valeur minimum particulière à l'aile choisie pour hélice.

On voit sur la figure que le rendement augmente avec $\frac{V}{n'd}$ et passe par un maximum pour décroître ensuite, ce que l'expérience nous démontre.

§ - 24 - Influence du recul en avant de l'Hélice.

Si l'on explore avec un tube de Pitot la région située en avant d'une Hélice tournant à une vitesse de rotation de n tours par unité de temps dans un vent de vitesse V, on constate qu'il existe un appel d'air variable en chacun des points du cercle décrit par le propulseur.

La vitesse moyenne de cet appel d'air étant pris égal à v on peut dire que l'écrou air recule en avant de la pâle d'une quantité v par rapport à l'Hélice vis.

Si P est la poussée de l'Hélice il y a donc une porte de travail P V.

La vitesse du courant d'air qui passe à travers l'Hélice à l'entrée n'est donc pas V comme nous l'avons supposé dans la théorie précédente mais bien V + v = U

Dans ces conditions, on aura :

$$tg\,\beta = \frac{U}{3,14\ n\ d} \quad \text{et non pas} \quad \frac{V}{3,14\ n\ d}$$

Appelons : $\frac{V}{3,14\ n\ d} = tg\,\beta'$

En reprenant les raisonnements précédents, on aura :

$$P = 3,14\ n^2\ d^2\ S\ (\ Ky\ \cos\beta - Kx\ \sin\beta\ )$$

$$R_1 = 3,14\ n^2\ d^2\ S\ (\ Ky\ \sin\beta + Kx\ \cos\beta\ )$$

Le travail propulseur est P V et le travail moteur :

$$T = 3,14\ n\ d\ R_1$$

Le rendement ρ sera

$$\rho' = \frac{\lg \beta \; 1 - \frac{kx}{ky} \lg \beta}{\lg \beta + \frac{kx}{ky}}$$

Comme : $\lg \beta' < \lg \beta$

On a : $\rho' < \rho$

Comme les lois de similitude énoncées précédemment sont cependant vérifiées par l'expérience, on en conclut que pour les hélices semblables φ et β ne varie que lorsque $\frac{v}{n\mathcal{D}} = \gamma_1 =$ constante $\frac{V}{nD} = \gamma =$

Dans ces conditions

$$\frac{v}{nD} = \gamma_1 - \gamma = \text{constante}$$

§ 25 - Influence de la largeur de la pale

D'après la théorie de M. DRZEWIECKI qui ne tient pas compte du recul en avant de l'Hélice le rendement ne dépendrait que des deux facteurs.

$$\frac{V}{nD} \quad \text{et} \quad \frac{kx}{ky}$$

la largeur de pale n'aurait aucune influence dans la valeur du rendement.

Si l'on essaie des Hélices de même diamètre, de même rapport du pas au diamètre, mais de largeur de pale différentes, compte- tenu de l'obligation de donner à l'épaisseur une valeur convenable pour assurer la sécurité de construction, on

constate que le rendement maximum augmente lorsque la largeur de pale diminue pour passer par un maximum maximorum correspondant à une valeur particulière de cette largeur.

Ce sont les résultats que j'ai constaté au cours de mes expériences de 1910 sur une série d'Hélice de 2 m/50 de diamètre.

Prenons 2 Hélices de même diamètre, l'une de largeur l et l'autre de largeur l'.

Pour une même vitesse U de l'air passant à travers l'hélice et une même vitesse de rotation n on aura :

pour la première hélice :

$$P = \alpha_1 \, l n^2 D^4$$
$$T = \beta_1 \, l n^3 D^5$$

$$\gamma_1 = \frac{U}{nD} \quad \text{et} \quad \gamma = \frac{V}{nD}$$

le rendement ρ sera égale à $\frac{\alpha \gamma}{\beta}$

pour la deuxième hélice, on aura :

$$P' = \alpha_1 \, l' n^2 D^4$$
$$T' = \beta_1 \, l' n^3 D^5$$

$$\gamma_1 = \frac{U}{nD} \quad = \quad \gamma' = \frac{V'}{nD}$$

le rendement sera $\rho' = \frac{\alpha' \gamma'}{\beta}$

Puisque ρ' est plus grand que ρ il en résulte que γ_1 est supérieur à γ et que par conséquent la vitesse U-V= ν du

constate que le rendement maximum augmente lorsque la largeur de pale diminue pour passer par un maximum maximorum correspondant à une valeur particulière de cette largeur.

Ce sont les résultats que j'ai constaté au cours de mes expériences de 1910 sur une série d'hélices de 2 m/50 de diamètre.

Prenons 2 hélices de même diamètre, l'une de largeur l et l'autre de largeur l'.

Pour une même vitesse U de l'air passant à travers l'hélice et une même vitesse de rotation n on aura :

pour la première hélice :

$$P = \psi_1 \delta n^2 D^4$$
$$T = \varphi_1 \delta n^3 D^5$$

$$\gamma = \frac{U}{nD} \quad \text{et} \quad \gamma' = \frac{V}{nD}$$

Le rendement ρ sera égale à $\frac{\psi_1 \gamma}{\varphi_1}$

pour la deuxième hélice, on aura :

$$P' = \psi'_1 \delta n^2 D^4$$
$$T' = \varphi'_1 \delta n^3 D^5$$

$$\gamma_1 = \frac{U}{nD} = \gamma \quad \gamma'_1 = \frac{V_1}{nD}$$

Le rendement sera $\rho' = \frac{\psi'_1 \gamma}{\varphi'_1}$

Puisque ρ' est plus grand que ρ il en résulte que γ'_1 est supérieur à γ' et que par conséquent la vitesse $U - V_1 = v_1$ du

recul en avant de l'hélice sera plus grande dans le premier cas que dans le second.

Autrement dit, plus $\frac{\ell}{D}$ sera faible, plus le recul en avant de l'hélice sera petit.

Cette considération très importante trouve son application dans le problème d'adaptation de l'hélice à l'avion.

Comme le rapport $\frac{kx}{ky}$ va en croissant lorsque le rapport entre l'épaisseur de la pale obligée et la largeur augmente, il y a donc perte de rendement de ce fait.

Par contre, nous avons augmentation de rendement par suite de la diminution du recul en avant de l'Hélice lorsque le rapport entre la largeur de pale et le diamètre diminue.

On conçoit donc qu'en présence de ces 2 actions qui tendent à se détruire, il y aura un minimum de largeur de pale à adopter.

§ 26 - Influence du contour de la pale

Les rendements dans les différentes sections d'une pale dépendent de $\frac{V}{nd}$ / $\frac{V+v}{nd}$ et de $\frac{kx}{ky}$ par conséquent la largeur de la pale ne saurait avoir la même valeur dans toutes les sections.

Compte-tenu de l'épaisseur de la section qui doit aller en croissant au fur et à mesure que l'on se rapproche du moyeu, il faut donc, si l'on veut conserver une bonne valeur de $\frac{kx}{ky}$ (1)

(a (1) on sait que pour une aile l'exagération du rapport entre l'épaisseur et la profondeur diminue sa qualité

augmenter la largeur de la pale au fur et à mesure que l'on s'éloigne de son extrémité.

Cette manière de procéder est avantageuse en ce qui concerne l'influence de $\frac{V}{nD}$ pour la partie de la pale comprise entre son milieu et l'extrémité. Cette dernière influence oblige à réduire la largeur de la pale lorsque l'on se rapproche du moyeu.

§ 27 - Angles d'attaque dans les différentes sections de l'aile

****

La théorie indique bien que le rendement maximum sera obtenu lorsque $\frac{kx}{ky}$ sera minimum, par conséquent les angles d'attaque pour chaque section de la pale devraient correspondre à l'optimum.

Dans ces conditions, on pourrait conclure que l'hélice à pas constant est inférieure au propulseur à angles d'attaques optimum et par conséquent à pas variable.

L'expérience nous indique cependant le contraire. Ceci tient à ce que pendant la rotation les différentes sections de la pale se déforment inégalement et que l'hélice à angles d'attaque optimum par construction ne l'est plus lorsqu'elle tourne.

Par contre, l'hélice à pas constant se déforme dans le bon sens pendant sa rotation et devient de ce fait une

Hélice à pas variable qui se rapproche de l'optimum.

§ 28 - Dessin de la pale d'Hélice

L'expérience acquise à ce jour nous permet de faire les recommandations suivantes en ce qui concerne le dessin des Hélices :

1° - La face d'attaque sera un hélicoide

2° - Les Hélices doivent être aussi effilées que possible à la pointe, on doit cependant ménager un arrondi à l'extrémité pour éviter la fragilité.

3° - Le bord d'attaque doit être une courbe orientée comme sur la figure

4° - Le bord de sortie doit être une génératrice de l'Hélicoide avec raccordement curvilignes au moyeu et à l'extrémité de la pale.

5° - Le rapport entre le rayon et la largeur maxima de la pale doit être voisin de 6
(En Anglais, Aspect Ratio, en Français, allongement).

6°- La pale aura sa largeur maxima dans le voisinage de son milieu.

7° -Les profils des pales se rapprocheront de celles d'une bonne aile d'avion.

Le profil Anglai très bon a l'avantage de ne pas occasionner les vibrations constatées sur les Hélices trop minces et de donner une sécurité de construction suffi-

sante pour des vitesses circonférencielles inférieures 270 mètres par seconde.

§ 29 - Famille d'Hélices types

****

La forme de la pale étant définie on obtiendra une famille d'Hélices en conservant cette forme de pale et en faisant varier le rapport $\frac{h}{D}$ s du pas h au diamètre D.

Une Commission Interalliée a décidé de faire construire par chàque nationalité des Hélices ayant 1 mètre de diamètre et des pas de 0,6, 0,7, 0,8, 0,9, 1, 1,10, 1,20 en utilisant des formes de pales reconnues les meilleures dans chaque pays et répondant d'ailleurs aux conditions imposées dans le paragraphe précédent.

Il est à peu près certain que les résultats obtenus par ces différentes Hélices seront presqu'identiques.

Pour chacune de ces Hélices, on déterminera par la méthode du tunnel les courbes expérimentales donnant les valeurs de α/β et ρ pour différentes valeurs de γ

On prendra pour définir la famille la courbe enveloppe des rendements et les valeurs $\frac{h}{D}$ β et γ correspondantes aux différents points de cette courbe enveloppe.

On aura alors pour représenter la famille des Hélices types :

$$\rho = f_1(\gamma)$$
$$\beta = f_2(\gamma)$$
$$\frac{h}{D} = f_3(\gamma)$$
$$\frac{V}{nD} = \gamma$$

sante pour des vitesses d'écoulement inférieures à 270 mètres par seconde.

§ 29 - Famille d'hélices types

****

La forme de la pale étant définie on obtiendra une famille d'hélices en conservant cette forme de pale et en faisant varier le rapport $\frac{H}{D}$ du pas H au diamètre D.

Une Commission Internationale a décidé de faire construire par chaque nationalité des hélices ayant 1 mètre de diamètre et des pas de 0,6, 0,7, 0,8, 0,9, 1, 1,10, 1,20 en utilisant des formes de pales reconnues les meilleures dans chaque pays et répondant d'ailleurs aux conditions imposées dans le paragraphe précédent.

Il est à peu près certain que les résultats obtenus par ces différentes hélices seront presqu'identiques.

Pour chacune de ces hélices, on déterminera par la méthode du tunnel les courbes expérimentales donnant les valeurs de $\frac{\psi}{\gamma^2}$ et ρ pour différentes valeurs de γ.

On prendra pour définir la famille la courbe enveloppe des rendements et les valeurs $\frac{\psi}{\gamma^2}$ et γ correspondantes aux différents points de cette courbe enveloppe.

On aura alors pour représenter la famille des hélices types :

$$\rho = f_1(\gamma)$$
$$\frac{\psi}{\gamma^2} = f_2(\gamma)$$
$$\frac{H}{D} = f_3(\gamma)$$
$$\gamma = \frac{V}{nD}$$

§ 30 - UNITÉS EMPLOYÉES DANS LES CALCULS

L'emploi des unités " vitesse de translat[illegible] mètres seconde et " vitesse de rotation en tours-seconde, n'a jamais pu être généralisé.

La "vitesse de translation" en kilomètres à l'heure et la "vitesse de rotation "en tours minute sont les unités courantes en usage dans l'Aviation.

Il est donc nécessaire d'établir des formules de transformation suivant que l'on emploiera l'un ou l'autre des systèmes d'unités.

Soieht : V vitesse de translation en kms à l'heure

N vitesse de rotation en tours-minute

V' vitesse de translation en mètres-seconde

n' vitesse de rotation en tours-seconde

T, Puissance en H P

Si pour les hélices propulsives

correspondent aux premières unités et aux secondes, on aura :

$$\frac{V}{3,6} = V' \qquad \frac{N}{60} = n'$$

$$\alpha N^2 = \alpha' n'^2 \qquad 75\beta N^3 = \beta' n'^3$$

$$\frac{V}{N D} = \gamma = \frac{3,6\, V'}{60\, n' D} = \frac{3.6}{60}\gamma'$$

$$\alpha = \left(\frac{1}{60}\right)^2 \alpha'$$

$$\beta = \left(\frac{1}{60}\right)^3 \beta' \times \frac{1}{75}$$

$$\gamma = 0,06\, \gamma'$$

§ 31 - INFLUENCE de L'ALTITUDE SUR LA PUISSANCE DES GROUPES MOTOPROPULSEURS

****

Sans entrer dans les détails de la théorie du moteur à explosion qui fait partie d'une autre branche de l'enseignement de l'Ecole, il y a lieu d'indiquer dès maintenant quelle est l'influence de l'altitude sur la puissance des moteurs à explosion et sa répercussion sur le fonctionnement de l'hélice.

Considérons un moteur dont la puissance à N_0 tours par minute et à pleine admission soit T_0 au sol à la pression 760.

Si ce moteur est transporté à une altitude Z où la pression barométrique est H et si le mélange tonnant employé a une teneur invariable en comburant et en combustible, la puissance nouvelle T à pleine admission fournie par ce moteur à une vitesse de rotation N_0 sera :

$$T = T_0 \frac{H}{760} = T_0 \mu$$

Comme dans les limites de vitesses de rotation employées à bord des avions, le couple d'un moteur tournant au sol à pleine admission est constant, on aura pour une vitesse de rotation N:

$$T = T_0 \frac{N}{N_0} \times \mu$$

Telle est la loi de variation de la puissance d'un moteur tournant à pleine admission à différentes vitesses et à des altitudes différentes.

Cette loi ne saurait être rigoureuse, car il existe des causes de troubles dont les deux plus importantes sont :

1° — La variabilité de la teneur du mélange tonnant en comburant et en combustible suivant l'altitude.

2° — Les variations dans la température de refroidissement du moteur qui influe sur les actions de parois et tend à occasionner des pertes de puissance de plus en plus grandes au fur et à mesure que l'on s'élève.

Etudions la première cause :

Le mélange tonnant est obtenu à l'aide d'un carburateur formé d'une trompe de Venturi au milieu de laquelle débouche un gicleur alimenté par une cuve à niveau constant A.B. fig.22

Soient : ω la section d'entrée de la trompe et ω' la section rétrécie.

Nous aurons en C sortie du gicleur une pression H_1 inférieure à la pression atmosphérique H à l'entrée de la trompe et sur la cuve.

On sait que $H - H_1 = h = K V^2 \mu_1$

V étant la vitesse de l'air à l'entrée de la trompe, μ_1 correspondant à l'altitude Z de fonctionnement.

La vitesse V de l'écoulement de l'essence par l'orifice du gicleur sera donnée par :

$$V = \sqrt{2 g h}$$

Le poids d'air qui s'écoule par l'orifice ω lorsque le moteur tourne à N_0 tours proportionnel à V sera : $\omega V \mu_1 \delta$

Cette loi ne saurait être rigoureuse, car il existe deux causes de troubles dont les deux plus importantes sont :

1° - La variabilité de la teneur du mélange comburant en combustible suivant l'altitude.

2° - Les variations dans la température de refroidissement du moteur qui influe sur les valeurs de pointe et tend à occasionner des pertes de puissance de plus en plus grandes au fur et à mesure que l'on s'élève.

Etudions la première cause :

Le mélange tonnant est obtenu à l'aide d'un carburateur formé d'une trompe de Venturi au milieu de laquelle débouche un gicleur alimenté par une cuve à niveau constant A.B. Fig.32

Soient : ω la section d'entrée de la trompe et ω' la section rétrécie.

Nous aurons en C sortie du gicleur une pression H' inférieure à la pression atmosphérique H à l'entrée de la trompe et sur la cuve.

On sait que $H - H_1 = h = K V^2 \rho_z$

V étant la vitesse de l'air à l'entrée de la trompe, ρ_z correspondant à l'altitude Z de fonctionnement.

La vitesse v de l'écoulement de l'essence par l'orifice du gicleur sera donnée par :

$$v = \sqrt{2 g h}$$

Le poids d'air qui s'écoule par l'orifice ω' lorsque le moteur tourne à N_0 tours proportionnel à V sera : [illegible]

Le poids d'essence sera, en appelant d sa densité et s la section du gicleur : s v d.

Le rapport :

$$M = \frac{\text{poids d'air}}{\text{poids d'essence}} = \frac{\omega V \mu_1 \rho_0}{s\, v\, d}$$

ou, en remplaçant v par $\sqrt{2g\,h} = \sqrt{2\,g\,K\,\mu_1\,V}$

$$M = \frac{\text{poids d'air}}{\text{poids d'essence}} = K_1 \sqrt{\mu_1}$$

Le rapport entre M_o, valeur de M au sol et M_1 valeur de M à l'altitude Z sera :

$$M_o = M \sqrt{\mu_1}$$

Pour Z = 5.000 mètres, on aurait :

$$\frac{M_1}{M_o} = 1{,}298$$

$$\frac{M_1 - M_o}{M_o} = 0{,}298$$

ce qui est considérable.

Le mélange devient de plus en plus riche au fur et à mesure que l'altitude Z croit.

Cette particularité présente un grave inconvénient d'abord parce que la consommation d'essence augmente inutilement, ensuite par l'excès d'essence qui cause des troubles dans le fonctionnement et quelquefois prohibitifs pour le moteur.

Ce sont d'ailleurs les baisses formidables de puissance constatées à partir de 1.000 mètres sur certains moteurs

du commencement de la guerre que notre attention a été attirée sur cette particularité.

Pour remédier à l'inconvénient signalé, on doit employer le correcteur d'altitude qui a pour fonction de réduire la quantité d'essence qui passe dans le gicleur en diminuant la dépression h.

Jusqu'à présent, il n'existe pas de correcteur d'altitude parfait aussi, ne sera-t-on pas étonné de constater que la formule

$$T = T \left(\frac{N}{N_0}\right)^{\mu}$$

ne cadre pas dans la pratique; elle serait plus exactement:

$$T = T_0 \left(\frac{N}{N_0}\right)^{\mu(1+\varepsilon)}$$

La valeur de $1 + \varepsilon$ qui est voisine de 1,2 ne saurait être définie nettement aujourd'hui; elle peut varier suivant le degré de perfection de l'alimentation et du refroidissement des moteurs.

Aussi, pour les applications adopterons- nous :

$$T = T_0 \left(\frac{N}{N_0}\right)^{\mu}$$

Les formules générales du groupe motopropulseur pour une altitude Z seront :

du commencement de la guerre que notre attention a été attirée sur cette particularité.

Pour remédier à l'inconvénient signalé, on doit employer le correcteur d'altitude qui a pour fonction de réduire la quantité d'essence qui passe dans le gicleur en diminuant la dépression h.

Jusqu'à présent, il n'existe pas de correcteur d'altitude parfait aussi, ne sera-t-on pas étonné de constater que la formule

$$T = T_0 \frac{N}{N_0} \sqrt{\mu}$$

ne cadre pas dans la pratique; elle serait plus exactement:

$$T = T_0 \frac{N}{N_0} \mu^{(1,2)}$$

La valeur de 1,2 qui est voisine de [illegible] ne pourrait être calculée nettement aujourd'hui; elle peut varier suivant le degré de perfection de l'alimentation et du refroidissement des moteurs.

Aussi, pour les applications adopterons-nous :

$$T = T_0 \frac{N}{N_0} \mu$$

Les formules générales du groupe motopropulseur pour une altitude Z seront :

$$P = \alpha N^2 D^4 \mu,$$

$$T_o \frac{N}{N_o} \mu, = \beta N^3 D^5 \mu,$$

$$\frac{V}{nD} = \gamma$$

$$\rho = \frac{\alpha \gamma}{\beta}$$

$$\rho = f_1 (\gamma)$$

$$\beta = f_2 (\gamma)$$

$$\frac{h}{D} = f_3 (\gamma)$$

(Equations définissant la famille des héli- ces- types choisies.)

§ 31 - DEFORMATIONS DES HÉLICES

****

Dans tout ce qui précède, nous n'avons pas tenu compte des déformations des hélices pendant la rotation.

A priori, on pourrait croire que ces déformations devraient infirmer les lois de similitude qui ont été données précédemment.

L'expérience nous démontre qu'effectivement, pour les faibles valeurs de la vitesse circonsférentielle, les lois de similitude ne sont pas vérifiées, mais que par contre, à partir d'une certaine vitesse périphérique, les formules des hélices s'appliquent intégralement.

Les efforts qui agissent sur une pale d'hélice sont :

$$P = \rho N^2 D^4 \mu$$

$$C_o \frac{N}{N_o} \ldots = \rho N^2 D^5 \nu$$

$$\gamma = \frac{V}{\pi N D}$$

$$\eta = \gamma \frac{\mu}{\nu}$$

Equations définissant la famille des hélices-types choisies.

$$\mu = F_1(\gamma)$$

$$\nu = F_2(\gamma)$$

$$\frac{h}{D} = F_3(\gamma)$$

§ 31 - DEFORMATIONS DES HÉLICES

Dans tout ce qui précède, nous n'avons pas tenu compte des déformations des hélices pendant la rotation.

A priori, on pourrait croire que ces déformations devraient infirmer les lois de similitude qui ont été données précédemment.

L'expérience nous démontre qu'effectivement, pour les faibles valeurs de la vitesse circonférentielle, les lois de similitude ne sont pas vérifiées, mais que par contre, à partir d'une certaine vitesse périphérique, les formules des hélices s'appliquent intégralement.

Les efforts qui agissent sur une pale d'hélice sont :

1° - la poussée totale de l'air de la forme $A\ n^2\ D^4$

2° - les efforts centrifuges sur la surface gauche de l'hélice de la forme $\frac{m\ V^2}{R}$ et par conséquent : $B\ n^2\ D^4$

Autrement dit, toutes les forces en présence sont proportionnelles à $n^2\ D^4$; il en sera de même des résultantes ou des composantes.

Si nous considérons un élément de pale A B (fig.24), nous constatons qu'en rotation il est soumis à l'action d'une force $P = K_1\ n^2\ D^4$, poussée de l'air dont le moment par rapport à O est égal à $K_1\ n^2\ D^4$

Les efforts centrifuges sur une surface gauche se réduisent à une force d'arrachement passant par l'axe de rotation et à un couple de moment F b (fig. 24)

Le moment de torsion de la pale sera donc :

$n^2\ D^4\ (a\ K_1 - b\ K_2)$

Si ce moment est positif, l'hélice tendra à augmenter son pas; si par contre, il est négatif, le pas tendra à diminuer.

C'est pour cette raison qu'une hélice de faible densité, en bois, augmente son pas pendant la rotation, tandis que le propulseur lourd en tôle d'acier par exemple tend à le diminuer.

Quel que soit le sens de la déformation on peut se rendre compte que si $a\ K_1$ augmente ou diminue, par contre

$b K_2$ diminue ou augmente.

Il arrivera donc que pour une valeur de n D, le terme $a K_1 - b K_2$ s'annulera.

Pour les valeurs supérieures de n D, l'hélice ayant atteint sa déformation maximum, conservera son nouveau pas et les lois de similitude se vérifieront comme l'expérience nous le démontre.

Dans la pratique courante, les vitesses circonférentielles sont très supérieures à celles pour lesquelles la déformation limite est atteinte.

Enfin si par construction la différence $(a k_1 - b K_2) = 0$ l'hélice sera équilibrée et ne se déformera pas pendant la rotation.

§ 32 - FATIGUE DES HÉLICES

Nous avons montré précédemment que toutes les forces agissant sur des hélices semblables sont proportionnelles à $n^2 D^4$: il en sera de même des composantes

f_1 = effort d'arrachement

f_2 = effort de flexion

f_3 = effort de torsion.

La force f_1 donnera par unité de section de surface S un effort unitaire $R_1 = \frac{f_1}{S}$

Comme pour les hélices semblables, A est propor-tionnel à D2 ; on voit que R_1 est proportionnel à $n^2 D^3$

En appelant R_2 et R_3 les efforts unitaires suppor-tés par la matière sous l'action des forces f_2 et f_3, on trouve en appliquant les lois connues de la résistance des matériaux

$$R_2 \times \frac{I_1}{V_1} = f_2 \ell_1$$

$$R_3 \times \frac{I_2}{V_2} = f_3 \ell_2$$

ℓ_1 et ℓ_2 étant les bras de leviers des forces f_2 et f_3. Ces bras de leviers sont pour des hélices semblables proportionnels à D : comme deplus $\frac{I_1}{V_1}$ et $\frac{I_2}{V_2}$ sont pour les propulseurs semblables proportionnels à D^3; on aura :

$$R_2 = k_1 n^2 D^2 \qquad R_3 = k_2 n^2 D^2$$

La somme algébrique des efforts unitaires R_1 R_2 R_3 est proportionnelle à $n^2 D^2$

Par conséquent, la fatigue de la matière est propor-tionnelle à $n^2 D^2$.

Pour les hélices semblables utilisées au rendement maximum, on a :

$$\frac{V}{nD} = \gamma = \text{Constance d'où : } V^2 = \gamma^2 n^2 D^2$$

On peut donc formuler les conséquences suivantes :

Comme pour les hélices semblables, [illegible] tionnel à D2 ; on voit que R_1 est proportionnel à $n^2 D^3$.

En appelant R_2 et R_3 les efforts unitaires [illegible]-tés par la matière sous l'action des forces f_2 et f_3, on trouve en appliquant les lois connues de la résistance des matériaux

$$R_2 \times \frac{I_1}{V_1} = f_2 \ell_1$$

$$R_3 \times \frac{I_2}{V_2} = f_3 \ell_2$$

ℓ_1 et ℓ_2 étant les bras de leviers des forces f_2 et f_3. Ces bras de leviers sont pour des hélices semblables proportionnels à D ; comme de plus $\frac{I_1}{V_1}$ et $\frac{I_2}{V_2}$ sont pour les propulseurs semblables proportionnels à D^3 ; on aura :

$$R_2 = \delta_1 n^2 D^2 \quad , \quad R_3 = \delta_2 n^2 D^2$$

La somme algébrique des efforts unitaires R_1 R_2 R_3 est proportionnelle à $n^2 D^2$

Par conséquent, la fatigue de la matière est proportionnelle à $n^2 D^2$.

Pour les hélices semblables utilisées au rendement maximum, on a :

$$\frac{V}{nD} = \gamma = \text{Constance d'où : } V^2 = \gamma^2 n^2 D^2$$

On peut donc formuler les conséquences suivantes :

Conséquence - 1° - Pour les hélices semblables et pour une même valeur γ le coefficient de sécurité est inversement proportionnel au carré de sa vitesse périphérique

Conséquence - 2° - Pour les hélices semblables et pour une même valeur γ le coefficient de sécurité est inversement proportionnel au carré de la vitesse de translation, on peut dans une hélice supprimer l'effort de flexion en donnant à la pale une certaine inclinaison correspondant à la résultante de la force centrifuge et de la poussée, toutes deux porportionneles à $n^2 D^4$.

§ 33 - VÉRIFICATIONS EXPÉRIMENTALES

****

Toutes les lois énoncées précédemment ont été vérifiées pour la première fois par mes soins en 1909 et 1910 au Laboratoire d'Aéronautique Militaire de Chalais-Meudon, à l'aide d'un wagon dynamométrique donnant :

1° - la vitesse de translation,

2° - le nombre de tours,

3° - la puissance absorbée,

4° - la poussée de l'hélice

La fig. 25 représente le diagramme de l'hélice-type Chalais établie en 1909.

Ce diagramme obtenu à l'aide des résultats des essais faits au wagon dynamométrique du Laboratoire de Chalais-Meudon,

Conséquence - 1° - Pour les hélices semblables et pour une même valeur γ le coefficient de sécurité est inversement proportionnel au carré de sa vitesse périphérique.

Conséquence - 2° - Pour les hélices semblables et pour une même valeur γ le coefficient de sécurité est inversement proportionnel au carré de la vitesse de translation, on peut dans une hélice augmenter l'effort de flexion en donnant à la pale une certaine inclinaison correspondant à la résultante de la force centrifuge et de la poussée, toutes deux proportionnelles à $n^2 D^4$.

§ 35 - VÉRIFICATIONS EXPÉRIMENTALES

Toutes les lois données précédemment ont été vérifiées pour la première fois par mes soins en 1909 et 1910 au Laboratoire d'Aéronautique Militaire de Chalais-Meudon, à l'aide d'un dynamométrique donnant :

1° - La vitesse de translation,

2° - le nombre de tours,

3° - la puissance absorbée,

4° - la poussée de l'hélice.

La fig. 88 représente le diagramme de l'hélice type Chalais établie en 1909.

Ce diagramme obtenu à l'aide des résultats des essais faits au wagon dynamométrique du laboratoire de Chalais-Meudon,

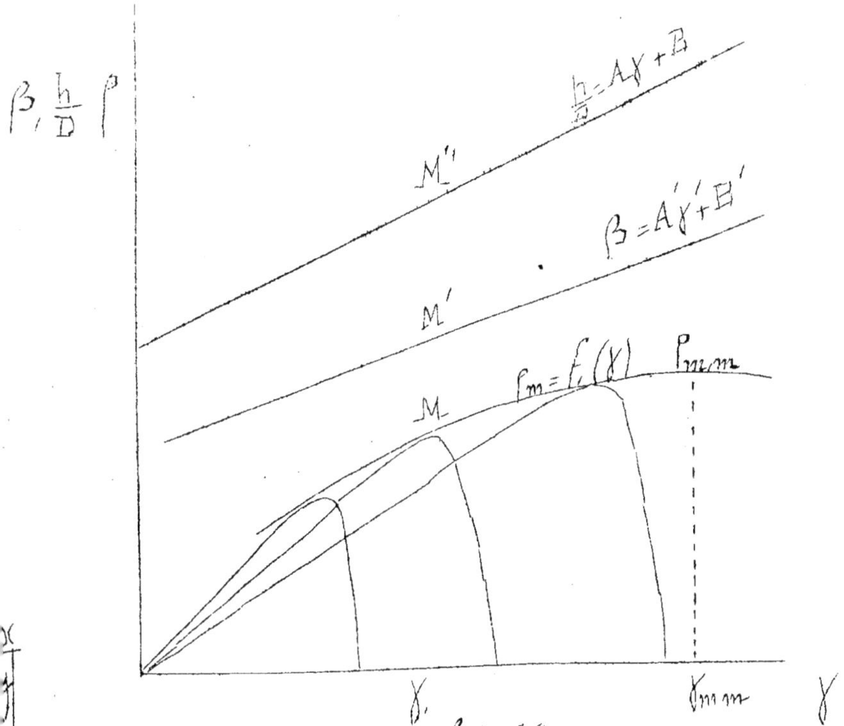

$\beta, \frac{h}{D}, \rho$

$\frac{h}{D} = A\gamma + B$

M''

$\beta = A'\gamma + B'$

M'

$\rho_m = f_1(\gamma)$ ρ_{mm}

M

γ_1 γ_{mm} γ

fig 19

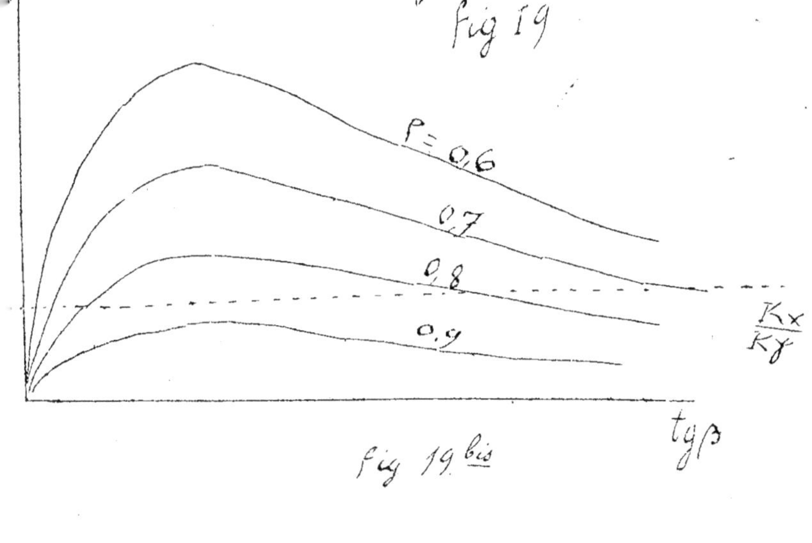

$\rho = 0{,}6$

$0{,}7$

$0{,}8$

$0{,}9$

$\frac{K_x}{K_\gamma}$

$tg\beta$

fig 19 bis

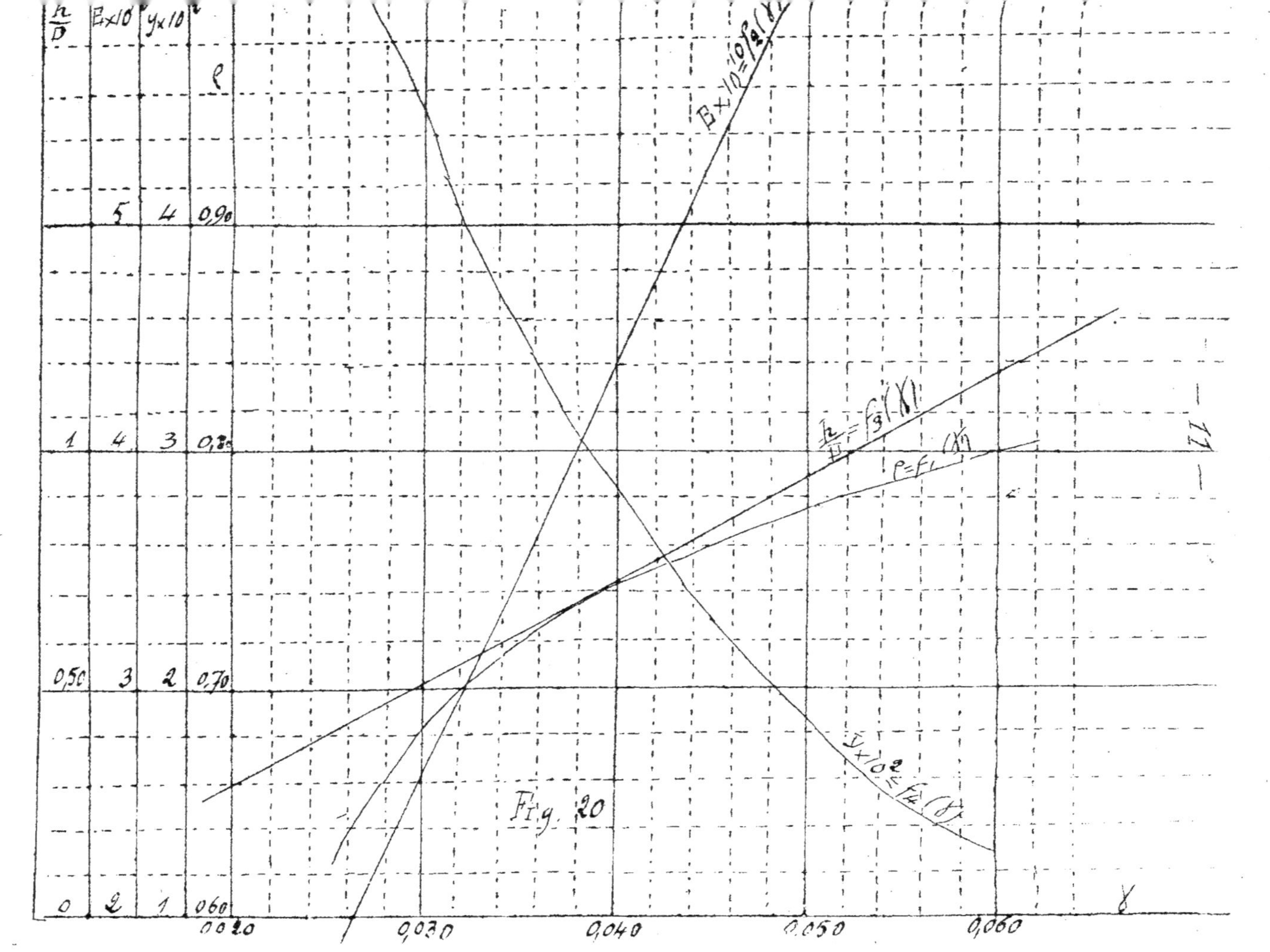

h/D
E×10
y×10²
ρ
5
4
0,90
1
4
3
0,80
0,50
3
2
0,70
0
2
1
0,60
0,020
0,030
0,040
0,050
0,060
γ
E×10 = f₂(γ)
h/D = f₃(γ)
ρ = f₁(γ)
y×10² = f₄(γ)

Fig. 20

0.260 0.250 0.240 0.230 0.220

[illegible]

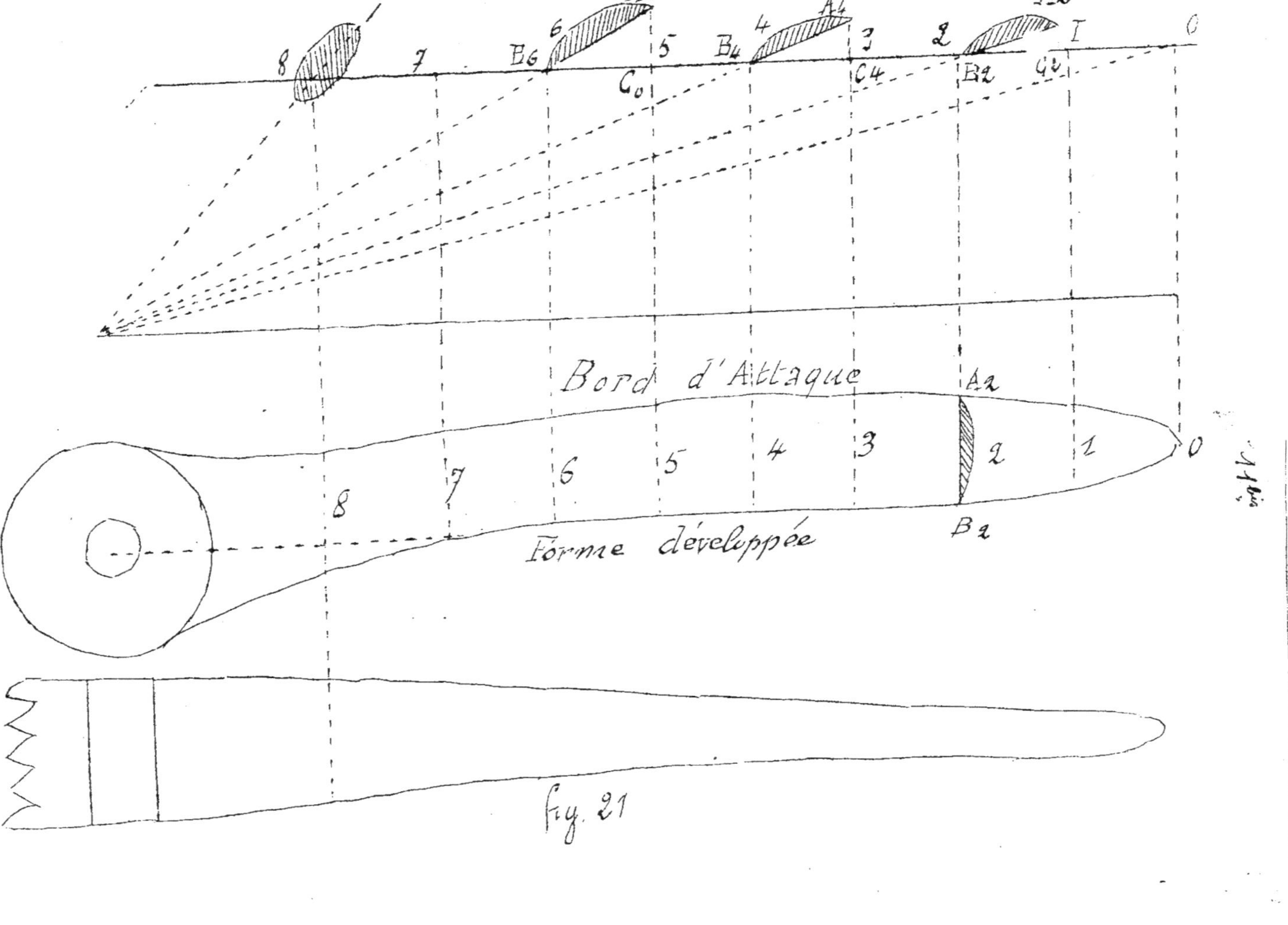
Bord d'Attaque
Forme développée
A2
B2
A4
B4
C4
A6
B6
C0
0
1
2
3
4
5
6
7
8

Fig. 21

11bis

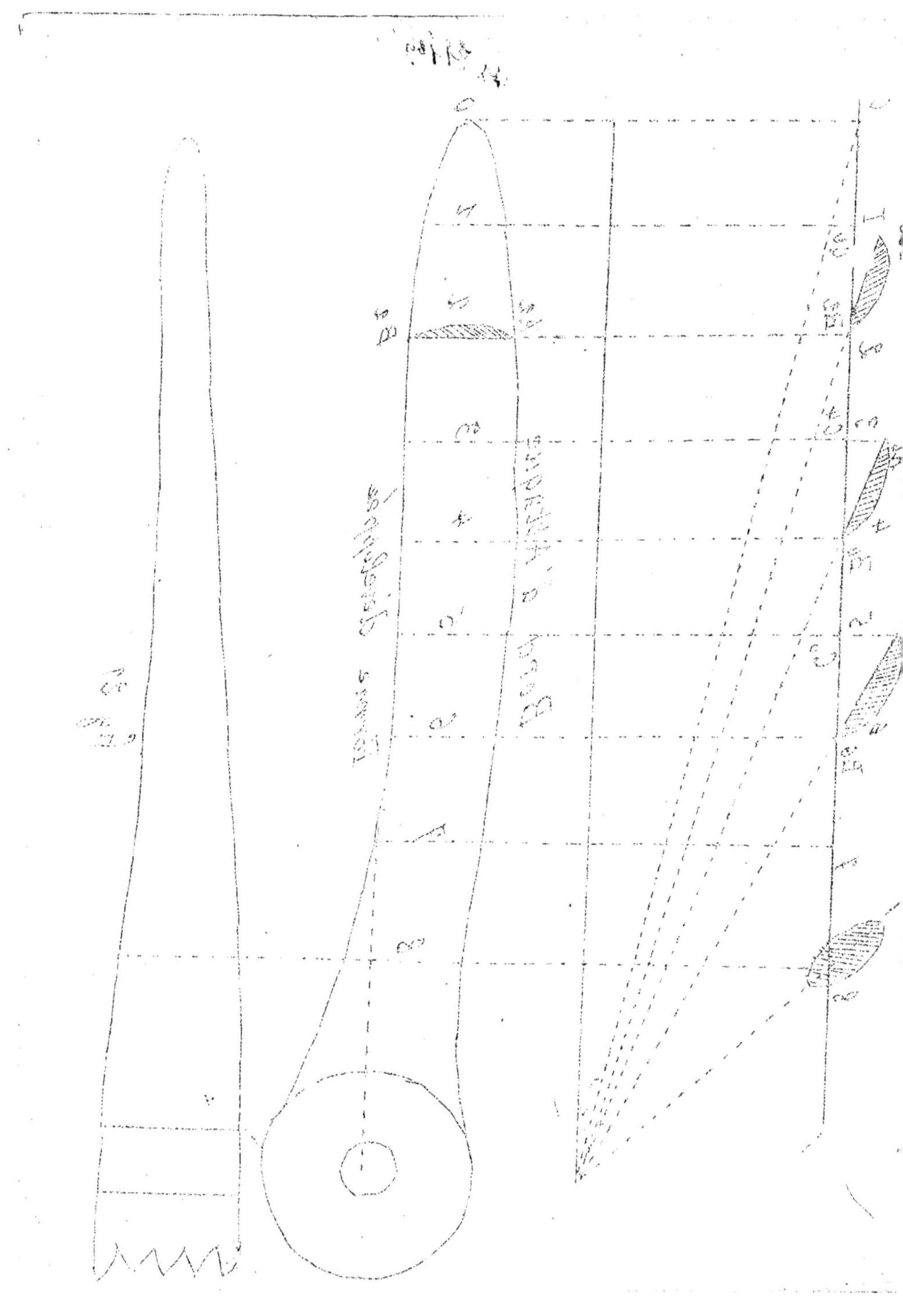

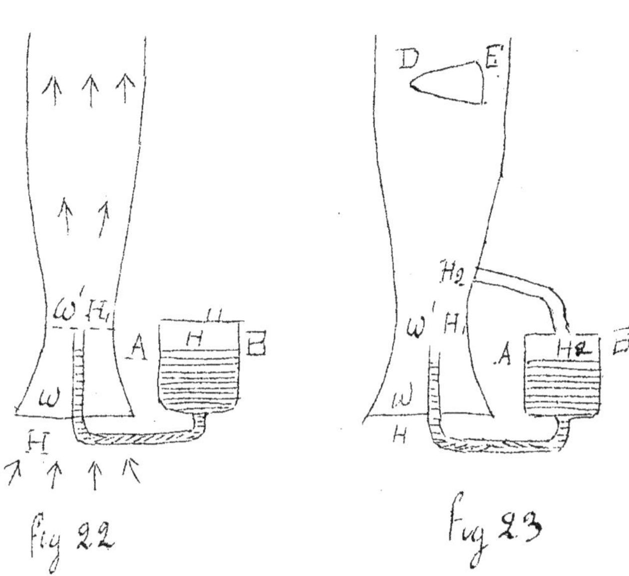

fig 22

fig 23

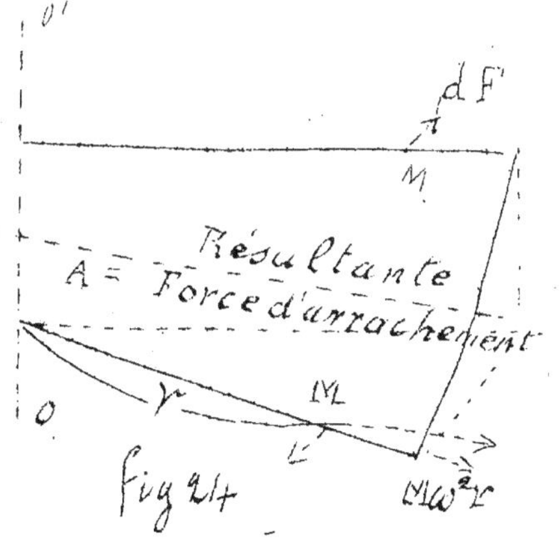

O'

dF

M

Résultante

A = Force d'arrachement

O

r

M

$M\omega^2 r$

fig 24

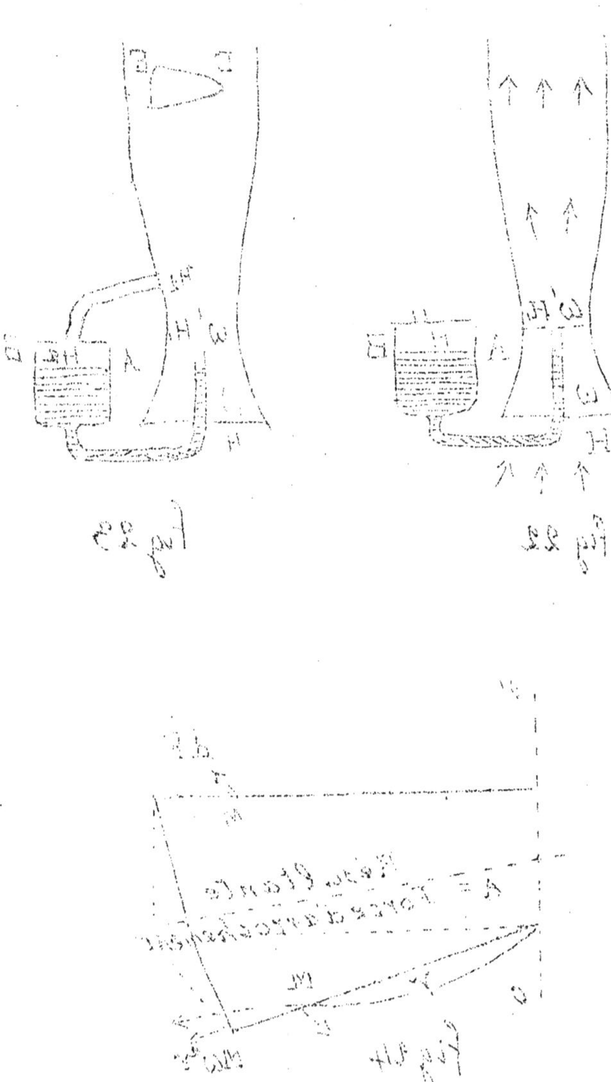

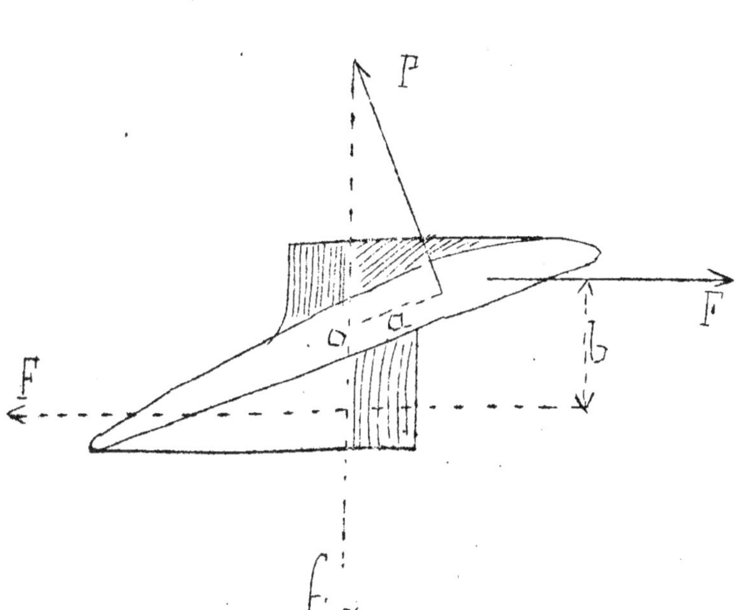

fig 24

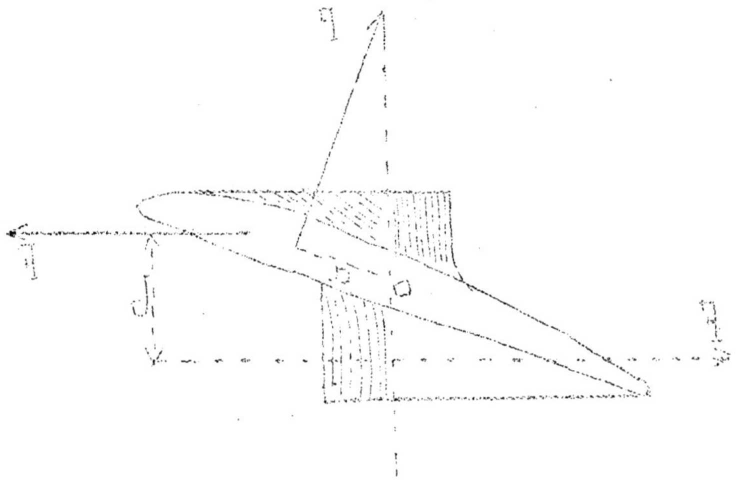

Fig 24

$\frac{h}{D} = 0{,}73$

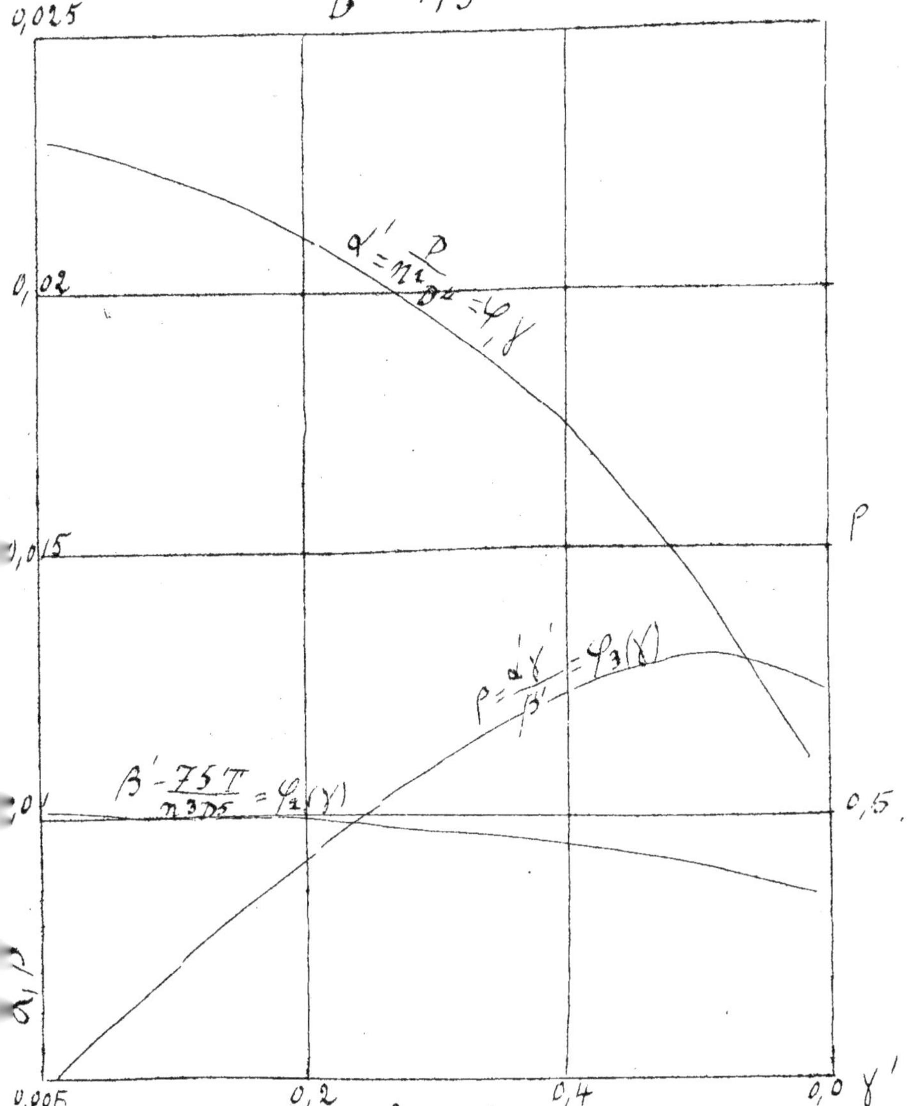

fig. 85

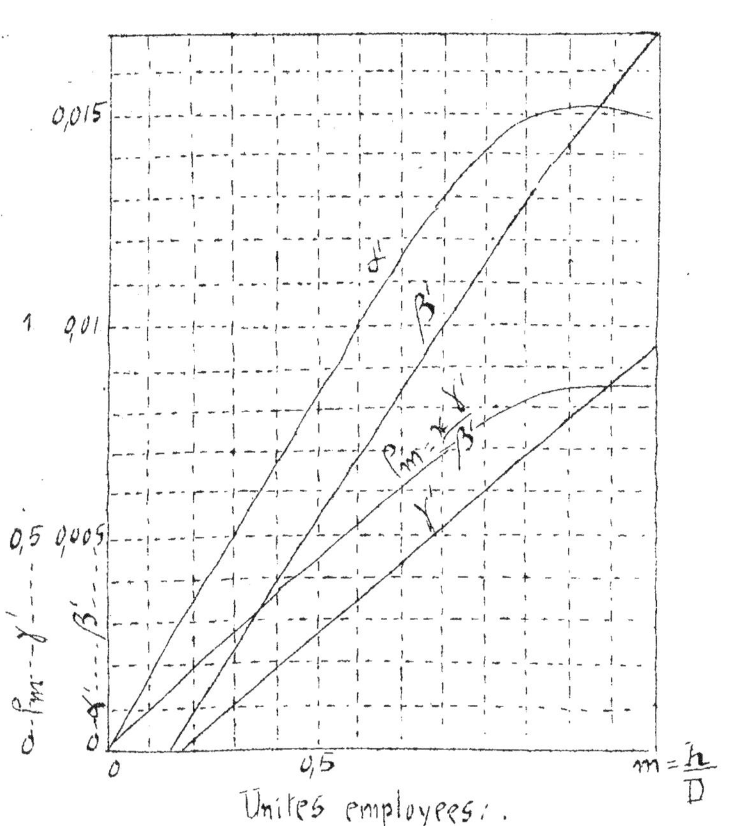

Unités employées :
v' vitesse de translation en mètres seconde
n' vitesse de rotation en tours seconde

Fig. 26

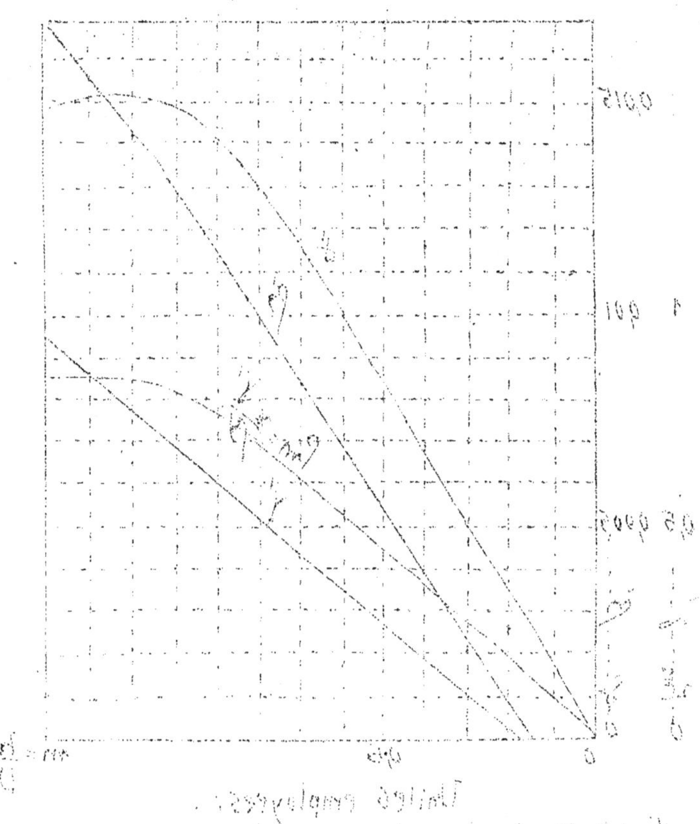

Unités employées :
V vitesse de translation en mètres seconde
n' vitesse de rotation en tours seconde

Fig. 26

a permis de calculer avec exactitude toutes les hélices destinées à nos dirigeables et dont le rendement est de 78 % .

La fig. 26 représente la loi des rendements maxima pour cinq hélices de même surface, de 2 m.50 de diamètre, et de pas différents, essayées en 1910 au Laboratoire d'Aéronautique Militaire de Chalais-Meudon .

Les rapports $m = \frac{h}{D}$ étaient pour les cinq hélices :

0,65,- 0,75,- 0,875,- 1, - 1,29 .

Les hélices que l'on construit en 1917 ayant de meilleurs rendements à égalité de $\gamma = \frac{V}{n\,D}$ que celles essayées à Chalais-Meudon en 1910, sont donc d'une meilleure adaptation . .

Chapitre IV .-

§ - 34 - Adaptation des Hélices aux Avions .

Considérons un avion dont les caractéristiques sont les suivants :

- II poids total ,
- S la surface ,
- Kx coefficient unitaire de trainée des ailes, } pour un angle d'attaque i .
- Ky coefficient unitaire de sustentation des ailes } pour un angle d'attaque i .
- Rx coefficient de trainée de l'avion ,
- Ry coefficient de sustentation de l'avion ,
- σ coefficient des résistances parasites ,

a permis de calculer avec exactitude toutes les hélices destinées à nos dirigeables et dont le rendement est de 78 % .

La Fig. 28 représente la loi des rendements maxima pour cinq hélices de même surface, de 3 m,50 de diamètre,
et de pas différents, essayées en 1910 au Laboratoire d'Aéronautique Militaire de Chalais-Meudon .

Les rapports $u = \frac{h}{D}$ étaient pour les cinq hélices :

$$0,65, - 0,75, - 0,875, - 1, - 1,25 .$$

Les hélices que l'on construit en 1917 ayant
de meilleurs rendements à égalité de $\gamma = \frac{V}{nD}$ que celles essayées à Chalais-Meudon en 1910, sont donc d'une meilleure a-
daptation ».

Chapitre IV .

§ - 54 - Adaptation des hélices aux avions .

Considérons un avion dont les caractéristiques
sont les suivantes :

P poids total ,

S la surface ,

Kx coefficient unitaire de traînée des ailes, } pour un angle d'atta-que i ,

Ky coefficient unitaire de sustentation des ailes }

Rx coefficient de traînée de l'avion ,

Ry coefficient de sustentation de l'avion ,

[illegible] coefficient des résistances passives .

V vitesse en Kilomètres à l'heure ,

T_0 puissance du moteur au sol en HP ,

ρ le rendement propulseur ,

N nombre de tours par minute ,

Z l'altitude de vol ou $\frac{\delta}{\delta_0} = \mu_1 \quad \frac{H}{760} = \mu$

Les équations générales du planeur sont les suivantes :

(1) $\Pi \; \frac{Rx}{Ry} \frac{V}{3.6} = T_0 \mu \times 75 \times \rho$ travail

(2) $\Pi = Ky \; S \frac{V^2}{13} \mu_1$ sustentation ,

(3) $\frac{Rx}{Ry} = \frac{Kx}{Ky} + \frac{\sigma}{Ky \; S}$

(4) $\frac{Rx}{Ry} = F \; (Ky) = f \; (i)$

(5) (6) $\mu = f_1 \; (Z) \; \mu_1 = f_2 \; (Z)$

Pour que le vol rectiligne horizontal soit possible, il faut que les équations relatives au groupe moto propulseur soient satisfaites en même temps que les 6 relatio[ns] précédentes .

Ces équations sont les suivantes :

(7) $T_0 \mu = \beta \; N^3 \; D^5 \mu_1$

(8) $\frac{V}{N \; D} = \gamma$

(9) $\rho = f_1 \; (\gamma)$)

(10) $\beta = \varphi_2 \; (\gamma)$ { valeurs particuliè-

(11) $\frac{h}{D} = \varphi_3 \; (\gamma)$ } res à l'Hélice cho[isie]

- 4 -

V vitesse en kilomètres à l'heure ;

[illegible] puissance du moteur au sol en ch ;

[illegible] le rendement propulseur ;

n nombre de tours par minute ;

[illegible] l'incidence de vol [illegible]

Les équations générales du planeur sont les suivantes :

(1) [illegible] travail

(2) [illegible] sustentation ;

(3) [illegible]

(4) [illegible]

(5) [illegible]

Pour que le vol rectiligne horizontal soit possible, il faut que les équations relatives au groupe moto-propulseur soient satisfaites en même temps que les 6 relations précédentes.

Ces équations sont les suivantes :

(7) [illegible]

(8) [illegible]

(9) [illegible]

(10) [illegible] valeurs particulières à l'hélice [illegible]

(11) [illegible]

L'élimination de V et II et D entre ces équations donne :

$$\frac{1}{3510}\ \frac{Rx}{Ry}\ Ky\ S\ \frac{N^{6/5}}{T_o^{2/5}} \times \left(\frac{\mu_1}{\mu}\right)^{2/5} = \rho\,\frac{\beta^{3/5}}{\gamma^{5}}$$

Posons :

$$(1)\quad y = \rho\,\frac{\beta^{3/5}}{\gamma^{3}}$$

On aura :

$$(II)\ y = \frac{1}{3510} \times \frac{Rx}{Ry}\ Ky\ S\ \frac{N^{6/5}}{T_o^{2/5}} \times \left(\frac{\mu_1}{\mu}\right)^{2/5}$$

§ - 35 - Choix d'une hélice de la famille type .

Dans l'équation (1) y est une fonction unique des éléments du propulseur et l'on peut pour la famille type des Hélices reconnues la meilleure calculer les valeurs de y pour chacune des valeurs ρ, β, $\frac{h}{D}$ et qui sont fonction de γ et indiquées sur le tableau nº 1 ci - joint .

Autrement dit ,la fonction y pourra représenter la famille d'Hélice au même titre que ρ β et $\frac{h}{D}$. Le diagramme ci-joint fig.(20) donnant :

$$\rho = f_1\ (\gamma)$$
$$\beta = f_2\ (\gamma)$$
$$\frac{h}{D} = f_3\ (\gamma)$$
$$y = f_4\ (\gamma)$$

sera le diagramme caractéristique d'une famille d'Hélices connue et pourra servir pour les calculs ultérieurs .

(67 bis) <u>Famille d'Hélices</u>. (Tableau n° 1)

γ	ρ	$\beta \times 10^{10}$	$\frac{h}{D}$	$y \times 10^{9} = 10^{9} \frac{\rho \beta^{3/5}}{\gamma^{3}}$
0,023	0,608	1,38	0,375	6,06
0,024	0,618	1,56	0,395	5,84
0,025	0,629	1,74	0,415	5,60
0,026	0,64	1,92	0,44	5,34
0,027	0,651	2,1	0,465	5,12
0,028	0,661	2,28	0,485	4,89
0,029	0,672	2,46	0,51	4,68
0,030	0,682	2,64	0,53	4,48
0,031	0,691	2,82	0,55	4,28
0,032	0,699	3	0,57	4,08
0,033	0,707	3,17	0,595	3,9
0,034	0,714	3,35	0,615	3,72
0,035	0,720	3,53	0,64	3,56
0,036	0,7255	3,72	0,66	3,40
0,037	0,7305	3,89	0,68	3,2[illegible]
0,038	0,735	4,07	0,705	3,12
0,039	0,7395	4,25	0,725	2,98
0,040	0,743	4,43	0,75	2,85
0,041	0,747	4,61	0,77	2,7[illegible]
0,042	0,750	4,79	0,79	2,60
0,043	0,7535	4,97	0,815	2,50
0,044	0,7565	5,15	0,835	2,39
0,045	0,76	5,32	0,860	2,29
0,046	0,763	5,50	0,880	2,19
0,047	0,766	5,68	0,900	2,10
0,048	0,769	5,86	0,925	2,02
0,049	0,772	6,04	0,945	1,94
0,050	0,775	6,22	0,970	1,86
0,051	0,7775	6,40	0,990	1,78
0,052	0,78	6,58	1,01	1,71
0,053	0,783	6,76	1,03	1,64
0,054	0,7855	6,94	1,055	1,58
0,055	0,788	7,12	1,075	1,52
0,056	0,7905	7,30	1,1	1,47
0,057	0,793	7,48	1,12	1,42
0,058	0,795	7,66	1,145	1,37
0,059	0,7975	7,84	1,17	1,33
0,060	0,80	8,02	1,19	1,29

Dans une étude d'ensemble nous prendrons donc ces dernières équations à la place de (9) (10) (11) qui sont particulières à une Hélice choisie .

Dans l'équation II ,y est fonction des éléments de l'avion y compris la puissance et le nombre de tours du moteur .

De plus, y est proportionnel à $\left(\frac{\mu_1}{\mu}\right)^{2/5}$.

La valeur de ce rapport élevé à la puissance 2/5 est comprise entre 1 et 0,95 pour des altitudes comprises entre le niveau de la mer et 7.000 mètres .

Si l'on prend pour le représenter et ceci quelque soit l'altitude la valeur moyenne 0,975 les erreurs que l'on pourra commettre dans un avant-projet d'avion en ce qui concerne la vitesse et l'altitude de vol ne dépasseront pas 1,5 % ce qui est négligeable .

En conséquence, les formules générales d'adaption des Hélices aux avions seront les suivantes :

$$(1)\quad y = \frac{1}{3610}\,\frac{Rx}{Ry}\,Ky\,S\,\frac{N^{3/5}}{T_0^{2/5}} \qquad \text{(Planeur et moteur)}$$

$$(2)\quad \frac{Rx}{Ry} = F\;(Ky)$$

$$(3)\quad y = \rho\,\frac{\beta^{3/5}}{\gamma^3} = f_4\,\gamma \qquad \text{(Hélice)}$$

$$(4)\quad D = \frac{T_0^{4/5}}{N^{3/5}} \times 0.986\left(\frac{1}{\beta}\right)^{1/5} \qquad \text{(Voir diagramme fig.20)}$$

$$(5)\quad V = N\,D\,\gamma$$

$$(6)\quad \mu_1 = \frac{13\,\Pi}{S} \times \frac{1}{V^2}$$

$$(7)\quad \mu_1 = f_2\,(Z)$$

(Altitude du vol horizontal .)

Dans une étude d'ensemble nous prendrons ... ces dernières équations à la place de (9) (10) (11) qui sont particulières à une hélice choisie.

Dans l'équation 11, γ est fonction des éléments de l'avion y compris la puissance et le nombre de tours du moteur.

De plus, γ est proportionnel à $\left(\frac{\rho}{\rho_0}\right)^{3/5}$.

La valeur de ce rapport élevé à la puissance 3/5 est comprise entre 1 et 0,55 pour des altitudes comprises entre le niveau de la mer et 7.000 mètres.

Si l'on prend pour le représenter et ceci quelque soit l'altitude la valeur moyenne 0,975 les erreurs que l'on pourra commettre dans un avant-projet d'avion en ce qui concerne la vitesse et l'altitude de vol ne dépasseront pas 1,5 % ce qui est négligeable.

En conséquence, les formules générales d'adaptation des Hélices aux avions seront les suivantes :

(1) $\gamma = \frac{1}{7500} \frac{R_x}{R_y} \; [illegible]$ (Planeur et moteur)

(2) $\frac{R_x}{R_y} = f(\alpha)$

(3) $\gamma = f(\delta) \; [illegible]$ (Hélice)

(4) $D = [illegible]$ (Voir diagramme fig.20)

(5) $V = n D \gamma'$

(6) $\frac{\rho}{\rho_0} = [illegible]$ (altitude de vol horizontal)

(7) $\frac{\rho}{\rho_0} = f(z)$

Ce sont les 7 équations que nous emploierons pour étudier un projet d'avion .

§ - 35 - Discussion des formules précédentes .

L'examen du diagramme $y = f_4 (\gamma)$ nous montre que le rendement ρ sera d'autant plus grand que y sera plus petit .

Par conséquent, il faudra s'ingénier à réduire la valeur de y planeur (équation I) le plus que l'on pourra .

On peut tirer dès maintenant des formules précédentes les conséquences suivantes :

Conséquence .- Le rendement propulsuer sera d'autant plus grand que le produit $\frac{Rx}{Ry} \times Ky$ sera plus petit .

$$\text{Or : } \frac{Rx}{Ry} \times Ky = Kx + \frac{\sigma}{S}$$

On a donc la conséquence suivante :

Conséquence.- Le rendement propulseur que l'on pourra obtenir sur un avion maximum pour l'angle d'attaque i correspondant au minimum de Kx .

La formule (1) peut se mettre sous la forme :

$$y = \frac{1}{3610} \frac{Rx}{Ry} \times Ky \times \frac{1}{\frac{T_o}{S}} T_o^{3/5} N^{3/5}$$

On tire de cette formule les conséquences suivantes

Conséquence .- Le rendement propulseur est d'autant plus grand que $\frac{T_o}{S}$ qui représente le nombre de HP employé

Ce sont les 7 équations que nous utiliserons pour étudier un projet d'avion.

§ - 35 - Discussion des formules précédentes.

L'examen du diagramme $\gamma = f_4 (\frac{1}{\gamma})$ nous montre que le rendement ρ sera d'autant plus grand que γ sera plus petit.

Par conséquent, il faudra s'ingénier à réduire la valeur de γ [illegible] (équation I) le plus que l'on pourra.

On peut tirer dès maintenant des formules précédentes les conséquences suivantes :

Conséquence 1.- Le rendement propulseur sera d'autant plus grand que le produit $\frac{Rx}{Ry} \times Ky$ sera plus petit.

$$\text{Or : } \frac{Rx}{Ry} \times Ky = Kx + [illegible]$$

On a donc la conséquence suivante :

Conséquence 2.- Le rendement propulseur que l'on pourra obtenir sur un avion maximum pour l'angle d'attaque i correspondant au minimum de Kx.

La formule (1) peut se mettre sous la forme :

$$\gamma = \frac{1}{[illegible]} \frac{Rx}{Ry} \times Ky^{3/2} \times \frac{1}{[illegible]} \, f_0 \; [illegible]$$

On tire cette formule les conséquences suivantes

Conséquence 3.- Le rendement propulseur sera d'autant plus grand que f_0 qui représente la [illegible]

par mètre carré sera plus grand .

Conséquence .- A égalité de la valeur $\frac{T_o}{S}$ le rendement propulseur sera d'autant plus faible que la puissance et le nombre de tours de l'Hélice seront plus grands .

§ - 33 - Relations intéressantes
entre les dimensions de l'Hélice et les éléments de
l'avion .

Si l'on a fait choix d'un rendement particulier ρ correspondant à des valeurs bien définies de y , β et γ données danspar le diagramme représentant la famille d'Hélices, les équations précédentes donnent :

$$N = \left(\frac{3610\ y\ T_o}{\frac{Rx}{Ry}\ Ky\ S} \right)^{2/5\ 5/6} = \left(\frac{3610\ y}{\frac{Rx}{Ry}\ Ky} \right)^{5/6} \times \left(\frac{T_o}{S} \right)^{1/3} \frac{1}{S^{1/2}}$$

$$D = \frac{0{,}983 \left(\frac{1}{\beta} \right)^{1/5} \left(\frac{Rx}{Ry} \right)^{1/2} Ky^{1/2}\ S^{1/2}}{3610^{1/2}\ y^{1/2}}$$

De ces formules, on tire les conséquences suivantes :

Conséquence .- A égalité de rendement propulseur et pour des avions géométriquement semblables le diamètre de l'Hélice est proportionnel à la racine carrée de la Surface et par conséquent de l'envergure .

Conséquence .- A égalité de rendement propulseur et pour des avions géométriquement semblables le nombre de tours de l'Hélice est proportionnel à la racine cubique du nombre de chevaux employés par mètre carré et inversement propor-

par mètre carré sera plus grand .

Conséquence . — A égalité de la valeur τ_0 le rendement propulseur sera d'autant plus faible que la puissance et le nombre de tours de l'hélice seront plus grands .

§ – 53 – Relations intéressantes entre les dimensions de l'hélice et les éléments de l'avion .

Si l'on fait choix d'un rendement particulier ρ correspondant à des valeurs bien définies de γ , δ et λ données dans le diagramme représentant la famille d'hélices, les équations précédentes donnent :

$$d = \left(\frac{3610 \, \gamma \, T_0}{\frac{Rx}{Ry} \, Ry \, S} \right)^{1/5} = \left(\frac{3210 \, \gamma}{\frac{Rx}{Ry} \, Ry} \right)^{3/5} \times \left(\frac{T_0}{S} \right)^{1/5} \frac{1}{S^{1/2}}$$

$$D = \frac{0{,}393 \left(\frac{1}{\rho} \right)^{1/5} \left(\frac{Rx}{Ry} \right)^{1/2} Ry^{1/2} \, S^{1/2}}{3610^{1/2} \, \gamma^{1/2}}$$

De ces formules, on tire les conséquences suivantes :

Conséquence . — A égalité de rendement propulseur et pour des avions géométriquement semblables le diamètre de l'Hélice est proportionnel à la racine carrée de la Surface et par conséquent de l'envergure .

Conséquence . — A égalité de rendement propulseur et pour des avions géométriquement semblables le nombre de tours de l'Hélice est proportionnel à la racine cubique du nombre de chevaux employés par mètre carré et inversement propor-

tionnel à la racine carrée de la surface et par conséquent à l'e l'envergure .

Si l'on introduit dans les formules précédentes le poids soulevé par cheval, on obtient les formules suivantes :

$$N = \left(\frac{3610\ y}{\frac{Rx}{Ry} Ky} \right)^{5/6} \times \frac{\left(\frac{II}{S} \right)^{5/6}}{\left(\frac{II}{T_o} \right)^{5/6} T_o^{1/3}}$$

$$D = \frac{0{,}986 \left(\frac{1}{\beta} \right)^{1/5} \left(\frac{Rx}{Ry} \right)^{1/2} Ky^{1/2} \left(\frac{II}{T_o} \right)^{1/2} T_o^{1/2}}{\frac{II}{S}^{1/2}}$$

De ces formules, on tire les conséquences suivantes :

<u>Conséquence</u> .- A égalité de rendement propulseur et pour des avions géométriquement semblables, le diamètre de l'Hélice est proportionnel à la racine carrée .

1° - du poids soulevé par HP .

2° - de la puissance utilisée par l'Hélice .

II est inversement proportionnel à la racine carrée du poids soulevé par mètre carré .

<u>Conséquence</u> .- A égalité de rendement propulseur et pour des avions géométriquement semblables ,le nombre de tours de l'Hélice est proportionnel à la puissance 5/6 du poids soulevé par mètre carré et inversement proportionnel à la puissance 5/6 du poids soulevé par cheval et à la racine cubique de la puissance utilisée par l'Hélice .

Enfin, si des équations générales du planeur on élimine la vitesse, on a :

$$\rho = \frac{0,0133}{0,986} \times \frac{II}{T_o} \times \left(\frac{II}{S}\right)^{1/2} \frac{Rx}{Ry} \times \frac{1}{Ky} \times \frac{1}{\mu^{3/2}}$$

On tire de cette équation les conséquences suivantes :

Le rendement nécessaire pour qu'un avion puisse voler sous un angle d'attaque bien déterminé à une altitude Z définie par μ est proportionnel .

1°- au poids soulevé par HP.

2°- à la racine carrée du poids soulevé par mètre carré .

Il est inversement proportionnel à la puissance 3/2 de μ .

§ - 37 - De la démultiplication des moteurs .

Introduisons dans la formule (1) le poids $\frac{II}{T_o}$ soulevé par HP et $\frac{II}{S}$ par mètre carré, on aura :

$$y = \frac{1}{3610} \frac{Rx}{Ry} Ky \frac{II}{T_o} \times \frac{1}{\frac{II}{S}} \times T_o^{3/5} \times N^{6/5}$$

Pour les avions de bombardement de fort tonnage $\frac{II}{T_o}$ est relativement grand .

$\frac{II}{S}$ est relativement petit .

T_o est grand .

Par conséquent, y sera forcément très grand et la rendement devra souffrir de cet état de chose qui est imposé .

La seule manière possible de réduire y et par conséquent d'améliorer le rendement sera de diminuer le nombre de tours N à l'aide d'un démultiplicateur .

Toutefois, cette démultiplication ne devra pas être adoptée à la légère, en particulier pour les avions de poids moyen, car il ne faudrait pas que le supplément de poids obligé du fait de la démultiplication ne vienne compenser et même détruire le bénéfice que l'on peut réaliser sur le rendement.

Il n'y a donc que des cas d'espèces et l'étude serrée du projet peut seule nous amener à entrevoir la bonne solution .

A titre d'exemple, on peut dire que pour un avion de 550 HP chargé à 6 K au cheval, le moteur tournant à 1600 tours, la démultiplication à 800 tours peut augmenter le rendement de 8 % .

Par contre, pour le même moteur et un avion chargé à 4 K au cheval, la démultiplication ne saurait s'imposer .

§ - 38 -

§ 38 - HELICES MULTIPLES et HELICES MULTIPALES

****

La formule

$$y = \frac{1}{3610} \times \frac{Rx}{Ry} Ky \frac{1}{\frac{T_o}{S}} T_o^{3/5} N^{6/5}$$

nous montre que pour un avion on aura intérêt à répartir la puissance T entre plusieurs hélices de façon à réduire la

valeur de y pour chacune d'elle et par conséquent améliorer le rendement global.

C'est ce qui avait permis à WIGHT de voler avec 24 H.P. et un avion de 500 kilogs soit 20 kilogs par H.P.

Les hélices de WIGHT avaient en effet un rapport du pas au diamètre de 1,23 et un rendement de 80 %.

Il y a donc avantage à employer lorsqu'on le pourra des hélices multiples sur un avion, sous réserve que ce dispositif n'entraine pas les poids et des complicateurs prohibitifs.

On peut se demander si on n'obtiendrait pas le même résultat en remplaçant par exemple 2 hélices à 2 pales par une hélice à 4 pales.

A première vue cette disposition serait rationelle et je dois dire que les essais faits à Chalais-Meudon en 1910 sur les hélices à 4 et à 2 pales de même diamètre nous avaient encouragé à adopter la solution des hélices à 4 pales.

Mais les essais avaient été faits pour les hélices à 4 pales avec de faibles puissances ce qui n'avait pas permis de faire ressortir la différence de rendement entre ces 2 types d'hélices.

Malheureusement il y a le recul en avant de l'hélice qui intervient et si à égalité de puissance absorbée on admet que la masse d'air aspiré est la même dans le cas de 2 hélices à 2 pales et d'une hélice à 4 pales, la vitesse de l'air en avant de l'hélice sera 2 fois plus grande dans le cas de l'hélice à 4 pales puisque la surface d'entrée est moitié moindre que pour deux hélices à 2 pales.

valeur de y pour chacune d'elle et par conséquent améliorer le rendement global.

C'est ce qui avait permis à WRIGHT de voler avec 25 H.P. et un avion de 500 Kilogs soit 20 Kilogs par H.P.

Les hélices de WRIGHT avaient en effet un rapport du pas au diamètre de 1,25 et un rendement de 80 %.

Il y a donc avantage à employer lorsqu'on le pourra des hélices multiples sur un avion, sous réserve que ce dispositif n'entraîne pas les poids et des complications prohibitifs.

On peut se demander si on n'obtiendrait pas le même résultat en remplaçant par exemple 2 hélices à 2 pales par une hélice à 4 pales.

A première vue cette disposition serait réalisable et je dois dire que les essais faits à Chalais-Meudon en 1910 sur les hélices à 4 et à 2 pales de même diamètre nous avaient encouragé à adopter la solution des hélices à 4 pales.

Mais les essais avaient été faits pour les hélices à 4 pales avec de faibles puissances ce qui n'avait pas permis de faire ressortir la différence de rendement entre ces 2 types d'hélices.

Malheureusement il y a le remous en avant de l'hélice qui intervient et si à égalité de puissance absorbée on admet que la masse d'air aspiré est la même dans le cas de 2 hélices à 2 pales et d'une hélice à 4 pales, la vitesse de l'air en avant de l'hélice sera 2 fois plus grande dans le cas de l'hélice à 4 pales puisque la surface d'entrée est moitié moindre que pour deux hélices à 2 pales.

Donc la perte de rendement de l'hélice à 4 pales comparée à 2 hélices à 2 pales est indiscutable et il en sera de même pour une hélice à deux pales ayant la même surface que l'hélice à 4 pales.

Aussi maintenant a-t-on décidé de n'utiliser les hélices à 4 pales que dans les cas très particuliers suivants :

1) Lorsque la vitesse périphérique de l'hélice à 2 pales dépassera 270 mètres par seconde, vitesse considérée actuellement comme une limite supérieure pour les hélices en bois telles qu'on les construit.

2) Lorsque l'encombrement de l'hélice à 2 pales est trop grand pour qu'elle puisse être logée commodément.

§ 39 - Diamètre et Pas des Hélices optimum

Lorsque l'on a déterminé par le calcul et pour un angle d'attaque donné i correspondant à une valeur ky des ailes les éléments de l'Hélice, c'est-à-dire y ρ, γ, β la formule (3) nous donne D son diamètre

La courbe représentative $\frac{h}{D} = \varphi_3(\gamma)$ nous donne immédiatement le rapport du pas h au diamètre D. Il est facile de se rendre compte par le calcul que le diamètre augmente et le pas diminue au fur et à mesure que Ky augmente.

§ 40 - Vitesse de l'avion

Connaissant γ, D et N on obtient immédiatement

$$V = \gamma n D$$

On constate également par le calcul que la vitesse diminue lorsque Ky augmente.

Altitude de vol - Plafond -

Tous les éléments indiqués précédemment ayant été obtenus, on calcule μ_1 par la formule (5)

$$\mu_1 = 13 \frac{II}{S} \times \frac{1}{V^2}$$

Ce qui permet de trouver l'altitude Z de vol horizontal obligé pour chaque valeur de Ky. On constate qu'il existe un minimum de μ_1 et par conséquent un maximum d'altitude correspondant à une valeur particulière de ky, de $\frac{Rx}{Ry}$ et de i.

L'altitude correspondante est appelée le plafond puisque l'avion ne saurait voler horizontalement à une altitude plus élevée la vitesse correspondante à une valeur Vm qui nous servira dans la suite.

§ 41 - Différents régimes du vol horizontal à pleine admission et à une même altitude

Dans ce qui précède, nous avons étudié et calculé les propulseurs d'une famille qui conviendraient le mieux pour le vol horizontal sous des angles d'attaque donnés et par conséquent à des vitesses et à des altitudes bien définies.

On choisira parmi toutes ces hélices celle qui permettra de remplir au mieux les conditions imposées à l'avion.

C'est ainsi que pour un avion devant voler normalement à 5000 mètres, on prendra l'Hélice de diamètre optimum pour le vol horizontal à 5000 mètres.

Ce diamètre est donné par les formules d'adaptation de l'Hélice à l'avion comme on l'a montré précédemment.

Lorsque l'Hélice est choisie nous devrons, pour poursuivre l'étude du problème de l'avion, non plus utiliser les relations se rapportant aux Hélices de la famille type, mais bien celles particulières à l'Hélice que l'on a adoptée. Ces relations particulières sont :

$$F = \alpha N^2 D^4$$

$$T = \beta N^3 D^5$$

$$\frac{V}{N D} = \gamma$$

$$\left.\begin{aligned} \alpha &= \varphi_1(\gamma) \\ \beta &= \varphi_2(\gamma) \\ \rho &= \varphi_3(\gamma) \end{aligned}\right\} \text{Données expérimentales}$$

Si le moteur tourne à pleine admission l'Hélice se déplaçant suivant son axe à différentes vitesses de translation, on sait qu'à chaque altitude Z le couple est constant quelle que soit la vitesse de rotation et l'on aura :

$$(1) \quad T_0 \frac{N}{N_0} \mu = \beta N^3 D^5 \mu$$

$$(2) \quad \frac{V}{N D} = \gamma$$

$$\left.\begin{aligned} (3) \quad \alpha &= \varphi_1(\gamma) \\ (4) \quad \beta &= \varphi_2(\gamma) \end{aligned}\right\} \text{Relations expérimentales.}$$

(5) $\rho = \dfrac{\alpha\gamma}{\beta} = \varphi_3(\gamma)$

A ces équations du groupe motopropulseur, on devra joindre celles du planeur ainsi que

$$\mu = f_1(Z_1) \qquad \mu_1 = f_2(Z)$$

(6) $\Pi \dfrac{Rx}{Ry} \dfrac{V}{3,6} = T_0 \dfrac{N}{N_0} \mu \times 755 = T_2 \times 75$

(7) $\Pi = Ky \; S \; V^2 \mu_1$

(8) $\dfrac{Rx}{Ry} = F\,(Ky) = f\,(i)$

(9) $\mu = f_1\,(Z)$

(10) $\mu_1 = f_2\,(Z)$

A l'altitude o on aura $\mu = \mu_1 = 1$

A chaque valeur de γ correspond une seule β et ρ ; à l'aide de l'équation I et pour chacune des valeurs de β on obtiendra N, ainsi que $T_0 \dfrac{N}{N_0} \mu$ puissance motrice, et $T_1 = \rho\, T_0 \dfrac{N}{N_0} \mu$ puissance propulsive.

L'équation (2) donne $V = N\,D\,\gamma$

On pourra donc construire facilement la courbe (fig.27) donnant pour chaque valeur de la vitesse V la puissance propulsive $T_1 = \rho\, T_0 \dfrac{N}{N_0} \mu$ dont on pourra disposer pour le vol à l'altitude 0.

D'autre part, la puissance T_2 nécessaire pour réaliser le vol horizontal près du sol à différentes vitesses V est donnée par

$$75\, T_2 = \Pi \frac{Rx}{Ry} \frac{V}{3,6}$$

(5) $\rho = \frac{\rho'}{\delta} = f_3(\delta')$

A ces équations du groupe motopropulseur, on devra joindre celles du planeur ainsi que :

$\mu = f_1(Z_1)$ $\mu_1 = f_2(Z)$

(6) $\Pi \frac{Rx}{Ry} \frac{\rho}{\delta} = T_0 \frac{N}{N_0} \mu \times 75\eta = T_u \times 75$

(7) $\Pi = Ry\, S\, V^2 \mu_1$

(8) $\frac{Rx}{Ry} = F(Ry) = \varphi(i)$

(9) $\eta = f_5(Z)$

(10) $\mu_1 = f_4(Z)$

A l'altitude 0 on aura $\mu = \mu_1 = 1$

A chaque valeur de ρ correspond une seule δ' et ρ' ; à l'aide de l'équation 1 et pour chacune des valeurs de δ on obtiendra η, ainsi que $T_0 \frac{N}{N_0}\mu$ puissance motrice, et $T_1 = \eta T_0 \frac{N}{N_0}\mu$ puissance propulsive.

L'équation (3) donne $\rho = F(\delta)$

On pourra donc construire facilement la courbe (fig.27) donnant pour chaque valeur de la vitesse V la puissance propulsive $T_1 = \eta T_0 \frac{N}{N_0}\mu$ dont on pourra disposer pour le vol à l'altitude 0.

D'autre part, la puissance T_2 nécessaire pour réaliser le vol horizontal près du sol à différentes vitesses V est donnée par

$$75\, T_2 = \Pi \frac{Rx}{Ry} \frac{V}{3,6}$$

V étant au préalable obtenu par la formule(7) pour chacune des valeurs Ky particulières à l'avion.

$$V = \sqrt{\frac{13\ II}{ky\ S}}$$

Construisons les courbes donnant T_2 et i en fonction de V, fig. 27. Pour que l'avion puisse voler horizontalement, il faut que :

Puissance propulsive = puissance nécessaire c'est-à-dire

$$T_1 = T_2$$

Les intersections des courbes T_1 et T_2 donnent deux solutions.

Il existe donc 2 vitesses de vol horizontal, l'une V_1 petite; l'autre, V_2 grande

Ces 2 vitesses correspondent à des angles d'attaque i_1 et i_2 le premier étant plus grand que le second.

Si volant au régime lent correspondant à l'angle d'attaque i_1 et à la vitesse V_1 le pilote augmente l'angle d'attaque T_1 devient plus petit que T_2 la vitesse diminue et l'avion descend.

- Si le pilote exagère cette augmentation, il y a perte de vitesse et l'avion tombe.

Le premier régime est donc dangereux <u>et doit être évité près du sol</u>.

Si partant du régime lent, le pilote diminue l'angle d'attaque en poussant le manche à balai à la descente, il y aura excès de puissance puisque $T_1 - T_2$ est positif et l'avion s'élèvera.

- Pour l'angle d'attaque i_2 l'avion volera à nouveau horizontalement au régime rapide de vitesse V_2

- Pour des angles d'attaque inférieures à i_2, il y aura descente avec augmentation de vitesse

Avion tangent

On dit qu'un avion est tangent lorsque la courbe T_1 est tangente à la courbe T_2.

Dans ce cas, les deux régimes se confondent et l'avion descend quelle que soit la manoeuvre exécutée par le pilote pour modifier l'angle d'attaque.

Les résultats précédents sont également obtenus à une altitude Z pour laquelle les courbes de puissance deviennent T'_1 pour le groupe motopropulseur et T'_2 pour l'avion.

Les courbes T_1 et T_2 étant tracées, il est facile de construire les courbes T'_1 et T'_2 pour une altitude Z pour laquelle :

$$\mu = f_1 (Z) \quad \mu_1 = f_2 (Z)$$

Pour la puissance nécessaire au vol, on a pour le même angle d'attaque au sol et à l'altitude Z et pour une vitesse V' à cette altitude :

$$II = Ry V'^2 \mu_1 = Ry V^2$$

$$75 \quad T'_2 = II \frac{Rx}{Ry} V' \qquad \text{altitude } Z$$

$$75 \quad T_2 = II \frac{Rx}{Ry} V \qquad \text{sol}$$

D'où $V' = V\sqrt{\frac{1}{\mu_1}}$

$$T'_2 = T_2\sqrt{\frac{1}{\mu_1}}$$

Pour la puissance fournie par le groupe motopropulseur on a pour une même valeur de Γ, γ et δ au sol et à l'altitude Z

$$f_o \frac{N}{N_o} = \beta N^5 D^5 \qquad \text{sol}$$

$$T_o \frac{N'}{N_o}\mu = \beta N'^5 D^5 \mu_1 \qquad \text{altitude } Z$$

$$\frac{V}{ND} = \gamma = \frac{V'}{N'D}$$

D'où :

$$N' = N\sqrt{\frac{\mu}{\mu_1}}$$

Comme $\sqrt{\frac{\mu}{\mu_1}}$ est très voisin de I on aura sans erreur appréciable :

$$N' = N$$
$$V' = V$$
$$T'_1 = T_1\mu_1$$

Etant donné un point A de la courbe T_2 (fig. 28) on obtiendra un point A' de la courbe T'_2 en prenant :

$$OA' = OA\sqrt{\frac{1}{\mu_1}}$$

Pour obtenir la courbe T'_1 (fig.28) il suffira d'après ce qui précède de multiplier par μ_1 toutes les ordonnées de la courbe T_1

D'où $V' = V\sqrt{\frac{\rho}{\rho'}}$

$T'_g = T_g \frac{\rho'}{\rho}$

Pour la puissance fournie par le groupe motopropulseur on a pour une même valeur de $\frac{V}{ND}$ au sol et à l'altitude Z

$\frac{P_o}{N_o} = k N^3 D^5 \rho$ sol

$\frac{P_o}{N_o} = k N'^3 D^5 \rho'$ altitude Z

$$\frac{V}{ND} = \gamma = \frac{V'}{N'D}$$

D'où :

$$N' = N\sqrt{\frac{\rho}{\rho'}}$$

Comme $\sqrt{\frac{\rho}{\rho'}}$ est très voisin de 1 on aura sans erreur appréciable :

$N' = N$

$V' = V$

$T' = T\rho'/\rho$

Etant donné un point A de la courbe T_g (fig. 28) on obtiendra un point A' de la courbe T'_g en prenant :

$$OA' = OA\sqrt{\frac{\rho}{\rho'}}$$

Pour obtenir la courbe T'_g (fig.28) il suffira d'après ce qui précède de multiplier par ρ'/ρ toutes les ordonnées de la courbe T_g

On voit (fig.28) que les points d'intersection des courbes T_1' et T_2' seront d'autant plus rapprochés que μ_1 sera plus petit et par conséquent Z plus grand.

La tangence obtenue pour une altitude Z_m donnant μ_{1m} correspondra au plafond

Le diagramme (fig.29) pour $Z = 1.000, 2000, 3000, 4000$ a été obtenu en partant de caractéristiques déduites de résultats d'essais en plein vol.

On voit en particulier que pour le vol au sol, l'hélice est employée pour une vitesse inférieure à celle correspondant au rendement maximum. La partie de la courbe des puissances propulsive utilisée pour le vol aux différentes altitudes sera sensiblement une droite passant par l'origine.

Si de l'origine on mène une droite tangente à la courbe T_2 des puissances nécessaires pour le vol horizontal au sol (fig.29)

Toutes les courbes telles que T_2' relatives aux différentes altitudes seront tangentes à cette droite qui par conséquent au plafond représentera sensiblement la fonction T_1' puissance propulsive.

On aura donc pour μ_{1m} correspondant au plafond

$$\mu_{1m} = \frac{BD}{CD} \qquad \text{(fig. 27 et 28)}$$

Le point O (fig.27) correspond forcément à un angle d'attaque i_m'' inférieur à celui i_m du minimum de puissance.

Pour voler au plafond avec l'angle i_m il faudrait

que la courbe des puissances propulsives T_1' puisse devenir tangente à une des courbes T_2' en un point correspondant à i_m

Lorsque le vol au plafond sera réalisé sous l'angle d'attaque du minimum de puissance, la tangente commune aux deux courbes T_1' et T_2' sera horizontale et par conséquent T_1' sera maximum.

Dans ces conditions, il faudrait que pour le vol horizontal au sol l'hélice soit employée au dela du maximum de T_1. Comme l'indique la figure (30) De ce qui précède, on peut tirer la conséquence suivante :

Conséquence - Le vol au plafond sera obtenu pour l'angle d'attaque correspondant au minimum de puissance lorsque l'hélice sera employée au plafond à son maximum de rendement.

Conséquence - Lorsque l'Hélice sera employée au sol pour une valeur de γ inférieure à celle correspondant au maximum de rendement le vol au plafond sera réalisé sous un angle inférieur à celui correspondant au minimum de puissance.

Conséquence - Dans ce cas qui est le plus général la tangente à l'origine comme à toutes les courbes de puissance nécessaire au vol aux différentes altitudes se confondra sensiblement avec la courbe de la puissance propulsive au plafond

que la courbe des puissances nécessaires T_1 [illegible] tangente à une des courbes T_2 en un point correspondant à [illegible]

Lorsque le vol au plafond sera réalisé sous l'angle d'attaque du minimum de puissance, la tangente commune aux deux courbes T_1' et T_2' sera horizontale et par conséquent T_1' sera maximum.

Dans ces conditions, il faudrait que pour le vol horizontal au sol l'hélice soit employée au delà du maximum de T_1. Comme l'indique la figure (30). De ce qui précède, on peut tirer la conséquence suivante :

Conséquence - Le vol au plafond sera obtenu pour l'angle d'attaque correspondant au minimum de puissance lorsque l'hélice sera employée au plafond à son maximum de rendement.

Conséquence - Lorsque l'hélice sera employée au sol pour une valeur de V inférieure à celle correspondant au maximum de rendement le vol au plafond sera réalisé sous un angle inférieur à celui correspondant au minimum de puissance.

Conséquence - Dans un cas qui est le plus courant la tangente à l'origine commune à toutes les courbes de puissance nécessaire au vol aux différentes altitudes ne coïncide sensiblement avec la courbe de la puissance productive au plafond

En partant des essais en plein vol à différentes altitudes on détermine comme on le verra dans la suite

V_0 $T_{1-0} = T_{2-0}$

V_{1000} $T_{1-1000} = T_{2-1000}$

V_{2000} $T_{1-2000} = T_{2-2000}$

V_{3000} $T_{1-3000} = T_{2-3000}$

V_{4000} $T_{1-4000} = T_{2-4000}$ etc....

Partant de ces données on pourra construire les courbes T_1 et T_2 pour les différentes altitudes 0, 1000, 2000, etc...en utilisant les formules précédentes.

Le diagramme obtenu sera une représentation graphique de l'avion (fig. 29 et 30) et l'on pourra se rendre compte de la façon dont l'Hélice sera utilisée et au besoin la modifier en conséquence .

§-41- Variation des régimes de vol horizontal en réduisant l'admission des gaz au moteur .

La réduction de l'admission des gaz au moteur a pour effet de diminuer le couple qui de C o à pleine admission au sol devient C'o .

A égalité de rendement ρ et par conséquent de γ on aura en appelant

V la vitesse N le nombre de tours pour C o

V' la vitesse N' le nombre de tours

pour C'o

$$\mu T_o = \mu N Co = \beta N^3 D^5 \mu_1$$

$$\mu T'_o = \mu N' Co = \beta N'^3 D^5 \mu_1$$

$$\frac{V}{N D} = \frac{V'}{N' D}$$

Ces relations donnent :

$$\frac{N}{N'} = \left(\frac{Co}{C'o}\right)^{1/2}$$

$$\frac{To}{T'o} = \left(\frac{Co}{C'o}\right)^{3/2}$$

$$\frac{V}{V'} = \left(\frac{Co}{C'o}\right)^{1/2}$$

$$\frac{\int To}{\int T'o} = \left(\frac{Co}{C'o}\right)^{3/2}$$

Ayant calculé précédemment dans le cas de la pleine admission $T_1 = \int T_o$ pour une valeur V, on aura $\int T'_o = T_3$ et V' à l'aide des formules :

$$V' = V \left(\frac{C'o}{Co}\right)^{1/2}$$

$$T_3 = \int T'_o = \int T_o \left(\frac{C'o}{Co}\right)^{3/2} = T_1 \left(\frac{C'o}{Co}\right)^{3/2}$$

On obtient donc facilement fig. 31 la courbe $\int T'_o = f_1 (V) = \frac{T}{3}$ connaissant celle représentant la fonction $\int T_o = f (V) = T_1$.

Les intersections de T_3 avec la courbe en T_2 donneront les nouvelles vitesses de régime.

Soient V_2 et V'_2 les 2 régimes rapides dans le cas de la pleine admission et de l'admission réduite soit :

pour C', ε

$$\mu T_o = \mu N C_o = \varphi N^3 D^5 \ldots$$

$$\mu T'_o = \mu N' C'_o = \varphi N'^3 D^5 \ldots$$

$$\frac{\varphi' T'_o}{\varphi T_o} = \left(\frac{C'_o}{C_o}\right)^{3/2}$$

$$T_3 = \varphi' T'_o = \varphi T_o \left(\frac{C'_o}{C_o}\right)^{3/2} = T_1 \left(\frac{C'_o}{C_o}\right)^{3/2}$$

$A'M'$ et $A\,M$ les puissances utilisées pour le vol .

Si l'égalité du rendement était obtenue, on devrait avoir d'après les formules précédentes :

$$\left(\frac{Co}{C'o}\right)^{3/2} = \frac{A\,M}{A'M'}$$

$$\frac{V_2}{V_2'} = \left(\frac{Co}{C'o}\right)^{1/2} = \left(\frac{A\,M}{A'M'}\right)^{1/3}$$

d'ou :

$$V_2^1 = V_2\left(\frac{A\,M}{A'M'}\right)^{1/3}$$

Mais en introduisant les équations du planeur, on a :

travail $A\,M = Rx\,V_2^3$ Sustentation $II = Ry\,V_2^2$

$A'M' = Rx^1\,V_2^{1\,3}$ $II = Ry'V_2^2$

d'ou :

$$V_2^1 = \left(\frac{Rx}{R'x'}\right)^{1/3}\left(\frac{A'M'}{A\,M}\right)^{1/3} V_2$$

Comme V_2^1 est $<$ que V_2 on aura $Ry' > Ry$ et par conséquent $Rx' > Rx$.

Il en résulte que $\frac{Rx}{Rx'}$ est plus petit que l'unité donc V_2^1 est plus petit que dans l'Hypothèse de la conservation du rendement puisque dans ce cas on devrait avoir :

$$\frac{V_2}{V'_2} = \left(\frac{A\,M}{A'M'}\right)^{1/2}$$

Il y a donc eu réduction du rendement.

L'expérience nous montre qu'il en est ainsi et que les écarts de rendement sont d'autant plus faibles que les avions ont plus d'exès de puissance et volent plus

$A M$ et $A' M'$ les puissances utilisées pour le vol.

Si l'égalité du rendement était obtenue, on devrait avoir d'après les formules précédentes :

$$\frac{A M}{A' M'} = \left(\frac{C_0}{C'_0}\right)^{3/2}$$

$$\frac{V_2}{V'_2} = \left(\frac{C_0}{C'_0}\right)^{1/2} = \left(\frac{A M}{A' M'}\right)^{1/3}$$

d'où :

$$V'_2 = V_2 \left(\frac{A' M'}{A M}\right)^{1/3}$$

Mais en introduisant les équations du planeur, on a :

travail $A M = Rx\, V_2^3$ Sustentation $\Pi = Ry\, V_2^2$

$A' M' = Rx'\, V_2'^3$ $\Pi = Ry'\, V_2'^2$

d'où :

$$V'_2 = \left(\frac{Rx}{Rx'}\right)^{1/3} \left(\frac{A' M'}{A M}\right)^{1/3} V_2$$

Comme V'_2 est < que V_2 on aura $Ry' > Ry$ et par conséquent $Rx' > Rx$.

Il en résulte que $\frac{Rx}{Rx'}$ est plus petit que l'unité donc V'_2 est plus petit que dans l'hypothèse de la conservation du rendement puisque dans ce cas on devrait avoir :

$$\frac{V'_2}{V_2} = \left(\frac{A' M'}{A M}\right)^{1/3}$$

Il y a donc eu réduction du rendement.

L'expérience nous montre qu'il en est ainsi et que les écarts de rendement sont d'autant plus faibles que les avions ont plus d'excès de puissance et volent plus

vite .

Si l'on examine la forme de la courbe Rx, on constate que ce coefficient passe par un minimum pour une valeur particulière de l'angle d'attaque utilisé seulement par les avions à gros exès de puissance .

Lorsque l'angle va en croissant Rx augmente et le rapport $\left(\frac{Rx}{RJx}\right)^{1/3}$ diminue .

Toutefois ,ce rapport est assez voisin de l'unité pour que le rendement varie peu sur certains avions et soit presque constant dans les limites assez étendues.

§-42- Vol sous le même angle d'attaque des ailes près du sol en réduisant les gaz et à une altitude donnée à une puissance supérieure.

****

Egalité du rendement propulseur dans ce cas.

****

Considérons un avion volant près du sol sous un angle d'attaque i pour lequel les coefficients de trainée et de sustentation sont Rx et Ry, on aura en appelant V_1 la vitesse de translation, T_1 la puissance nécessaire, fournie par le moteur N_1 son nombre de tours, ρ_1 le rendement et β_1 le coefficient de puissance absorbée par le propulseur:

$$II \; \frac{Rx}{Ry} \; V_1 = T_1 \rho_1$$

$$II = Ry \; V_1^2$$

$$T_1 = \beta_1 N_1^3 \; D^5$$

$$\frac{V_1}{N_1 D} = \gamma_1$$

vite .

Si l'on examine la forme de la courbe Kx, on constate que ce coefficient passe par un minimum pour une valeur particulière de l'angle d'attaque utilisé seulement par les avions à gros excès de puissance .

Lorsque l'angle va en croissant Kx augmente et le rapport $\left(\frac{Kx}{Ky}\right)^{1/3}$ diminue .

Toutefois ,ce rapport est assez voisin de l'unité pour que le rendement varie peu sur certains avions et soit presque constant dans les limites assez étendues.

5-25- Vol sous le même angle d'attaque des ailes près du sol en réduisant les gaz et à une altitude donnée à une puissance supérieure.

Égalité du rendement propulseur dans ce cas.

Considérons un avion volant près du sol sous un angle d'attaque i pour lequel les coefficients de traînée et de sustentation sont Kx et Ky, on aura en appelant V, la vitesse de translation, r, la puissance nécessaire, N son nombre de tours, ρ le rendement et ...

Le coefficient de puissance absorbée par le propulseur.

$$\Pi \frac{Kx}{Ky} V = r \rho$$

$$\Pi = \alpha V^3$$

$$P_1 = \beta N^3 D^5$$

$$\frac{V}{ND} = \gamma$$

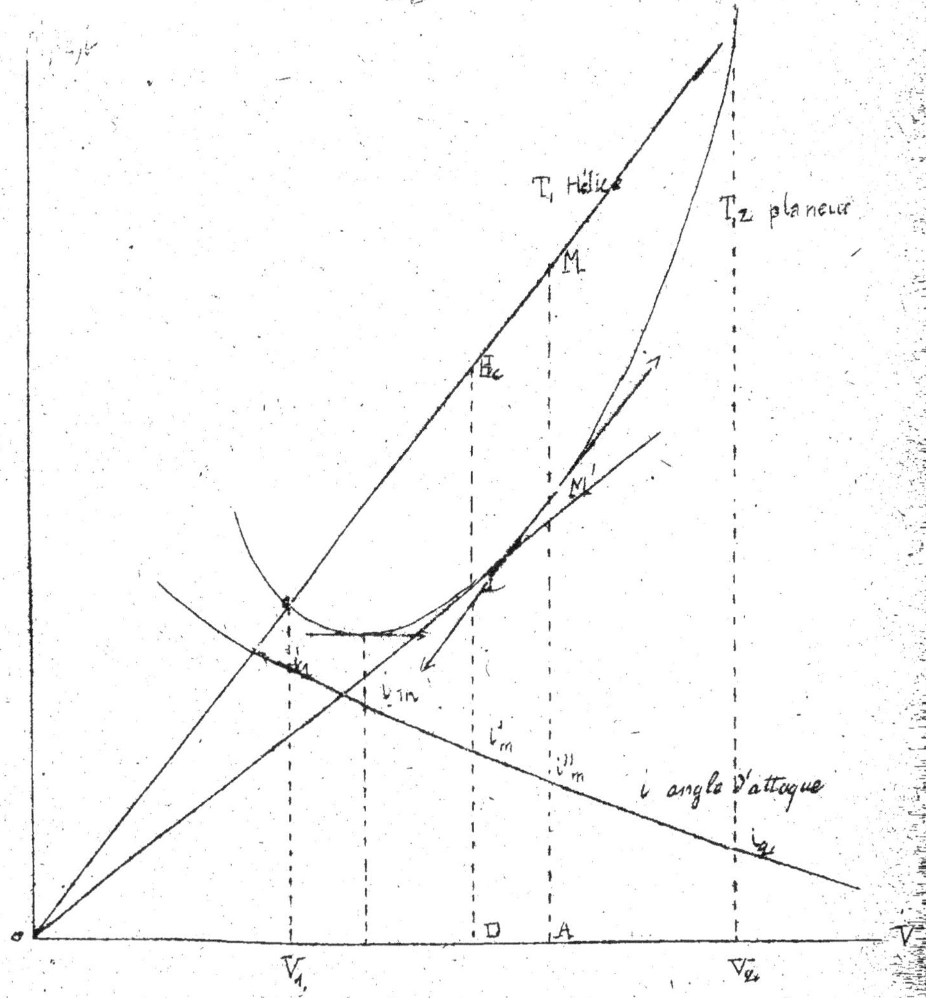

T_1 Hélice

T_2 planeur

M

H_c

M'

i_m

i'_m

i''_m

i angle d'attaque

i_2

O

V_1

D

A

V_2

V

fig. 27

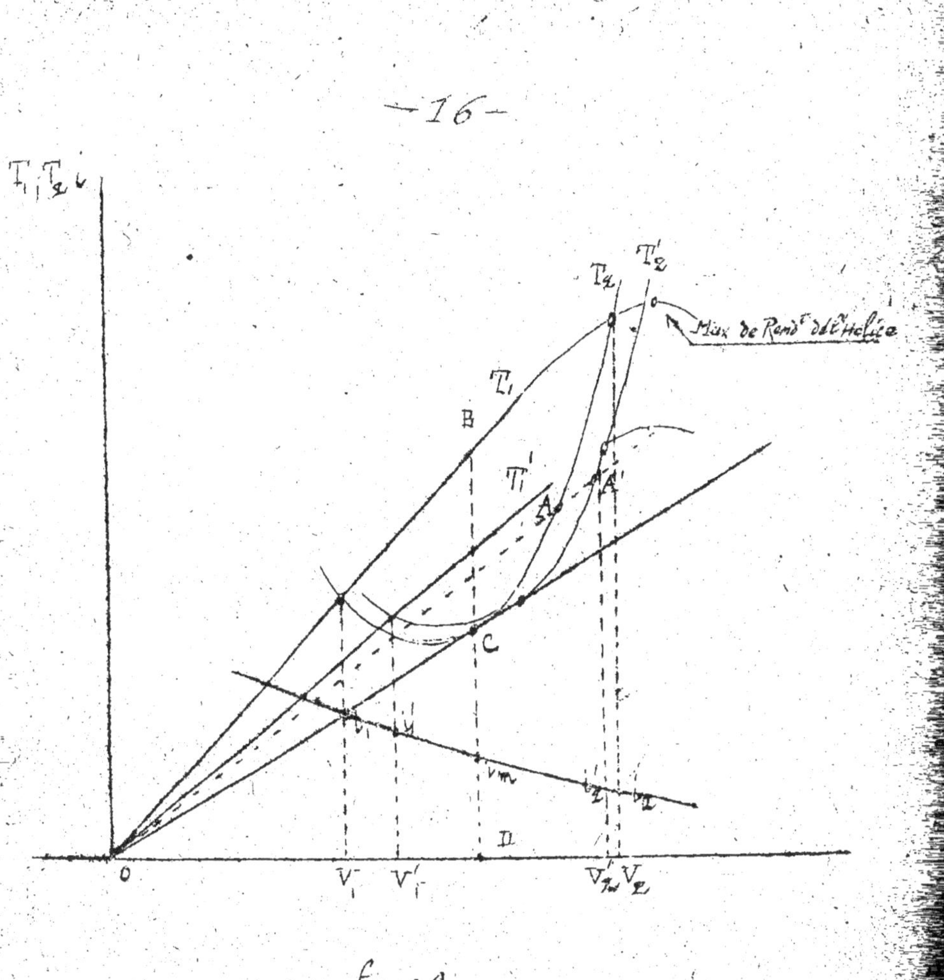

$T_1 T_2$
T_2
T'_2
Max de Rend^t de l'Hélice
T_1
B
T'
A
A'
C
v_1
v'
vm
v'_2
v_2
D
O
V_1
V'_1
V'_2
V_2

fig. 28

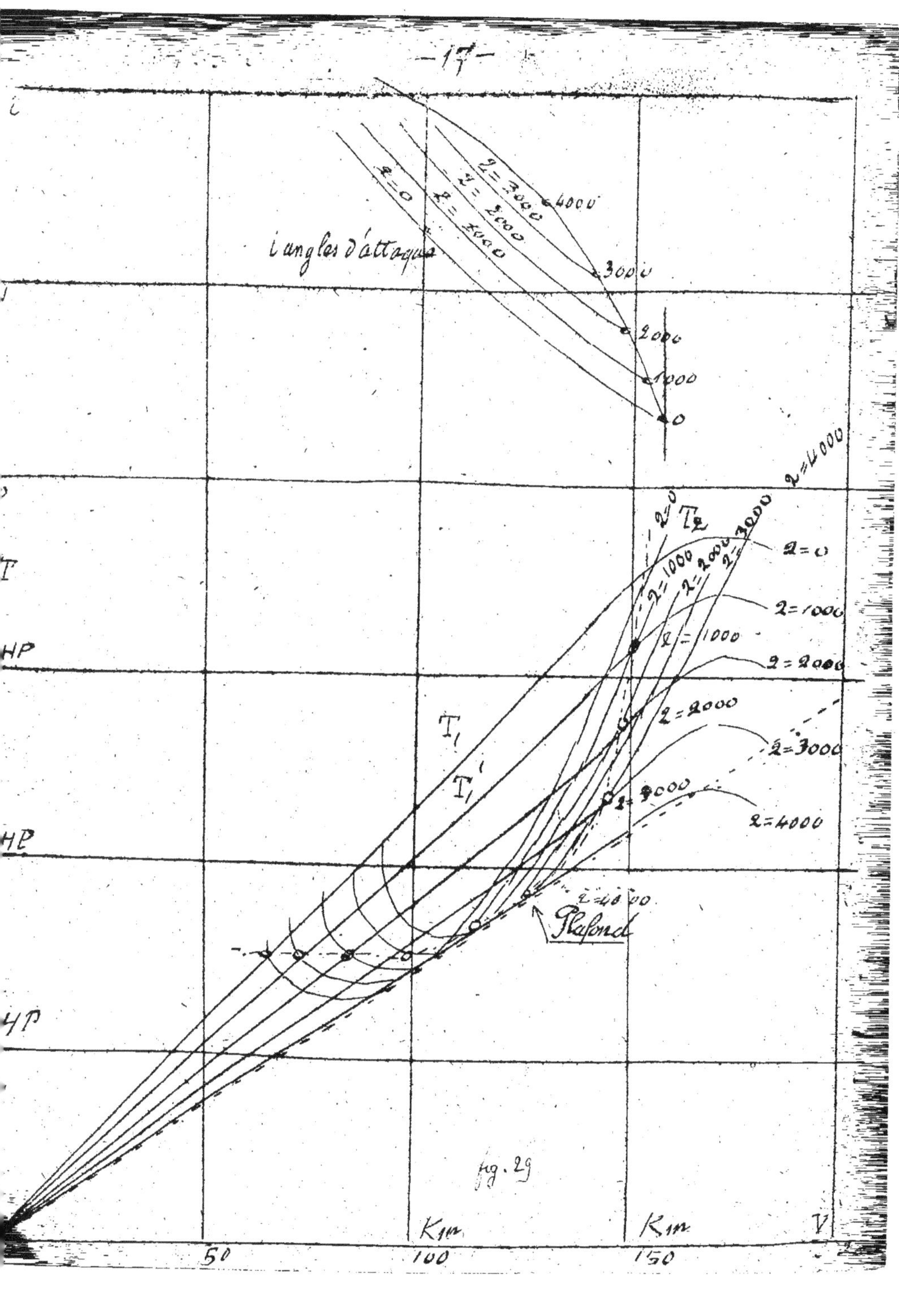
i
i angles d'attaque
z=0
z=1000
z=2000
z=3000
4000
3000
2000
1000
0
T
HP
HP
HP
T_2
T_1
T_1'
z=4000
Plafond
Km
Km
V
50
100
150

fig. 29

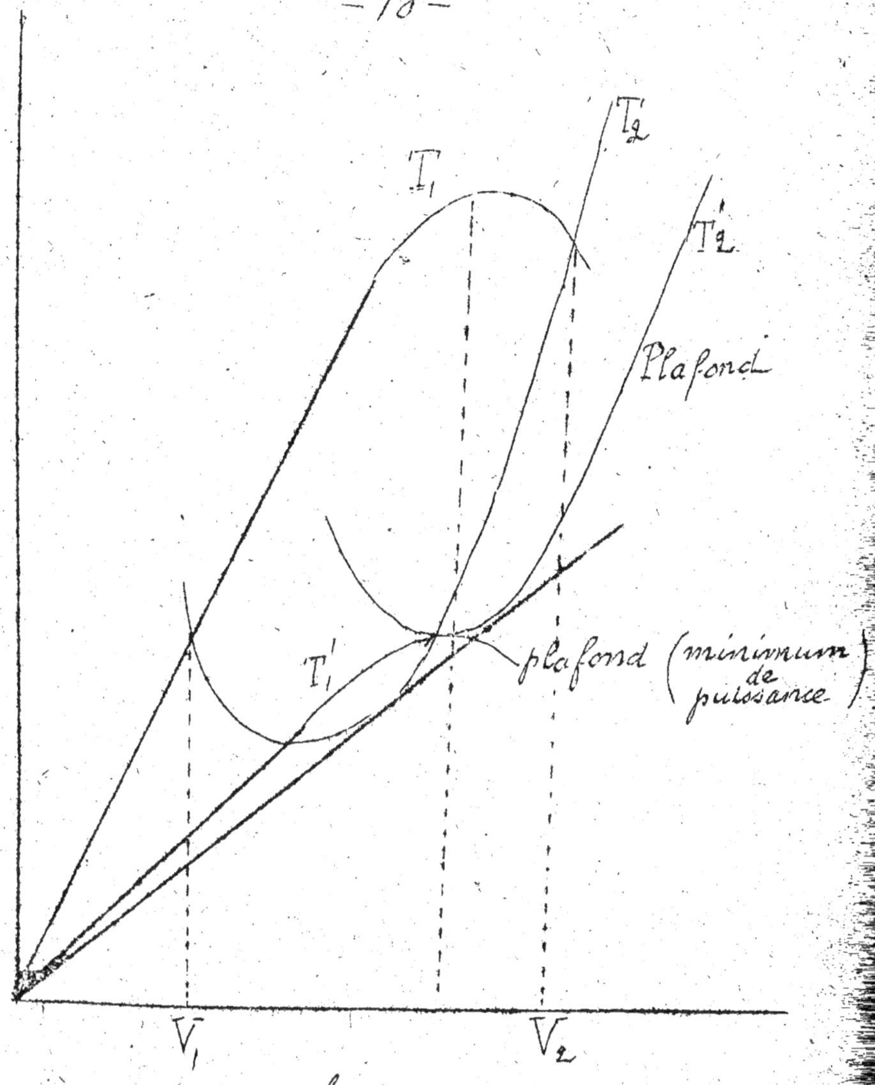

fig. 30

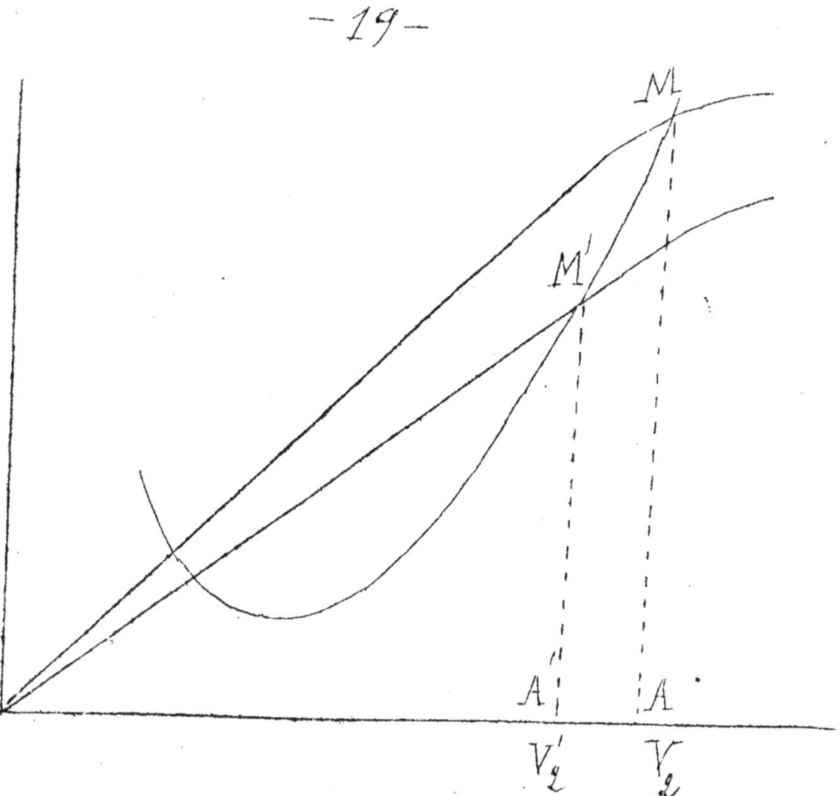

fig. 31

Fig 31

Le même avion volant sous le même angle d'attaque des ailes à une altitude Z où $\mu_1 = \frac{\delta_1}{\delta_0}$ utilisera une puissance T_2 ; la vitesse de translation sera V_2, le nombre de tours du moteur N_2, le rendement ρ_2 et le coefficient de travail de l'Hélice β_2

On aura :

$$II \quad \frac{Rx}{Ry} \; V_2 = T_2 \, \rho_2$$

$$II \quad Ry \; V_2^2 \, \mu_1$$

$$T_2 = \beta_2 \; N_2^3 \; D^5 \, \mu_1$$

$$\frac{V^2}{N^2 \, D} = \gamma_2$$

De ces équations, on tire

$$\frac{\dfrac{V_1^3}{N_1^3 \, D^3}}{\dfrac{V_2^3}{N_2^3 \, D^3}} = \frac{\gamma_1^3}{\gamma_2^3} = \frac{\rho_1 \beta_1}{\rho_2 \beta_2}$$

$\rho\beta$ s'annule pour $\gamma^3 = 0$ et va ensuite en croissant d'une façon continue.

En conséquence, l'égalité précédente ne saurait exister qu'autant que :

Le même avion volant sous le même angle d'attaque des ailes à une altitude Z où $\mu = \frac{\rho_2}{\rho_1}$ utilisera une puissance T_2 ; la vitesse de translation sera V_2, le nombre de tours du moteur N_2, le rendement ρ_2 et le coefficient de travail de l'hélice β_2.

On aura :

$$\Pi \frac{R_x}{R_y} V_2 = T_2 \rho_2$$

$$\Pi \quad R_y \quad V_2^2 \mu$$

$$T_2 = \beta_2 N_2^3 D^5 \mu$$

$$\frac{V_2}{N_2 D} = \gamma_2$$

De ces équations, on tire :

$$\frac{\frac{V_1^3}{N_1^3 D^3}}{\frac{V_2^3}{N_2^3 D^3}} = \frac{\gamma_1^3}{\gamma_2^3} = \frac{\rho_1 / \beta_1}{\rho_2 / \beta_2}$$

ρ / β s'annule pour $\gamma = 0$ et va ensuite en croissant d'une façon continue.

En conséquence, l'égalité précédente ne saurait exister qu'autant que :

$$\gamma_1 = \gamma_2$$

$$\rho_1 = \rho_2$$

$$\beta_1 = \beta_2$$

De ce qui précède, on peut donc tirer la conséquence suivante :

Conséquence : Lorsqu'un avion vole au sol à puissance réduite ou à une altitude quelconque sous le même angle d'attaque avec une puissance plus forte les rendements propulseurs sont égaux, ainsi que $\frac{V}{nD} = \gamma$ et β'

On trouve en outre :

$$\frac{V_1 \text{ sol}}{V_2} = \sqrt{\mu_1}$$

$$\frac{T_1 \text{ sol}}{T_2} = \sqrt{\mu_1}$$

$$\frac{N_1}{N_2} = \sqrt{\mu_1}$$

De ces formules, on tire la conséquence suivante :

Conséquence - Lorsqu'un avion vole au sol ou à une altitude Z ou $\frac{\delta}{\delta_0} = \mu_1$ et sous le même angle d'attaque des ailes, les rapports des vitesses, des puissances nécessaires, et des nombres de tours de l'Hélice sont tous égaux à la racine carrée du rapport des densités de l'air à l'altitude Z et au sol. (1)

(1) Cette loi n'est pas rigoureuse lorsque l'avion vole trop près du sol, nous le montrerons dans le paragraphe suivant

$$\mathcal{V}_1 = \mathcal{V}_2$$

$$\mathcal{P}_1 = \mathcal{P}_2$$

$$\mathcal{N}_1 = \mathcal{N}_2$$

De ce qui précède, on peut donc tirer la conséquence suivante :

Conséquence : Lorsqu'un avion vole au sol à puissance réduite ou à une altitude quelconque sous le même angle d'attaque avec une puissance plus forte les mouvements propulseurs sont égaux, ainsi que $\frac{V}{nD} = \sqrt{\quad}$ [illegible].

On trouve en outre :

$$\frac{V_1 \text{ sol}}{V_2} = \sqrt{[illegible]}$$

$$\frac{T_1 \text{ sol}}{T_2} = \sqrt{[illegible]}$$

$$\frac{n_1}{n_2} = \sqrt{[illegible]}$$

De ces formules, on tire la conséquence suivante :

Conséquence - Lorsqu'un avion vole au sol ou à une altitude Z ou $\frac{\rho_1}{\rho_2} = [illegible]$ et sous le même angle d'attaque des ailes, les rapports des vitesses, des puissances nécessaires, et des nombres de tours de l'hélice sont tous égaux à la racine carrée du rapport des densités de l'air à l'altitude Z et au sol. (1)

(1) Cette loi n'est pas rigoureuse lorsque l'avion vole trop près du sol, nous le montrerons dans le paragraphe suivant.

Si l'avion pourvu d'un moteur donnant une puissance To pour No tours à pleine admission au sol vole avec tous les gaz à une altitude Z la vitesse de rotation étant N_2 on aura en appelant T_1 la puissance à admission réduite pour le vol au sol sous le même angle et N_1 la vitesse de rotation

$$T_1 = T_o \frac{N_2}{N_o} \mu \sqrt{\mu_1}$$

et $$\frac{N_1}{N_2} = \sqrt{\mu_1}$$

d'où

$$T_1 = T_o \frac{N_1}{N_o} \mu$$

De cette formule, on tire la conséquence suivante :

Conséquence : La puissance nécessaire pour faire voler un avion au sol, le moteur tournant au ralenti à une certaine vitesse est égale à celle que donnerait le même moteur tournant plein gaz à la même vitesse de rotation, à l'altitude de vol de l'avion volant sous le même angle d'attaque, le moteur tournant à pleine admission.

§ 43 - Application des résultats précédents à la recherche des caractéristiques des avions déduites des résultats des essais en plein vol

Depuis 1916 les avions sont essayés en plein vol de manière à déterminer :

1° - les temps de montée à différentes altitudes. On

emploie pour cela le baromètre altimétrique, le thermomètre et les formules données précédemment, savoir :

a) loi barométrique,

b) loi des températures de Radeau

2°- les vitesses en palier à pleine admission aux altitudes 1000, 2000, 3000, 4000, etc.. Pour mesurer ces vitesses, on utilise la trompe de Venturi et un manomètre différentiel enregistreur.

3° - les vitesses au sol à admission réduite et si possible à pleine admission.

Ces vitesses sont en même temps enregistrées et chronomètrées.

4°- les vitesses de rotation du moteur.

On emploie pour faire cette mesure un compteur de tours enregistreur.

Prenons, à titre dexemple, le cas concret de l'avion X essayé récemment et ayant les caractéristiques suivantes :

Poids total Π = 1137 kilos

Surface S = 35 $m^2$50

Puissance $\mathcal{T}_0$ = 260 HP pour N_0 = 1600

Les essais de vitesse ont donné les résultats suivants:

1°- aux différentes altitudes

emploie pour cela le baromètre altimétrique, le thermomètre et les formules données précédemment, savoir :

a) loi barométrique,

b) loi des températures de Radeau

2°- Les vitesses en palier à pleine admission aux altitudes 1000, 2000, 3000, 4000, etc.. Pour mesurer ces vitesses, on utilise la trompe de Venturi et un manomètre différentiel enregistreur.

3° - Les vitesses au sol à admission réduite et si possible à pleine admission.

Ces vitesses sont en même temps enregistrées et chronométrées.

4°- Les vitesses de rotation du moteur.

On emploie pour faire cette mesure un compteur de tours enregistreur.

Prenons, à titre d'exemple, le cas concret de l'avion X essayé récemment et ayant les caractéristiques suivantes :

Poids total Π = 1137 kilos

Surface S = 35 m²50

Puissance $\mathcal{P}_0$ = 300 HP pour n_0 = 1600

Les essais de vitesse ont donné les résultats suivants:

1°- aux différentes altitudes

altitude	V	N nombre de tours
2000	207 kilomètre heure	1640
3000	203	1620
4000	196	1590
5000	187	1560
6000	175	1520

Les vitesses V' de translation et le nombre de tours N' du moteur pour le vol horizontal au sol sous les mêmes angles d'attaques et à admission réduite sont donnés par :

$$V' = V\sqrt{\mu_1}$$

$$N' = N\sqrt{\mu_1}$$

On aura donc pour V' et N' les valeurs suivantes calculées correspondantes à V et N

Au sol

Z	V	N	μ_1	V'	N'
2000	207	1640	0,824	188	1490
3000	203	1620	0.738	174	1390
4000	196	1590	0.665	160	1300
5000	187	1560	0.594	145	1200
6000	175	1520	0.526	126	1100

Le chronométrage au sol a donné :

V'	N'
173	1400
186	1500
201	1600
214	1700

Les valeurs V' et N' données par le calcul devraient se trouver sur la même courbe que celles obtenues par le chronométrage.

En réalita, il y a une légère différence plus ou moins grande suivant les avions et leur angle d'attaque.

On constate qu'à égalité de vitesse de rotation les vitesses déduites du calcul sont plus grandes que celles mesurées.

Lorsqu'un avion vole près du sol, la surface de celui-ci modifie comme on le sait la portance des ailes qui est augmentée en même temps que la résistance à l'avancement.

La diminution de vitesse constatée n'est donc pas anormale, elle est plus grande pour les grands avions que pour les petits.

Il sera donc rationnel pour les calculs qui vont suivre de prendre les résultats des essais en vol aux différentes altitudes 1000 - 2000 - 3000 - etc... là ou l'action du sol ne se fait pas sentir.

Lorsqu'il s'agira d'un avion pourvu de n moteurs ou de n hélices, on devra dans les applications, prendre les

données suivantes :

$$\frac{II}{n}, \frac{T_o}{n}, \frac{S}{n}$$

§ 44 - Détermination des coefficients

$$\frac{Rx}{Ry} \quad Ky, \beta \text{ et } \gamma,$$

Soit, par exemple, le bimoteurs y pour lequel les caractéristiques générales sont :

II = 3110 kilom.

S = 95 m^2 40

To = 500 HP pour N = 1650 tours

2 Hélices de Diamètre D = 2,85

=====

Les formules précédentes permettent de déterminer

$$Ky, \frac{\frac{Rx}{Ry}}{\rho}, \beta, \frac{V}{ND} = \gamma$$

On a en effet :

$$Ky = \frac{13\ II}{S\ V^2 \mu_1} \quad \text{équation de sustentation}$$

$$\frac{\frac{Rx}{Ry}}{\rho} = \frac{3,6 \times 75}{II} \times To \frac{N}{N_o} \mu_1 \times \frac{1}{V} \quad \text{Vol horizontal plein gaz à différentes altitudes}$$

$$\beta = \frac{To\ N}{N_o} \frac{\mu}{\mu_1} \frac{1}{N^3\ D^5}$$

Si l'on applique ces formules aux résultats expérimentaux trouvés pour l'avion y bimoteur on aura :

données suivantes :

$\frac{\Pi}{n}$, $\frac{Q}{n}$, $\frac{S}{n}$

§ 44 - Détermination des coefficients

$\frac{Rx}{Ry}$ Ry ρ et γ

Soit, par exemple, le bimoteur ψ pour lequel les caractéristiques générales sont :

Π = 3110 kilos.

S = 35 m² 40

2 x 500 HP pour N = 1950 tours

2 hélices de diamètre D = 2,95

Les formules précédentes permettent de déterminer

Ry , $\frac{Rx}{Ry}$, ρ , $\gamma = \frac{V}{nD}$

On a en effet :

$Ry = \frac{16\,\Pi}{S\,V^2}$ équation de sustentation

$\frac{Rx}{Ry} = \frac{3{,}6 \times 75 \times \eta_o N}{\Pi}$ vol horizontal plein gaz à différentes altitudes

$\rho = \frac{\eta_o N}{N_o}$

Si l'on applique ces formules aux résultats expérimentaux trouvés pour l'avion ψ bimoteur on aura :

Z	V	N	$\frac{V}{nD}$	ky	$\frac{\frac{Rx}{Ry}}{\rho}$	$\beta \times 10^{10}$
1000	151	1700	0.0312	0.0206	0.262	2,34
2000	145	1690	0.0302	0.0245	0.239	2,65
3000	137	1650	0.0291	0.0306	0.219	2,75
4000	125	1590	0.0276	0.0412	0.203	2,92

Pour obtenir le coefficient $\frac{Rx}{Ry}$ il est indispensable de connaitre les rendements ρ en fonction de γ
Si l'hélice n'a pas été essayée, on peut admettre qu'étant la mieux adaptée à l'avion les rendements seront voisins de ceux donnés pour la famille type et par le diagramme fig. (20).

On aura :

$\frac{V}{nD}$	$\frac{\frac{Rx}{Ry}}{\rho}$	ρ	$\frac{Rx}{Ry}$	Ky
0.0312	0.262	0,69	0,181	0.0206
0.0302	0.239	0.68	0.163	0.0245
0.0291	0.219	0.67	0.147	0.0306
0.0276	0.203	0.65	0.133	0.0412

§ 45 - Détermination du rendement

Les rendements ρ de l'Hélice pour différentes valeurs de γ doivent être déterminés par des essais spéciaux si l'on veut pouvoir calculer avec précision $\frac{Rx}{Ry}$.-

Cependant, si ce coefficient ainsi que Ky ont été obtenus par des essais faits en vol plané d'après les indications données

Z	V	N	$\frac{V}{nD}$	Ky	$\frac{Rx/Ry}{\rho}$	[illegible]
1000	151	1700	0.0312	0.0300	0.262	[illegible]
2000	145	1690	0.0303	0.0345	0.229	2,35
3000	137	1650	0.0301	0.0305	0.219	[illegible]
4000	128	1590	0.0276	0.0412	0.205	2,08

Pour obtenir le coefficient $\frac{Rx}{Ry}$ il est indispensable de connaître les rendements ρ en fonction de λ.

Si l'hélice n'a pas été essayée, on peut admettre qu'étant la mieux adaptée à l'avion les rendements seront voisins de ceux donnés pour la famille type et par le diagramme fig. ([illegible])

On aura :

$\frac{V}{nD}$	$\frac{Rx/Ry}{\rho}$	ρ	$\frac{Rx}{Ry}$	Ky
0,0312	0.262	0,69	0,181	0,0300
0.0303	0.229	0.68	0.155	0,0345
0.0301	0,219	0.67	0.147	0.0305
0.0276	0,205	0.58	0.122	0,0412

§ 46 - Détermination du rendement

Les rendements ρ de l'hélice pour différentes valeurs de λ doivent être déterminés par des essais spéciaux et l'on veut pouvoir calculer avec précision $\frac{Rx}{Ry}$.-

Cependant, si ce coefficient ainsi que Ky ont été obtenus par des essais faits en vol plané d'après les indications données

§ 18, on pourra, connaissant $\frac{Rx}{Ry}$ et Ky déduits des résultats des essais en palier calculer σ et retrouver les caractéristiques de l'Hélice.

Cette méthode n'a pas encore été appliquée, mais il ne faut pas oublier qu'avant la guerre, les essais en plein vol étaient considérés comme très difficiles à réaliser bien que maintenant ils soient d'un usage courant

La méthode expérimentale se perfectionne tous les jours et il arrivera certainement un moment où les essais en vol donneront des résultats comparables à ceux que l'on obtient dans un Laboratoire.

§ 48 - Recherche du coefficient σ

Les essais au tunnel aérodynamique ayant permis de déterminer les valeurs $\frac{Kx}{Ky}$ de l'aile en fonction de Ky on calculera σ par la formule

$$\frac{Rx}{Ry} = \frac{Kx}{Ky} + \frac{\sigma}{Ky\ S}$$

$$\sigma = \left(\frac{Rx}{Ry} - \frac{Kx}{Ky}\right) S\ Ky$$

Si sur un même avion l'on a placé successivement des ailes de surface S_1 et S_2 sans modifier les résistances passives, on aura les 2 équations :

$$\frac{Rx}{Ry} = \frac{Kx}{Ky} + \frac{\sigma}{ky\,S_1}$$

$$\frac{R_2x}{R_2y} = \frac{Kx}{Ky} + \frac{\sigma}{Ky\,S_2}$$

d'où

$$\frac{R_1x}{R_1y} - \frac{R_2x}{R_2y} = \frac{\sigma}{Ky}\left(\frac{1}{S_1} - \frac{1}{S_2}\right)$$

d'où

$$\sigma$$

CHAPITRE

§ 49, Du vol ascendant de l'avion

On a vu § 40 qu'à chaque altitude de vol, il existe deux angles d'attaque particuliers i_1 et i_2 des ailes pour lesquels la puissance propulsive T_1 est égale à celle nécessaire T_2 pour le vol horizontal, fig. 27.- Pour les angles d'attaque compris entre i_1 et i_2 il existe une différence positive entre la puissance propulsive et celle nécessaire pour le vol horizontal.

Cette différence variable avec l'angle d'attaque et l'altitude se nomme l'excès de puissance.

Cet excès de puissance sera employé pour vaincre le travail de la pesanteur, lorsque l'avion devra s'élever.

Au sol, l'excès de puissance maximum fig.(27) est mesuré par MM', M' étant obtenu en menant la tangente parallèle à O M représentant sensiblement la puissance pro-

[illegible]

d'où

[illegible]

d'où

[illegible]

CHAPITRE

§ 49. Du vol ascendant de l'avion

On a vu § 40 qu'à chaque altitude de vol, il existe deux angles d'attaque particuliers i_1 et i_2 donnés pour lesquels la puissance propulsive T, est égale à celle nécessaire T_0 pour le vol horizontal, fig. 87. - Pour les angles d'attaque compris entre i_1 et i_2 il existe une différence positive entre la puissance propulsive et celle nécessaire pour le vol horizontal.

Cette différence variable avec l'angle d'attaque et l'altitude se nomme l'excès de puissance.

Cet excès de puissance sera employé pour vaincre le travail de la pesanteur, lorsque l'avion devra s'élever.

Au sol, l'excès de puissance maximum fig.(97) est mesuré par MM', M' étant obtenu en menant la tangente parallèle à O A représentant sensiblement la puissance pro-

pulsivo, T_1.

L'angle d'attaque correspondant à l'excès de puissance maximum MM' sera i m'

On a vu précédemment que l'angle d'attaque au plafond est sensiblement i'm fig.(27).

Par conséquent l'angle d'attaque de meilleure montée sera variable suivant les différentes altitudes et prendra les valeurs comprises entre i''m et i'm depuis le sol jusqu'au plafond.

C'est d'ailleurs ce que l'expérience a montré. Cependant pour certains avions et en particulier pour celui qui a servi à établir les courbes caractéristiques fig.(29) les angles i'm et i''m sont peu différents l'un de l'autre.

A l'angle i'm correspondent des valeurs particulières $B = \frac{Rx}{Ry}$ et $C = Ky$.

Si l'in choisit l'angle i'm constant pendant toute la montée on est certain d'aller jusqu'au plafond et d'effectuer la montée dans des conditions normales.

Etudions donc la montée sous l'angle d'attaque i'm de vol horizontal au plafond.

§-50- Montée sous l'angle constant employé pour le vol horizontal au plafond.

Soit V la vitesse suivant la trajectoire ascendante de pente β à l'altitude z

pulsive, T_1.

L'angle d'attaque correspondant à l'excès de puissance maximum Mn' sera i m'

On a vu précédemment que l'angle d'attaque au plafond est sensiblement i m fig.(27).

Par conséquent l'angle d'attaque de meilleure montée sera variable suivant les différentes altitudes et prendra les valeurs comprises entre i'' m et i' m depuis le sol jusqu'au plafond.

C'est d'ailleurs ce que l'expérience a montré. Cependant pour certains avions et en particulier pour celui qui a servi à établir les courbes caractéristiques fig.(28) les angles i' m et i'' m sont peu différents l'un de l'autre.

A l'angle i' m correspondent des valeurs particulières $R = \frac{Kx}{Ky}$ et $C = Ky$.

Si l'on choisit l'angle i m constant pendant toute la montée on est certain d'aller jusqu'au plafond et d'effectuer la montée dans des conditions normales.

Etudions donc la montée sous l'angle d'attaque i m de vol horizontal au plafond.

§-50- Montée sous l'angle constant employé pour le vol horizontal au plafond.

Soit V la vitesse suivant la trajectoire ascendante de pente θ à l'altitude Z

On aura: $$\Pi \cos\beta = K_y S V^2 \mu_1 \quad \text{équation de sustentation}$$

Pour le vol horizontal à l'altitude Z la vitesse V_1 obtenue serait sous le même angle donnée par:

$$\Pi = K_y S V_1^2 \mu_1$$

On aura donc: $$V = V_1 \cos\beta$$

Si Vm est la vitesse au plafond Z m tel que $\mu_1 m = \rho_2$ (Z m) on sait que V_1 est donné par :

$$V_1 = V_m \sqrt{\frac{\mu_1 m}{\mu_1}}$$

D'où:

$$V = V_m \sqrt{\frac{\mu_1 m}{\mu_1}} \cos\beta$$

Lorsqu'il s'agira d'avions à faible excés de puissance pour lesquels $\sqrt{\cos\beta}$ est voisin de I on aura sensiblement

$$V = V_m \sqrt{\frac{\mu_1 m}{\mu_1}}$$

Si nous mesurons la vitesse suivant la trajectoire à l'aide du manomètre de la trompe de Venturi, nous aurons à l'altitude Z une certaine indication h et au plafond Z m une indication h_1

On a vu précédemment que

$$h = K V^2 \mu_1$$

et

$$h_1 = K V_m^2 \mu_1 m$$

d'où l'on tire

$$\frac{h}{h'} = \frac{V}{V_m} \sqrt{\frac{\mu_1}{\mu_1 m}}$$

On aura :

$$\Pi \cos\beta = K\gamma S V^2 \mu_1 \quad \text{équation de sustentation}$$

Pour le vol horizontal à l'altitude Z la vitesse V_1 obtenue serait sous le même angle donnée par :

$$\Pi = K\gamma S V_1^2 \mu_1$$

On aura donc :

$$V = V_1 \cos\beta$$

Si Vm est la vitesse au plafond Z m tel que μ_m = [illegible] (Z m) on sait que V_1 est donné par :

$$V_1 = V_m \sqrt{\frac{\mu_m}{\mu_1}}$$

D'où :

$$V = V_m \sqrt{\frac{\mu_m}{\mu_1}\cos\beta}$$

Lorsqu'il s'agira d'avions à faible excès de puissance pour lesquels $\sqrt{\cos\beta}$ est voisin de 1 on aura sensiblement

$$V = V_m \sqrt{\frac{\mu_m}{\mu_1}}$$

Si nous mesurons la vitesse suivant la trajectoire à l'aide du manomètre de la trompe de Venturi, nous aurons à l'altitude Z une certaine indication h_1 et au plafond Z m une indication h_m.

On a vu précédemment que

$$h_1 = K V^2 \mu_1$$

et

$$h_m = K V_m^2 \mu_m$$

d'où l'on tire

$$\frac{h_1}{h_m} = \frac{V}{V_m}\sqrt{\frac{\mu_1}{\mu_m}}$$

Mais comme $$V = Vm\sqrt{\frac{\mu_{1m}}{\mu_1}}$$

On a $$h = h_1$$

C'est d'ailleurs ce que l'expérience nous enseigne.

De ce qui précède nous tirons la conséquence suivante

Conséquence.- Pendant la montée a angle d'attaque constant, l'indicateur de vitesse donne une indication constante depuis le sol jusqu'au plafond.

§ 51 Variation de la vitesse de montée

L'expérience nous montre que si l'indicateur de vitesse donne une indication constante pendant la durée de la montée, la vitesse ascensionnelle décroit suivant une loi linéaire.

Si v_0 est la vitesse ascensionnelle au sol et Z_m le plafond, on aura pour la vitesse a une altitude Z

$$v = v_0 \left(1 - \frac{Z}{Z_m}\right)$$

L'excés de puissance $T_1' - T_2^1$ produira à chaque instant un travail égal à celui de la pesanteur.

Si nous élevons le poids Π de l'altitude Z à $Z + dZ$ pendant le temps dt on aura :

Travail de la pesanteur = $\Pi\, dZ$

T

Travail de l'excés de puissance= $\left(T_1' - T_2^1\right) dt$

d'où $\Pi\, dZ = \left(T_1' - T_2^1\right) dt$

On aura $$\frac{dZ}{dt} = \frac{1}{\Pi}\left(T_1' - T_2^1\right)$$

$\frac{dz}{dt}$ = v vitesse ascencionnelle qui au sol est v_o donné par

$$v_o = \frac{1}{II} \left(T_1 - T_2 \right)$$

avec $T_1 = To \frac{N}{No} \times 75 \rho$

N étant le nombre de tours et ρ le rendement propulseur.

TM au plafond est donné par $To \frac{N'}{No} \rho' \mu_m \times 75$

ρ' étant le rendement et N' la vitesse de rotation on a vu précédemment que par le même angle d'attaque

$$T_2 = T_m \sqrt{\mu_{,m}}$$

et par conséquent

$$vo = \frac{75\ To}{II\ No} \left(\rho N - \rho' N' \mu_m \sqrt{\mu_{,m}} \right)$$

On constate par l'expérience et les calculs que ρ N est voisin de ρ' N'

On a par conséquent :

$$vo = 75 \times \rho \times \frac{N}{No} \quad \frac{1}{\frac{II}{To}} \left[1 - \mu_m \sqrt{\mu_{,m}} \right]$$

Conséquence.- la Vitesse ascencionnelle au départ est proportionnelle à l'excés de puissance , et inversement proportionnelle au poids total de l'appareil.

Conséquence.- La vitesse ascencionnelle au départ est inversement proportionnelle au poids soulevé par HP.

La formule:

$\frac{dz}{dt}$ = v vitesse ascensionnelle qui au sol est v_0 donné par

$$v_0 = \frac{1}{II}\left(T_1 - T_2\right)$$

avec $T_1 = To \frac{N}{No} \times 75 \rho$

N étant le nombre de tours et ρ le rendement propulseur.

TM au plafond est donné par $To \frac{N'}{No} \rho' \times 75$

ρ' étant le rendement et N' la vitesse de rotation on a vu précédemment que par le même angle d'attaque

$$T_2 = T_m \sqrt{\mu / \mu_m}$$

et par conséquent

$$vo = 75 \frac{To}{II\ No}\left(\rho N - \rho' N' \sqrt{\mu / \mu_m}\right)$$

On constate par l'expérience et les calculs que ρ N est voisin de ρ' N'

On a par conséquent :

$$vo = 75 \times \rho \times \frac{N}{No} \frac{1}{\frac{II}{To}}\left(1 - \sqrt{\mu / \mu_m}\right)$$

Conséquence.- La vitesse ascensionnelle au départ est proportionnelle à l'excès de puissance, et inversement proportionnelle au poids total de l'appareil.

Conséquence.- La vitesse ascensionnelle au départ est inversement proportionnelle au poids soulevé par HP.

La formule:

$$v_o = 75 \times \rho \frac{N}{N_o} \frac{1}{\frac{II}{T_o}} \left(1 - \mu_m \sqrt{\mu_{1}\,m}\right)$$

permet de calculer :

1°- Le plafond Z connaissant v_o, N, $\frac{II}{T_o}$ et ρ que l'on peut déterminer connaissant $\frac{V}{n\,D}$.

On a en effet :

$$1 - \mu_m \sqrt{\mu_{1}\,m} = \frac{v_o \frac{II}{To}}{75 \times \rho \times \frac{N}{N_o}}$$

Il est donc intéressant de connaitre les valeurs de la fonction.

$$1 - \mu_m \sqrt{\mu_{1m}} = f_2 (Z)$$

Z	$1 - \mu_m \sqrt{\mu_{1}\,m}$
1000	0,16
2000	0,29
3000	0,41
4000	0,51
5000	0,59
6000	0,66
7000	0,72
8000	0,77
9000	0,81
10000	0,84

On devra, pour des applications construire la courbe :

$$1 - \mu_m \sqrt{\mu_{1}\,m} = f_4 (Z)$$

§- 52 - Calcul du temps de montée à une altitude Z.

De la formule expérimentale donnant la vitesse ascensionnelle à une altitude Z

$$v = v_0 \left(1 - \frac{Z}{Z_m}\right)$$

On tire :

$$\frac{dz}{dt} = v_0 \left(1 - \frac{Z}{Z_m}\right)$$

où :

$$dt = \frac{1}{v_0} \frac{dz}{1 - \frac{Z}{Z_m}}$$

D'où en intégrant, on tire :

$$t = \frac{Z_m}{v_0} \mathcal{L} \frac{1}{1 - \frac{Z}{Z_m}}$$

$$t_{\text{minutes}} = \frac{2,303}{60} \frac{Z_m}{v_0} \log. \frac{Z_m}{Z_m - Z}$$

A cette formule, on devra joindre :

$$v_0 = 75 \rho \frac{N}{N_0} \frac{1}{\frac{\Pi}{T_0}} \left(1 - \mu_m \sqrt{\mu_m}\right.$$

Nota : Dans les applications numériques, notamment lorsqu'il s'agira d'interpréter des résultats expérimentaux il doit être bien spécifier que la montée se fera à angle d'attaque constant, c'est-à-dire à indication constante de l'indicateur de vitesse jusqu'au plafond.

On devra se méfier des extrapolations en particu-

§- 52 - Calcul du temps de montée à une altitude Z.

De la formule expérimentale donnant la vitesse ascensionnelle à une altitude Z

$$v = v_0 \left(1 - \frac{Z}{Z_m}\right)$$

On tire :

$$\frac{dz}{dt} = v_0 \left(1 - \frac{Z}{Z_m}\right)$$

où :

$$dt = \frac{1}{v_0} \frac{dz}{1 - \frac{Z}{Z_m}}$$

D'où en intégrant, on tire :

$$t = \frac{Z_m}{v_0} \int \frac{1}{1 - \frac{Z}{Z_m}}$$

$$t = \frac{2,303}{60} \frac{Z_m}{v_0} \log. \frac{Z_m}{Z_m - Z}$$

A cette formule, on devra joindre :

$$v_0 = v_{0s} \sqrt{\frac{H}{H_0} \frac{\frac{T}{T}}{T_0}} \left(1 - \mu_m \sqrt{\mu_m}\right)$$

<u>Nota</u> : Dans les applications numériques, notamment lorsqu'il s'agira d'interpréter des résultats expérimentaux il doit être bien spécifier que la montée se fera à angle d'attaque constant, c'est-à-dire à indication constante de l'indicateur de vitesse jusqu'au plafond.

On devra se méfier des extrapolations en particu-

lier lorsqu'au départ d'un avion l'angle d'attaque sera pris trop faible. C'est pour cette raison et éviter des erreurs grossières que pour les essais l'on fait monter les avions le plus haut possible&.

D'après ce qui précède, on voit quelle est l'influence du plafond sur la montée.

Dans un projet, il sera facile de rechercher sa valeur par les procédés indiqués précédemment à propos de l'adaptation des Hélices aux avions.

§ -53 - Variation du plafond et par conséquent du temps de montée avec la charge.

Au plafond, on a, pour un avion connu, des valeurs particulières de $B = \frac{Rx}{Ry}$ et $Ky = C$.

On aura :

$$\Pi B \frac{Vm}{3,6} = T_o \times 75 \times \rho \times \mu_m$$

$$\Pi = C \times S \left(\frac{Vm}{3,6} \right)^2 \mu_{1m}$$

En éliminant V_m on aura :

$$\frac{\Pi^{3/2} B}{C^{1/2} S^{1/2} \mu_{1m}^{1/2}} = T_o \times 75 \times \rho \times \mu_m$$

D'où :

$$\mu_m \mu_{1m}^{1/2} = \frac{1}{75 \times \rho} \left(\frac{\Pi}{S} \right)^{1/2} \frac{\Pi}{T_o} \times B \frac{1}{C^{1/2}}$$

La fonction $\mu_m \mu_{1m}^{1/2} = f_5 (Z)$ présente un gros intérêt et doit être calculée puis représentée par une courbe.

lieu lorsqu'au départ d'un avion l'angle d'attaque sera pris trop faible. C'est pour cette raison et éviter des erreurs grossières que pour les essais l'on fait monter les avions le plus haut possible.

D'après ce qui précède, on voit quelle est l'influence du plafond sur la montée.

Dans un projet, il sera facile de rechercher sa valeur par les procédés indiqués précédemment à propos de l'adaptation des Hélices aux avions.

§ -55 - Variation du plafond et par conséquent du temps de montée avec la charge.

Au plafond, on a, pour un avion connu, des valeurs particulières de $B = \frac{Rx}{Ky}$ et $Ky = 0$.

On aura :

$$\Pi B \frac{Vm}{3,6} = T_0 \times 75 \times \rho_h/\rho_0$$

$$\Pi = 0 \times S \left(\frac{Vm}{3,6}\right)^2 \rho_h/\rho_0$$

En éliminant V_m on aura :

$$\frac{\Pi^{3/2} \, B}{0^{1/2} S^{1/2} (\rho_h/\rho_0)^{1/2}} = T_0 \times 75 \times \rho_h/\rho_0$$

D'où : $$(\rho_h/\rho_0)^{3/2} = \frac{1}{75 \times \rho} \left(\frac{\Pi}{S}\right)^{1/2} \frac{\Pi}{T_0} \times B \frac{1}{0^{1/2}}$$

La fonction $\rho_h/\rho_0 = f_5$ (2) présente un intérêt et doit être calculée puis représentée par une courbe.

On a :

Z	$\mu_m \mu_{1m}^{1/2}$
1000	0,84
2000	0,71
3000	0,59
4000	0,49
5000	0,41
6000	0,34
7000	0,28
8000	0,23
9000	0,19
10000	0,16

On voit, d'après la formule précédente l'importance de $\frac{II}{S}$ poids soulevé par mètre carré et $\frac{II}{T_o}$ poids soulevé par par cheval.

Rapprochons la formule donnant $\mu_m \mu_{1m}^{1/2}$ de celle donnant la vitesse du vol horizontal au sol :

$$\mu_m \mu_{1m}^{1/2} = \frac{1}{75 \times \rho}\left(\frac{II}{S}\right)^{1/2} \frac{II}{T_o} \times B \times \frac{1}{C^{\frac{1}{2}}}$$

$$V_o = 3,6\left(\frac{II}{S}\right)^{1/2} \frac{1}{Ky_{1/2}} = \frac{75 \times \rho}{\frac{II}{T_o} \times \frac{Rx}{Ry}}$$

Si l'on augmente le poids soulevé par mètre carré d'un avion, on fait croitre la vitesse au sol, mais l'on diminue <u>le plafond</u>, puisque $\mu_m \mu_{1m}^{1/2}$ augmente .

En particulier si l'on donnait à $\frac{II}{S}$ une valeur telle que $\mu_m \mu_{1m}^{1/2}$ soit égal à I l'avion volerait au ras du sol, au maximum de vitesse mais ne saurait s'élever.

Avant la guerre la coupe Godon-Bennet était gagnée en rognant les ailes d'un avion jusqu'à ce qu'il puisse à

On a :

Z	[illegible]
1000	0,84
2000	0,71
3000	0,59
4000	0,49
5000	0,41
6000	0,34
7000	0,28
8000	0,23
9000	0,19
10000	0,16

On voit, d'après la formule précédente l'importance de $\frac{\Pi}{S}$ poids soulevé par mètre carré et $\frac{\Pi}{T_0}$ poids soulevé par cheval.

Rapprochons la formule donnant [illegible] de celle donnant la vitesse du vol horizontal au sol :

$$[illegible] = \frac{1}{75 \times \rho}\left(\frac{\Pi}{S}\right)^{1/2} \frac{\Pi}{T_0} \times k \times \frac{1}{C_x}$$

$$V_0 = 3,6 \left(\frac{\Pi}{S}\right)^{1/2} \frac{1}{K^{1/2}} = \frac{75 \times \rho}{\frac{\Pi}{T_0} \times \frac{K_x}{K_y}}$$

Si l'on augmente le poids soulevé par mètre carré d'un avion, on fait croître la vitesse au sol, mais l'on diminue le plafond, puisque [illegible] augmente.

En particulier si l'on donnait à $\frac{\Pi}{S}$ une valeur telle que [illegible] soit égal à 1 l'avion volerait au ras du sol, au maximum de vitesse mais ne saurait s'élever.

Avant la guerre la coupe Gordon-Bennett était gagnée en rognant les ailes d'un avion jusqu'à ce qu'il puisse à

peine se soulever, ce qui avait pour effet d'augmenter sa vitesse seul critérium du concours.

C'est pour n'avoir pas tenu compte de la relation existant entre la vitesse au sol et le plafond que certains avionneurs ont construit des appareils qui, trés rapides au sol, ne pouvaient monter à haute altitude.

Conséquence.- En augmentant la charge par mètre carré d'un avion, on fait croître sa vitesse au sol au détriment de sa hauteur de plafond et de la valeur des vitesses aux hautes altitudes.

Si l'on calcule pour les avions en service les valeurs de $B \frac{1}{C^{\frac{1}{2}}}$ correspondant aux différents plafonds obtenus, on trouve que cette expression est voisine de 0,5 valeur moyenne. Cette remarque est interessante car on pourra prendre ce chiffre comme première approximation pour l'étude d'un projet d'avion; en particulier lorsque le plafond et par conséquent la valeur de $\mu_m / \mu_{1m}^{1/2}$ sera imposée.

On aura en effet immédiatement si l'on choisit un rendement ρ d'hélice la valeur de $\left(\frac{\Pi}{\rho}\right)^{1/2} \frac{\Pi}{T_o}$

poine de soulever, ce qui avait pour effet d'augmenter sa vitesse seul critérium du concours.

C'est pour n'avoir pas tenu compte de la relation existant entre la vitesse au sol et le plafond que certains avionneurs ont construit des appareils qui, très rapides au sol, ne pouvaient monter à haute altitude.

Conséquence.- En augmentant la charge par mètre carré d'un avion, on fait croître sa vitesse au sol au détriment de sa hauteur de plafond et de la valeur des vitesses aux hautes altitudes.

Si l'on calcule pour les avions en service les valeurs de $B \frac{1}{\delta^{1/3}}$ correspondant aux différents plafonds obtenus, on trouve que cette expression est voisine de 0,6 valeur moyenne. Cette remarque est intéressante car on pourra prendre ce chiffre comme première approximation pour l'étude d'un projet d'avion; en particulier lorsque le plafond et par conséquent la valeur de $\rho_H^{1/3}$ sont imposés.

On aura en effet immédiatement si l'on choisit un rendement ρ d'hélice la valeur de $\left(\frac{\Pi}{\rho}\right)^{1/3} \frac{\Pi}{S}$

CHAPITRE

§ 54.- Manoeuvre en profondeur et Stabilité longitudinale

D'aprés ce qui précéde on a vu qu'un avion pouvait être appelé à voler sous des angles d'attaque trés différents suivant les circonstances du vol qui lui sont imposées par les relations qui existent entre les différents paramètres dont on a étudié les influences réciproques.

Si un avion animé d'une certaine vitesse V doit à un moment quelconque modifier l'angle d'attaque de ses ailes, il devra exécuter un pivotement autour de son centre de gravité et retrouver son équilibre dans la nouvelle situation qui lui aura été assignée.

Avant d'entreprendre l'étude des moyens à mettre en oeuvre pour obtenir ces résultats il y a lieu de rappeler un certain nombre de lois mécaniques que l'on devra appliquer dans la suite.

§ 55.- Mouvement d'un solide autour de son centre de gravité

Le mouvement d'un solide autour de son centre de gravité est le même que si ce point étant immobile les forces extérieures qui s'exercent sur le solide à chaque instant lui étaient réellement appliquées.

Toutes les forces extérieures agissant sur le corps se réduisant à une force F passant par le centre de gravité et à un couple dont le moment M est égal à celui des forces extérieures pris par rapport au centre de gravité.

La force F produira une accélération γ telle que

$$F = m \gamma = m \frac{dV}{dt}$$

Si F = o le mouvement sera uniforme.

Le moment M produira une rotation autour du centre de gravité.

Une rotation quelconque autour d'un point peut se décomposer en trois rotations élémentaires prises par rapport à trois axes rectangulaires.

Pour un avion qui possède un plan vertical de symétrie, nous prendrons pour chacun d'eux :

1°- L'axe perpendiculaire au plan de symétrie passant par le centre de gravité (axe de tangage)

2°- L'axe dirigé dans le sens du mouvement et passant par le centre de gravité (axe de roulis)

3°- Axe perpendiculaire aux deux autres et passant par le centre de gravité .
(axe de déviation de route ou de giration)

§-56- Mouvement d'un solide autour d'un axe .

Le mouvement de rotation d'un solide autour de l'un des trois axes indiqués précédemment est défini par l'équation .

Toutes les forces extérieures agissant sur le corps se réduisent à une force F passant par le centre de gravité et à un couple dont le moment M est égal à celui des forces extérieures pris par rapport au centre de gravité.

La force F produira une accélération γ telle que

$$F = m\gamma = m \frac{dV}{dt}$$

Si F = o le mouvement sera uniforme.

Le moment M produira une rotation autour du centre de gravité.

Une rotation quelconque autour d'un point peut se décomposer en trois rotations élémentaires prises par rapport à trois axes rectangulaires.

Pour un avion qui possède un plan vertical de symétrie, nous prendrons pour chacun d'eux :

1°- L'axe perpendiculaire au plan de symétrie passant par le centre de gravité (axe de tangage)

2°- L'axe dirigé dans le sens du mouvement et passant par le centre de gravité (axe de roulis)

3°- Axe perpendiculaire aux deux autres et passant par le centre de gravité .

(axe de déviation de route ou de giration).

§-56- Mouvement d'un solide autour d'un axe .

Le mouvement de rotation d'un solide autour de l'un des trois axes indiqués précédemment est défini par l'équation .

$$I \frac{d^2 \theta}{dt^2} = M$$

I est le moment d'Inertie du Corps par rapport a l'axe de rotation.

θ le déplacement angulaire

M le couple central des forces appliquées au solide

§ -57- Gouvernail de profondeur.

D'après ce qui précède, on voit donc que pour modifier l'angle d'attaque d'un avion en marche rectiligne, alors que toutes les forces en présence se font équilibre, il sera nécessaire de produire une rotation autour de l'axe de tangage à l'aide d'une force nouvelle ayant un moment M.

Mais cette condition ne saurait suffire, car il faudra que cette rotation cesse après un certain nombre d'oscillations lorsque le nouvel angle d'attaqué sera obtenu.

Pour cela, il faudra qu'une fois le nouveau régime établiè le couple central devienne nul.

Pour créer le moment propre à produire la rotation cherchée on utilise le gouvernail de profondeur.

Le gouvernail de profondeur se compose d'une surface placée à une certaine distance L du centre de gravité G, soit en avant, soit en arrière, des surfaces portantes, et dont on peut modifier soit l'angle d'attaque, soit en même temps l'angle d'attaque et la courbure. Dans le premier cas, le gouvernail de profondeur est constitué par une surface plane complètement mobile autour d'un axe parallèle à l'axe de tangage.

Il peut être manoeuvré par le pilote à l'aide d'un levier que l'on pousse en avant ou que l'on tire vers l'arrière (fig.32)

$$I \frac{d^2\theta}{dt^2} = M$$

I est le moment d'Inertie du Corps par rapport à l'axe de rotation.

θ le déplacement angulaire

M le couple central des forces appliquées au solide

§ -57- Gouvernail de profondeur.

D'après ce qui précède, on voit donc que pour modifier l'angle d'attaque d'un avion en marche rectiligne, alors que toutes les forces en présence se font équilibre, il sera nécessaire de produire une rotation autour de l'axe de tangage à l'aide d'une force nouvelle ayant un moment M.

Mais cette condition ne saurait suffire, car il faudra que cette rotation cesse après un certain nombre d'oscillations lorsque le nouvel angle d'attaque sera obtenu.

Pour cela, il faudra qu'une fois le nouveau régime établi le couple central devienne nul.

Pour créer le moment propre à produire la rotation cherchée on utilise le gouvernail de profondeur.

Le gouvernail de profondeur se compose d'une surface placée à une certaine distance L du centre de gravité G, soit en avant, soit en arrière, des surfaces portantes, et dont on peut modifier soit l'angle d'attaque, soit en même temps l'angle d'attaque et la courbure. Dans le premier cas, le gouvernail de profondeur est constitué par une surface plane complètement mobile autour d'un axe parallèle à l'axe de tangage.

Il peut être manoeuvré par le pilote à l'aide d'un levier que l'on pousse en avant ou que l'on tire vers l'arrière (fig.52)

Si pour un certain angle de vol des surfaces portantes le gouvernail de profondeur de surface s complètement mobile attaque l'air sous un angle α et que l'on modifie cet angle, d'une quantité $d\alpha$ la poussée de l'air qui était p devient $p + dp$ telle que :

$$d\ p = 0,16\ s\ V^2 \left(\sin\ (\alpha + d\alpha) - \sin\right)$$

Le moment de la force dp par rapport au centre de gravité est égale à :

$$M = d\ p \times L\ \cos\alpha = 0,16\ S\ V^2 L\ \cos\alpha\ \left(\sin\ (\alpha + d\alpha) - \sin\alpha\right)$$

Pour des petits angles α on a :

$$M = 0,16\ s \times\ V^2\ d\alpha\ L$$

La force p + d p étant pour de petits angles située dans le voisinage du 1/4 de la profondeur du gouvernail à partir du bord d'attaque, on devra placer l'axe d'articulation dans le voisinage de ce point afin d'éviter au pilote de produire un effort exagéré., pour manoeuvrer le gouvernail.

Cette disposition à pour but de compenser le gouvernail, mais comme la compension intégrale ne peut être obtenue que pour un seul angle d'attaque en raison du déplacement de la poussée, fonction de cet angle d'attaque, on prendra une position moyenne de l'axe de rotation en s'arrangeant de façon que dans aucun cas la force p ne passe en avant du centre de gravité.

L'expérience a montré que pour un gouvernail complètement mobile bien compensé le rapport entre la profondeur du gouvernail symétrique, comme profil et la distance du bord d'attaque à l'articulation doit être pris égal à 1/5.

Cette règle à pour but d'éviter le flottement du gouvernail qui se produirait certainement si la poussée passait de l'avant à l'arrière de l'articulation et réciproquement.

Lorsque lesgouvernails de profondeur doivent avoir de grandes dimensions on peut les constituer par une partie fixe terminée par un volet mobile compensé fig./ 33.

En manoeuvrant le volet mobile, on fait varier en même temps la courbure de l'aile ainsi que son angle d'attaque.

On a dans ce cas :

K et K' étant des coefficients expérimentaux fonction de i :

$$M = s L V^2 (K-K')$$

Des expériences récentes faites au Laboratoire de M. EIFFEL ont permis de fixer le rapport entre la surface $s_{/}$ de la partie mobile du gouvernail de profondeur et la surface totale s .

On a trouvé qu'il était inutile d'exagérer les dimensions du volet mobile et que le rapport $\frac{s_{/}}{s}$ voisin de 0,30 était suffisant puisqu'il donne sensiblement la même action qu'un rapport plus grand.

Le gouvernail de profondeur placé à l'avant donne l'avion type Canard qui n'a pas donné de bons résultats.

Le gouvernail de profondeur, soit complètement mobile, soit en partie fixe et en partie mobile placé à l'arrière, est le type couramment employé maintenant en Aviation.

§-52- Fonctionnement du gouvernail de profondeur.

Considérons un avion représenté schématiquement par son aile A B et le gouvernail de profondeur A'B' complètement mobile (fig.34) Soit G le centre de gravité que nous supposerons placé d'abord à hauteur du centre de poussée dont la position est C et à une distance a du bord d'attaque.

Appelons :

i l'angle d'attaque de A B

α l'angle d'attaque de A'B'

ω l'angle de braquage (angle de la corde de A B avec A'B'.

L la distance de G à l'axe o d'articulation du gouvernail.

S la surface des ailes A B de profondeur l

s la surface du gouvernail.

II le poids total.

N la résultante des forces extérieures autres que la pesanteur agissant sur la partie avant de l'avion.

p l'action de l'air sur le gouvernail

x la distance du bord d'attaque au centre de poussée.

l la profondeur de l'aile

V la vitesse se translation uniforme

§-52- Fonctionnement du gouvernail de profondeur.

Considérons un avion représenté schématiquement par son aile A B et le gouvernail de profondeur A'B' complètement mobile (fig.34) Soit G le centre de gravité que nous supposerons placé d'abord à hauteur du centre de poussée dont la position est C et à une distance a du bord d'attaque.

Appelons :

- i l'angle d'attaque de A B
- i' l'angle d'attaque de A'B'
- α l'angle de braquage (angle de la corde de A B avec A'B'.
- L la distance de G à l'axe o d'articulation du gouvernail.
- S la surface des ailes A B de profondeur l
- s la surface du gouvernail.
- Π le poids total.
- M la résultante des forces extérieures autres que la pesanteur agissant sur la partie avant de l'avion.
- p l'action de l'air sur le gouvernail
- x la distance du bord d'attaque au centre de poussée.
- l la profondeur de l'aile
- V la vitesse de translation uniforme

Si l'avion vole horizontalement il faut que les forces en présence se fassent équilibre.

Il faut donc que non seulement les équations du vol indiquées précédemment soient satisfaites, mais il est nécessaire que la somme des moments des forces par rapport à un point soit nulle.

On aura par conséquent:

$$II\ (x-a) \cos i = 0{,}16\ s\ \frac{V^2}{13}\ L \sin \alpha \cos \omega\ \mu_1$$

Pour les grands angles de braquage, on aurait plus exactement en prenant :

$$f(\alpha) = \frac{\sin \alpha}{0{,}4 + 0{,}6 \sin \alpha}$$

formule de Jvessel :

$$II\ (x - a) \cos i = 0{,}08\ s \frac{V^2}{13}\ L\ \frac{\sin \alpha \cos \omega}{0{,}4 + 0{,}6 \sin \alpha}$$

On voit que la fonction $\sin \alpha \cos \omega$ va d'abord en croissant avec l'angle de braquage ω et passe par un maximum pour une valeur de cet angle voisine de 35°.

Ceci explique pourquoi le braquage à fond d'un gouvernail de profondeur peut donner le résultat inverse de celui cherché.

A l'équation précédente, on doit ajouter:

$$II = \frac{K_y\ S\ V^2}{13}\ \mu_1$$

Si l'avion vole horizontalement il faut que les forces en présence se fassent équilibre.

Il faut donc que non seulement les équations du vol indiquées précédemment soient satisfaites, mais il est nécessaire que la somme des moments des forces par rapport à un point soit nulle.

On aura par conséquent:

$$II\,(x-a)\cos i = 0{,}10\ s\ \frac{V^2}{13}\ L \sin\alpha \cos\omega\ f(\alpha)$$

Pour les grands angles de braquage, on aurait plus exactement en prenant :

$$f(\alpha) = \frac{\sin\alpha}{0{,}4 + 0{,}6 \sin\alpha}$$

formule de Joessel :

$$II\,(x-a)\cos i = 0{,}08\ s\ \frac{V^2}{13}\ L\ \frac{\sin\alpha \cos\omega}{0{,}4 + 0{,}6 \sin\alpha}$$

On voit que la fonction $\sin\alpha \cos\omega$ va d'abord en croissant avec l'angle de braquage ω et passe par un maximum pour une valeur de cet angle voisine de 35°.

Ceci explique pourquoi le braquage à fond d'un gouvernail de profondeur peut donner le résultat inverse de celui cherché.

A l'équation précédente, on doit ajouter:

$$II = \frac{Ky\ S\ V^2}{13}$$

$i = f_1\ (Ky)$ \
$\dfrac{x}{\ell} = f_2\ (i) = f_3\ (Ky)$ } données par l'expérience

En éliminant II , V et μ_1 on aura :

$$(x - a)\cos i = \frac{0{,}16\ s\ L\ \sin\alpha\ \cos\omega}{Ky\ S}$$

Posons : $\dfrac{x}{\ell} = y$

et : $\dfrac{a}{\ell} = y_1$

On aura :

$$\sin\alpha = \frac{Ky\ S}{0{,}16\ s} \times \frac{\ell}{L}\ (y - y_1)\ \frac{\cos i}{\cos\omega}$$

$$y = f_5\ (Ky)$$

$$i = f_1\ (Ky)$$

α sera compté positivement lorsque le gouvernail est attaqué par l'air sur la partie supérieure et négativement dans le cas contraire.

Les angles ω et i étant généralement très petits le rapport $\dfrac{\cos i}{\cos\omega}$ est voisin de l'unité, par conséquent on peut écrire :

$$\sin\alpha = \frac{1}{0{,}16}\ \frac{S\ell}{s\ L}\ Ky\ (y - y_1)$$

On voit donc que l'angle α et par conséquent l'angle de braquage du gouvernail $\omega = (\alpha + i)$ seront fonction de deux facteurs:

le premier: $\dfrac{1}{0{,}16}\ \dfrac{S\ell}{s\ L}$

le second : $Ky (y - y_1)$

Ceci est vrai également pour le gouvernail comportant une partie fine et une partie mobile, dans ce cas on remplace 0,16 sin α par le coefficient unitaire propre au gouvernail et à l'angle α que l'on détermine pour des essais au Tunnel aérodynamique.

Le premier facteur ne dépend que des dimensions relatives de l'avion, c'est-à-dire: Surface de voilure S, profondeur d'aile ℓ surface d'empennage s et longueur de queue L.

Le secons dépend de Ky et y, caractéristiques de l'aile et de y_1 qui définit la position du centre de gravité par rapport au bord d'attaque de l'aile.

Plus le premier facteur sera faible, plus le gouvernail sera sensible puisque l'augmentation $d\alpha$ de l'incidence du gouvernail et par conséquent $d\omega$ du braquage sera pour une même variation de l'angle d'attaque des ailes d'autant plus petit que $\frac{S\ell}{sL}$ sera plus faible.

Par conséquent l'inverse de ce rapport peut définir la sensibilité du gouvernail de profondeur.

Pour les avions actuellement en service, $\frac{1 \; S\ell}{0,16 \; s L}$ varie assez notablement suivant les différents types, cependant pour un certain nombre reconnus bien équilibrés le rapport varie entre 17 et 21.

On est certain de ne pas commettre d'erreurs grossières en adoptant ces valeurs.

La fonction Ky $(y - y_1)$ est une caractéristique de l'aile au même titre que i, Ky, $y = \frac{x}{\ell}$. On a représenté pour différentes valeurs de y_1 (fig.33) la fonction Ky $(y - y_1)$ en fonction de Ky par des courbes.

La courbe la plus plate correspondra aux déplacements les plus faibles du gouvernail pour une variation donnée de l'angle d'attaque des ailes, elle sera la plus avantageuse.

La courbe la plus plate dans les limites usuelles de Ky est pour le type d'aile choisi celle correspondant à $y_1 =$ 0,30 .

Conséquence.- Pour obtenir une bonne sensibilité du gouvernail de profondeur, on devra :

1°- prendre le rapport $\frac{1}{0,16} \frac{S\,\ell}{s\,L}$ compris entre 17 et 21; l'inverse de ce rapport définissant la sensibilité.

2°- Placer compte-tenu du profil de l'aile le centre de gravité entre le 1/4 et le 1/3 de la profondeur de l'aile à partir du bord d'attaque, on obtient ainsi $y_1 = 0,30$.

Pour tenir compte du profil de l'aile, la fonction $\frac{x}{\ell} = f_2$ (Ky) devra être examinée avec soin dans chaque cas particulier.

Il ne suffit pas d'avoir une bonne sensibilité du gouvernail de profondeur, il faut vérifier que la condition de stabilité longitudinale est obtenue pour les valeurs $\frac{1}{0,16}$

$\frac{s\ell}{sL}$ et y_1 choisies.

§- 53 - De la stabilité longitudinale.

Supposons l'avion en vol normal sous un certain angle i_1, auquel correspond un angle de braquage ω_1 du gouvernail donnant un angle d'attaque $\alpha_1 = \omega_1 - i$ donné par les formules précédentes. (fig.37)

Le gouvernail étant immobilisé dans cette position l'avion volerait normalement, si aucune cause perturbatrice ne venait à intervenir.

Mais comme l'air est constamment troublé il y aura de fréquentes variations dans les forces extérieures agissant sur l'avion d'où piquage ou cabrage de l'appareil avec déplacement du centre de gravité sur la verticale.

Pour que le piquage ou le cabrage s'arrêtent il est indispensable qu'automatiquement les forces extérieures en jeu provoquent un moment central s'opposant au mouvement de rotation de l'appareil autour de son centre de gravité.

Condition de stabilité. Si l'avion pique, il faudra que l'angle d'attaque du gouvernail $\omega_1 - i$ reste quelle que soit la valeur de i supérieur à l'angle α nécessaire pour tenir le vol horizontal sous l'angle d'attaque i des ailes.

Si l'avion cabre, il faudra que $\omega_1 - i$ reste inférieur

à l'angle α nécessaire pour tenir le vol horizontal sous l'angle d'attaque des ailes.

Il est facile de vérifier que cette condition est remplie pour les valeurs Ky $(y - y_1)$ et $\frac{1}{0,16} \frac{S \ell}{s L}$ indiquées précédemment.

Prenons d'abord $y_1 = 0,25$ et $A = \frac{1}{0,16} \frac{S \ell}{s L}$ égal à 17 et 21.

On aura les valeurs suivantes pour : α

i	α pour A = 17	α pour A = 20
2°	1° 04	1° 22
0	2° 33	2° 76
2°	3° 08	3° 60
4°	3° 39	3° 98
6°	2° 9	3° 38
8°	2° 92	3° 44

Prenons ensuite $y_1 = \frac{1}{3}$ on aura :

i	α pour A = 17	α pour A = 20
2°	0° 925	1° 16
0°	1° 55	2° 02
2°	1° 42	2° 066
4°	0° 86	1° 66
6°	0° 36	0° 41
8°	1° 00	0° 26

Construisons les quatre courbes donnant α en fonction de Ky représentées fig. (37) et en même temps $i = f$ (Ky)

Pour des valeurs α_1 égales à AM_1, AM_2, AM_3, AM_4 correspondant à une valeur particulière de R_1y et i_1 on aura des angles de braquage $\omega_1 = \alpha_1 + i_1$.

à l'angle α nécessaire pour tenir le vol horizontal sous l'angle d'attaque des ailes.

Il est facile de vérifier que cette condition est remplie pour les valeurs Ky $(y - y_1)$ et $\frac{1}{0,15} \frac{5}{a} \frac{c}{t}$ indiquées précédemment.

Prenons d'abord $y_1 = 0,25$ et $A = \frac{1}{0,15} \frac{5}{?} \frac{c}{t}$ égal à 17 et 21.

On aura les valeurs suivantes pour : α

i	α pour A = 17	α pour A = 20
2°	1° 04	1° 22
0	2° 35	2° 76
2°	3° 08	3° 80
4°	2° 36	2° 66
6°	2° 0	2° 88
8°	2° 02	3° 44

Prenons ensuite $y_1 = \frac{1}{8}$ on aura :

i	α pour A = 17	α pour A = 20
2°	0° 025	1° 16
0°	1° 55	2° 05
2°	1° 42	2° 086
4°	0° 36	1° 66
6°	0° 59	0° 41
8°	1° 00	0° 38

Construisons les quatre courbes donnant α en fonction de Ky représentées fig. (37) et en même temps i = f (Ky)

Pour des valeurs α égales à AM_1, AM_2, AM_3, AM_4 correspondant à une valeur particulière de K_1y et A_1 on aura des angles de braquage $\varphi = \alpha_1 + i_1$.

Dans le cas du piquage et du cabrage, l'angle d'attaque α_1 devient $\omega_1 - i$ représenté sensiblement par des lignes droites sur la figure.

Comme $\alpha_1 = \omega_1 - i$ est en cas de piquage toujours supérieur à α nécessaire pour le vol normal, on aura donc un moment de rappel qui sera d'autant plus grand que $\alpha_1 - \alpha = \omega_1 - i - \alpha$ sera plus considérable.

Comme $\alpha_1 = \omega_1 - i$ est en cas de cabrage plus petit que α on aura également un moment de rappel dans le bon sens.

La figure montre d'une façon très nette que la stabilité va en décroissant de la courbe I à la courbe 4 puisque l'on a par exemple $A\,B > A^{1}B^{1} > A^{11}\,B^{11} > A^{111}\,B^{111}$

Si l'on fait les mêmes calculs pour $y_1 = 1/2$ et $A = 20$ on trouve la courbe 5 et l'on voit que dans ce cas la courbe $\omega_1 - i$ coupe la courbe α ce qui indique qu'en cas de piquage α'_1 est plus petit que α et que non seulement le moment de rappel n'existe pas mais que l'avion continuera à piquer sous l'action d'un moment piqueur.

Dans le cas du cabrage, l'instabilité se retrouve également.

De ce qui précède on peut tirer les conséquences suivantes:

<u>Conséquence:</u> La stabilité d'un avion est d'autant plus

grande que le centre de gravité est plus rapproché du b... de l'aile et que le rapport $\frac{1}{0,15}\frac{S\,l}{C\,I}$ est plus grand.

<u>Conséquence</u>.- Si le centre de gravité se rapproche du milieu de l'aile après avoir dépassé le tiers, l'avion devient à <u>un moment donné indifférent puis instable</u>.

Lorsque ω - 1 est plus petit que ν dans le piquage il faut augmenter le braquage pour mettre l'avion à la descente, d'où manoeuvre inversée et par conséquent incorrecte.

On peut donc tirer de là une conséquence très importante.

<u>Conséquence</u>.- Lorsqu'un avion est stable, la manoeuvre en profondeur est toujours correcte.

Lorsqu'un avion est instable, la manoeuvre en profondeur est inversée.

Si l'on place sur un avion un indicateur enregistreur permettant de déterminer à chaque instant la position du gouvernail de profondeur, il sera facile de déterminer la relation qui existe entre les vitesses, les altitudes, les nombres de tours de l'hélice et par conséquent les angles d'attaque avec les positions du gouvernail de profondeur.

En particulier l'inversion des commandes si elle existe pourra être constatée au cas où l'avion devra être [illegible]né et centré d'une façon différente.

grande que le centre de gravité est plus rapproché du bord de l'aile et que le rapport $\frac{1}{0,16} \quad \frac{S\ \ell}{s\ L}$ est plus grand.

Conséquence.- Si le centre de gravité se rapproche du milieu de l'aile après avoir dépassé le tiers, l'avion devient à un moment donné indifférent puis instable.

Lorsque ψ - i est plus petit que α dans le piquage il faut augmenter le braquage pour mettre l'avion à la descente, d'où manoeuvre inversée et par conséquent incorrecte.

On peut donc tirer de là une conséquence très importante.

Conséquence.- Lorsqu'un avion est stable, la manoeuvre en profondeur est toujours correcte.

Lorsqu,un avion est instable, la manoeuvre en profondeur est inversée.

Si l'on place sur un avion un indicateur enregistreur permettant de déterminer à chaque instant la position du gouvernail de profondeur, il sera facile de déterminer la relation qui existe entre les vitesses, les altitudes, les nombres de tours de l'Hélice et par conséquent les anglos d'attaque avec les fonctions du gouvernail de profondeur.

En particulier l'inversion des commandes si elle existe pourra être constatée et dans ce cas l'avion devra refusé et centré d'une façon différente.

Dans le cas du piquage et du cabrage, l'angle d'attaque α_1 devient $\alpha_1' - 1$ représenté sensiblement par des lignes ... sur la figure.

Comme $\alpha_1' = \alpha_1' - 1$ est en cas de piquage toujours supérieur à α_1 nécessaire pour le vol normal, on aura donc un moment de rappel qui sera d'autant plus grand que $\alpha_1' - \alpha_1 = \alpha_1' - 1 - \alpha_1$ sera plus considérable.

Comme $\alpha_1' = \alpha_1' - 4$ est en cas de cabrage plus petit que α_1 on aura également un moment de rappel dans le bon sens.

La figure montre d'une façon très nette que la stabilité va en décroissant de la courbe 1 à la courbe 4 puisque l'on a par exemple $A\,E > A^1E^1 > A^{11}\,B^{11} > A^{111}\,B^{111}$

Si l'on fait les mêmes calculs pour $y_1 = 1/2{,}5\,A = 20$ on trouve la courbe 5 et l'on voit que dans ce cas la courbe $\alpha_1' - 1$ coupe la courbe α_1 ce qui indique qu'en cas de piquage α_1' est plus petit que α_1 et que non seulement le moment de rappel n'existe pas mais que l'avion continuera à piquer sous l'action d'un moment piqueur.

Dans le cas du cabrage, l'instabilité se retrouve également.

De ce qui précède on peut tirer les conséquences suivantes:

Conséquences: La stabilité d'un avion est d'autant plus

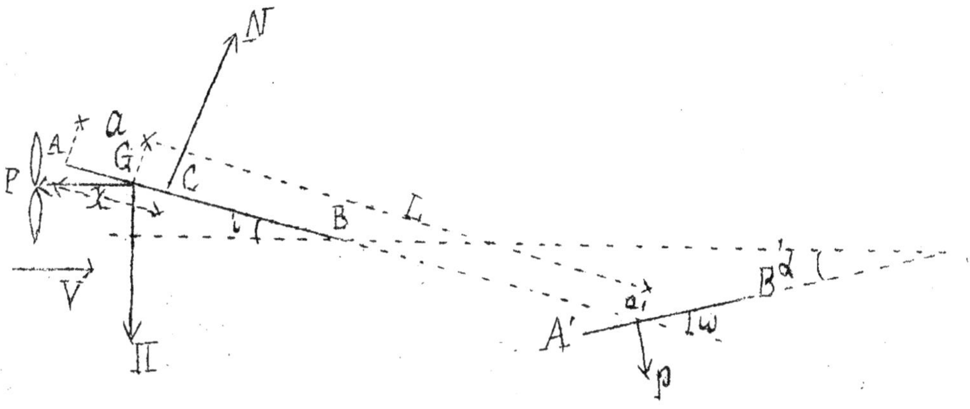

fig 34

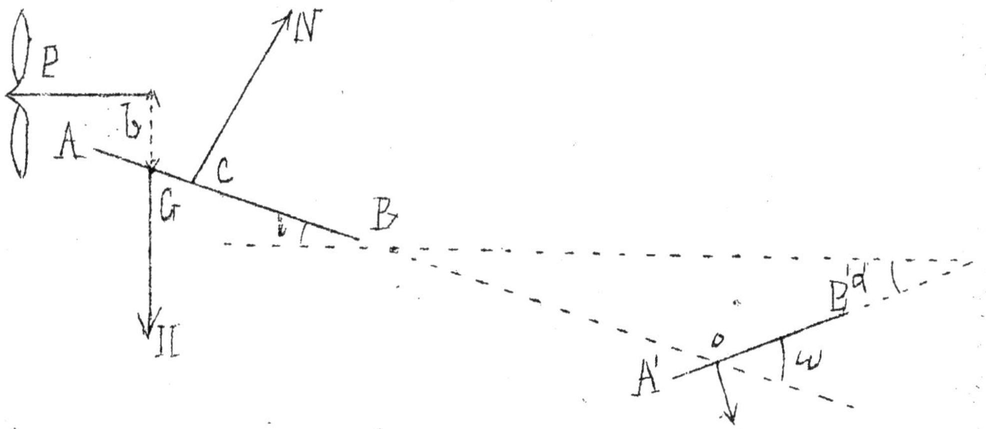

fig 35

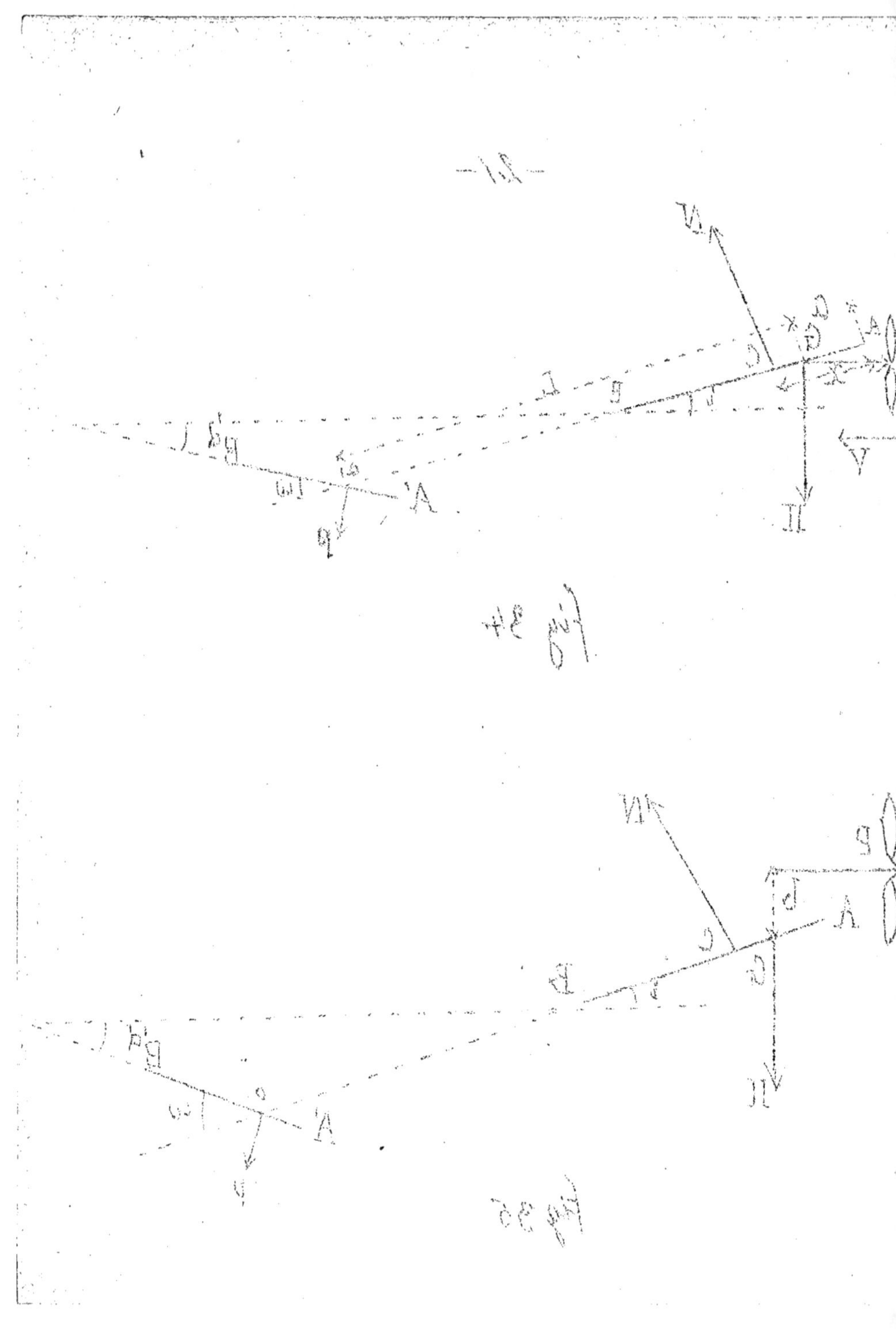

Gouvernail complètement mobile

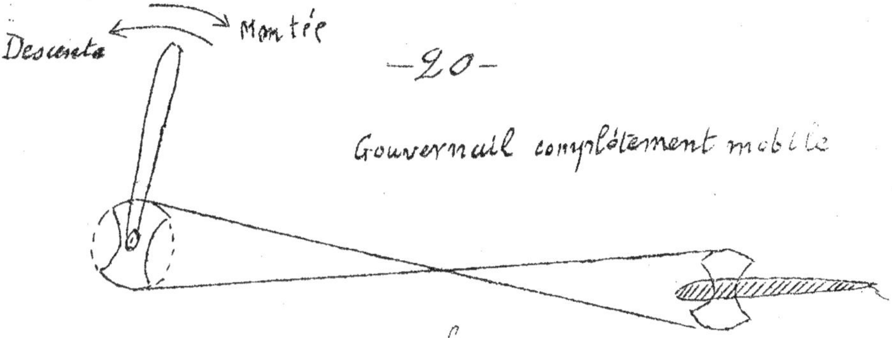

Descente

Montée

fig 32

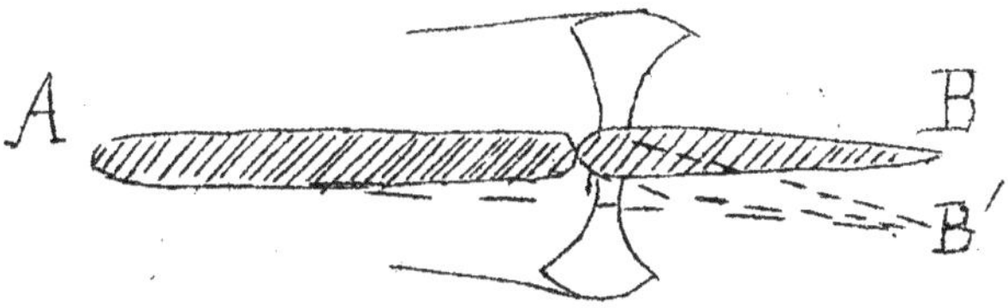

A

B

B'

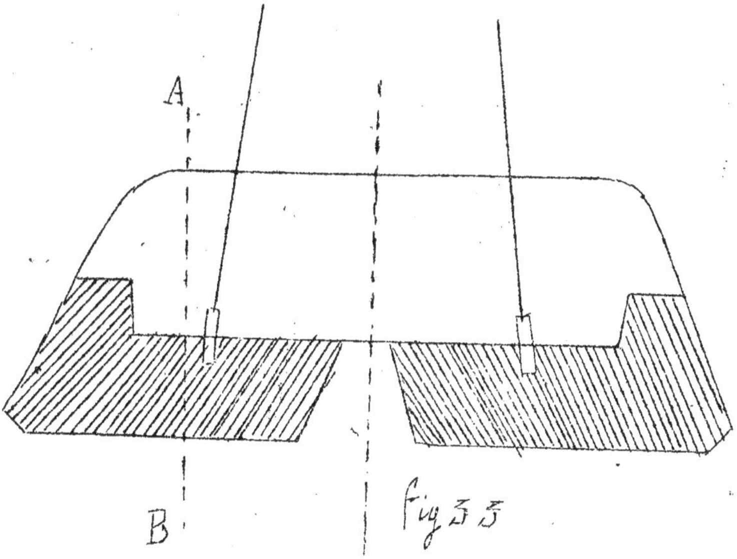

A

B

fig 33

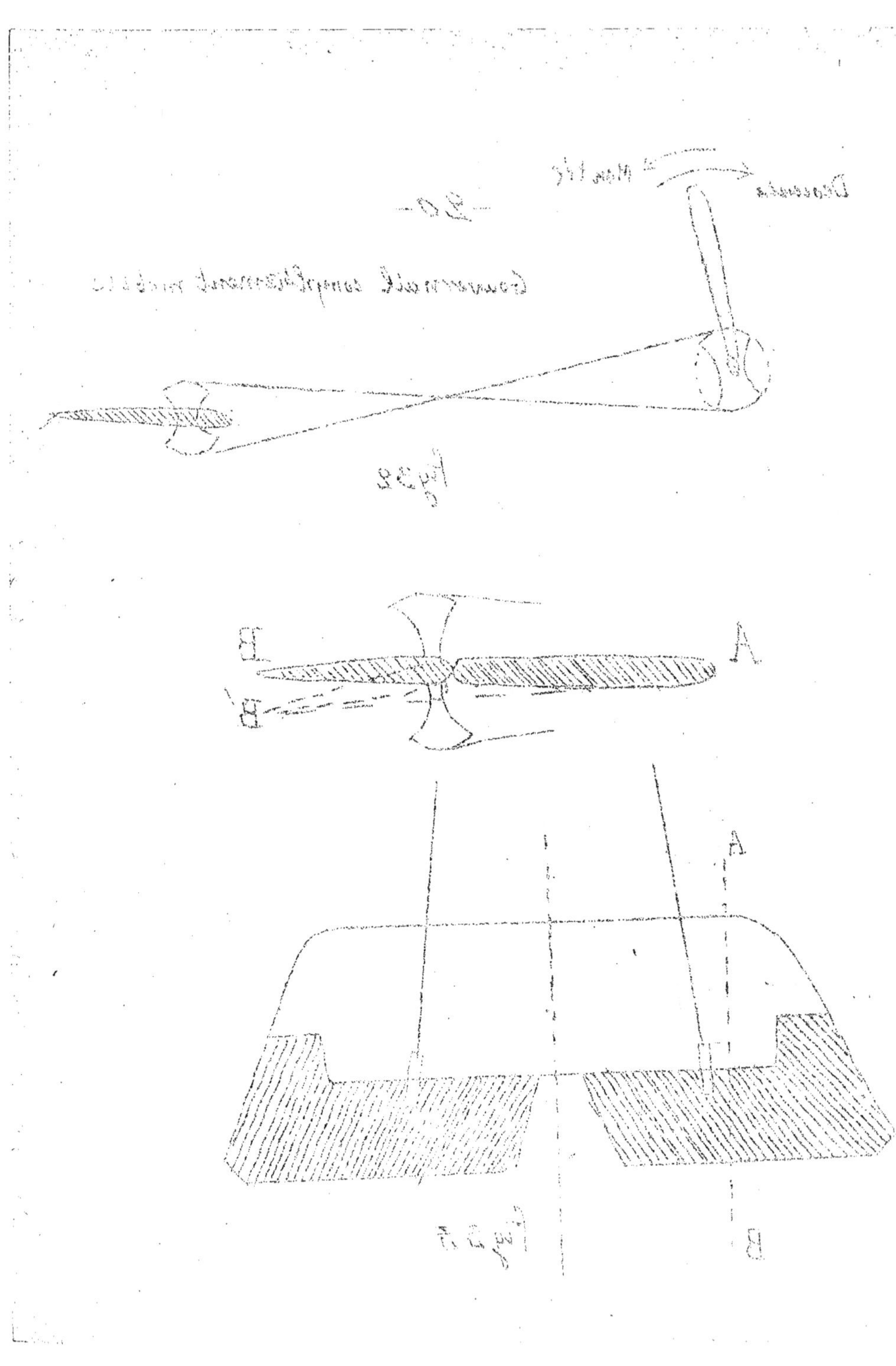

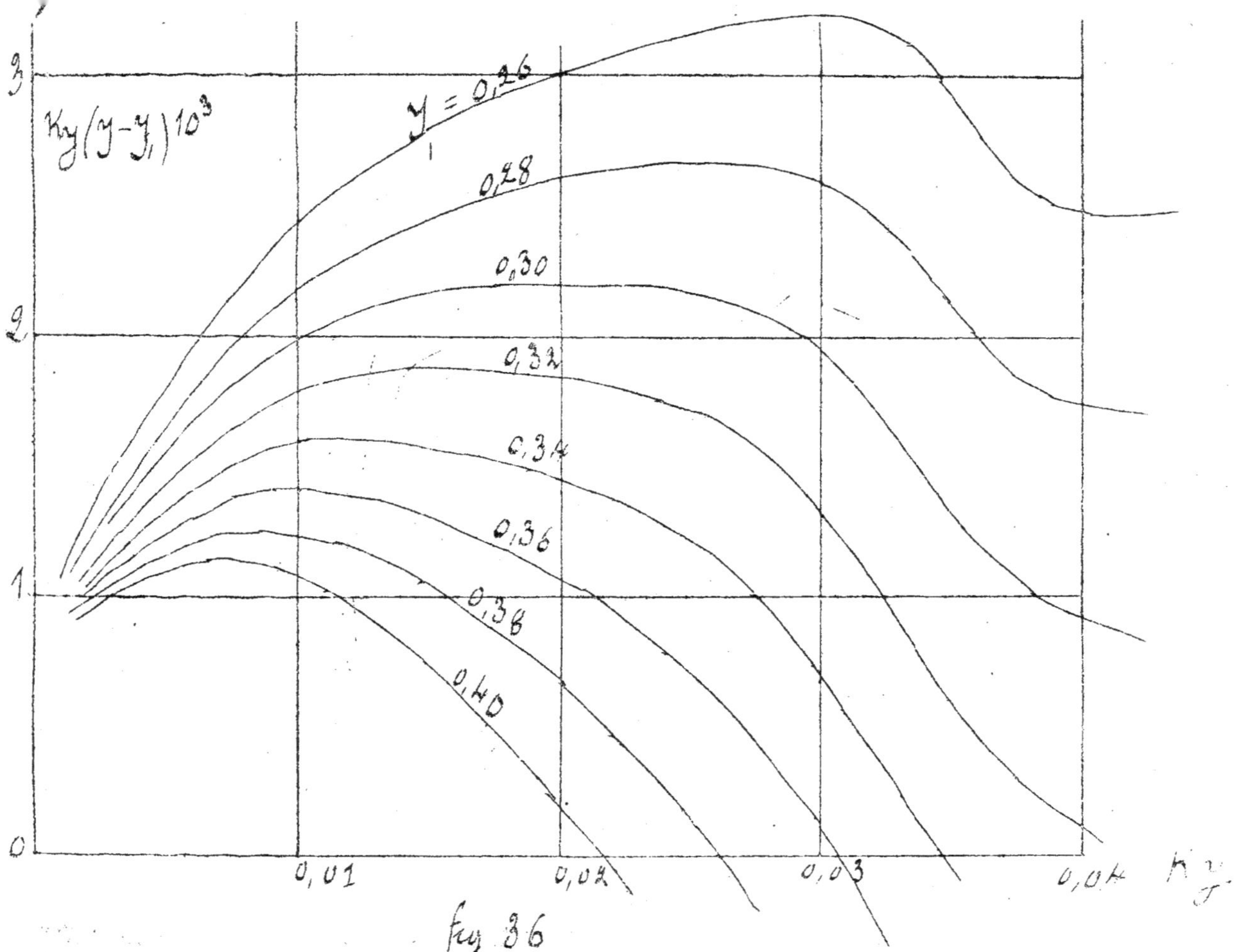

$K_y(y-y_1)10^3$

3

2

1

0

$y_1 = 0{,}26$

0,28

0,30

0,32

0,34

0,36

0,38

0,40

0,01 0,02 0,03 0,04 K_y

fig 36

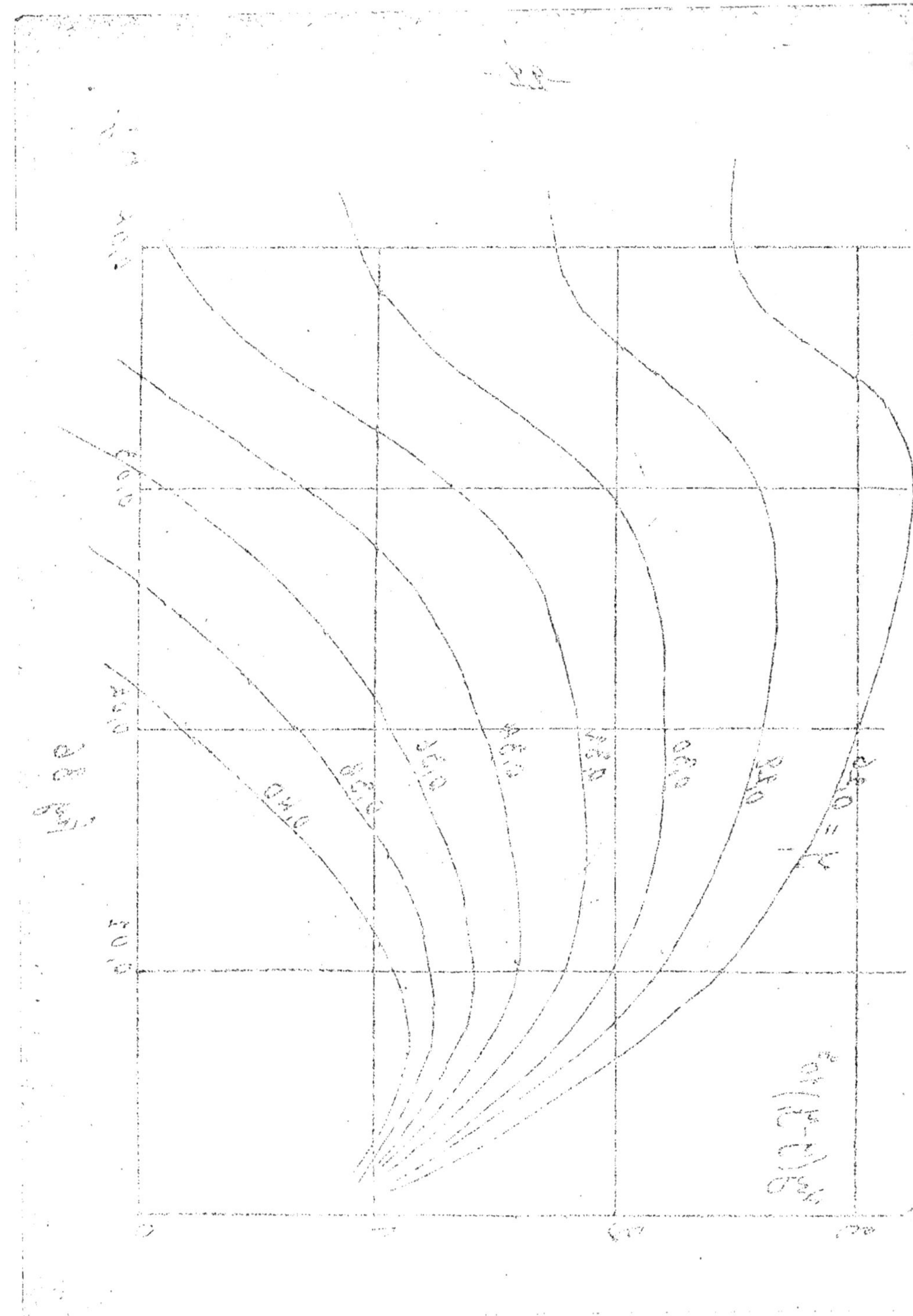

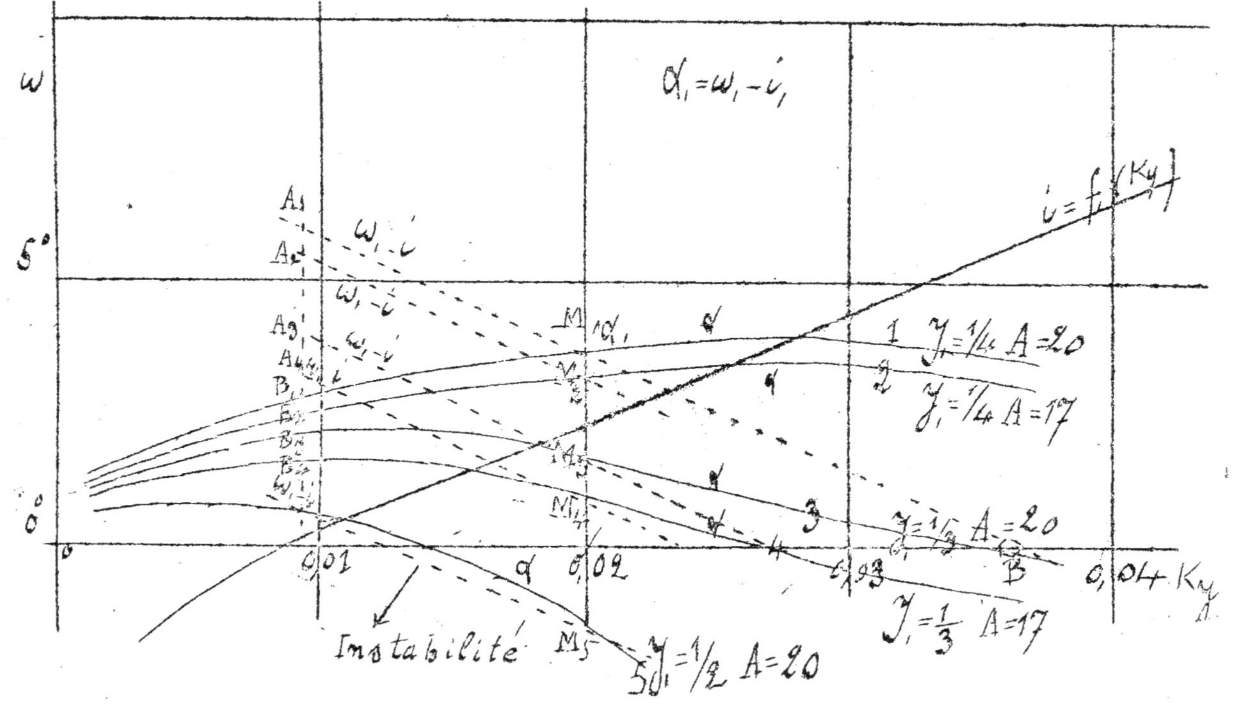

α ω
5°
0°
$\alpha_1 = \omega_1 - i_1$
$i = f_1(K_y)$
$\gamma_1 = 1/4$ A = 20
$\gamma_1 = 1/4$ A = 17
$\gamma_1 = 1/3$ A = 20
$\gamma_1 = \frac{1}{3}$ A = 17
$\gamma_1 = 1/2$ A = 20
Instabilité
0,01
0,02
0,03
0,04 K_y

fig 37

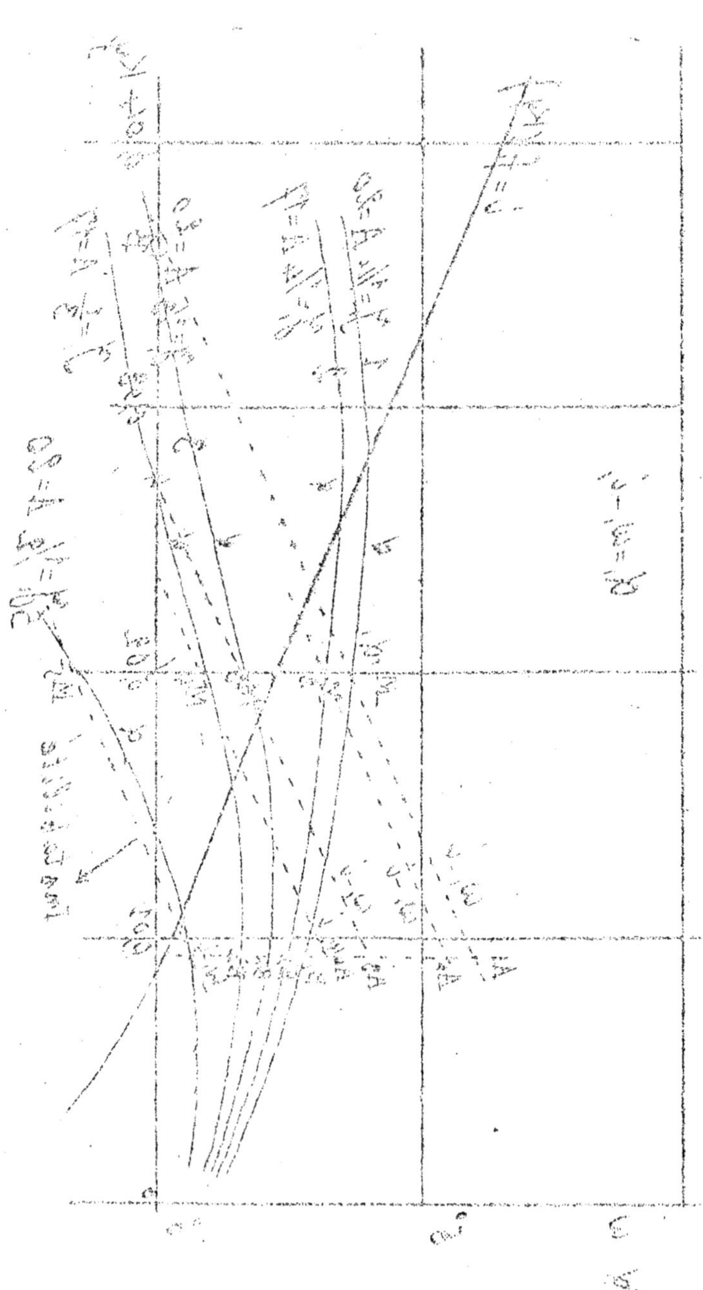

§ Nécessité du V longitudinal.

Si l'on examine les valeurs des angles qui correspondent à un avion stable, on trouve que ω est toujours positif dans le cas de la stabilité et que l'instabilité devient notoire lorsque ω est nul ou négatif.

Conséquences.- Les avions stables possèdent donc tous un V longitudinal formé par les ailes et le gouvernail de profondeur.

Si ces 2 surfaces sont dans le prolongement l'un de l'autre ou forment un accent circonflexe, l'instabilité existe à coup sûr.

Défauts de l'éxagération de la stabilité.

****

L'exagération de la stabilité longitudinale présente les inconvénients suivants:

1°.- Trop de stabilité a pour effet d'exagérer la valeur de l'angle de braquage.

En cas de virage, lorsque l'avion est incliné, le gouvernail de profondeur devient gouvernail de direction, d'autant plus actif que l'inclinaison est plus grande et le V plus fermé.

Dans ces conditions, la tête de l'avion tend à rentrer dans le virage et celui-ci n'est plus correct.

Cet inconvénient a été constaté avant la guerre sur des avions trop stables, il doit être évité complètement.

§ Nécessité du V longitudinal.

Si l'on examine les valeurs des angles qui correspondent à un avion stable, on trouve que ψ est toujours positif dans le cas de la stabilité et que l'instabilité devient notoire lorsque ψ est nul ou négatif.

Conséquences.- Les avions stables possèdent donc tous un V longitudinal formé par les ailes et le gouvernail de profondeur.

Si ces 2 surfaces sont dans le prolongement l'un de l'autre ou forment un accent circonflexe, l'instabilité existe à coup sûr.

Défauts de l'exagération de la stabilité.

L'exagération de la stabilité longitudinale présente les inconvénients suivants:

1°.- Trop de stabilité a pour effet d'exagérer la valeur de l'angle de braquage.

En cas de virage, lorsque l'avion est incliné, le gouvernail de profondeur devient gouvernail de direction, d'autant plus actif que l'inclinaison est plus grande et le V plus fermé.

Dans ces conditions, la tête de l'avion tend à rentrer dans le virage et celui-ci n'est plus correct.

Cet inconvénient a été constaté avant la guerre sur des avions trop stables, il doit être évité complètement.

2°.- Trop de stabilité a pour effet d'augmenter la trainée et de réduire la portance dans des proportions assez grandes.

En résumé : Si l'on conserve la position du centre de gravité entre le 1/3 et le 1/4 de la profondeur par rapport au bord de l'aile on est certain de ne pas commettre d'erreur.

Il ne faut pas perdre de vue cependant que suivant les profils des ailes, il y aura à déplacer le centre de gravité soit en avant soit en arrière de la position indiquée ci-dessus pour obtenir les conditions idéales de stabilité.

Influence de la position de l'axe de l'Hélice.

****

Si l'axe de l'Hélice passait par le centre de gravité, il est bien évident que l'arrêt du moteur ne changera pas la stabilité.

Pour des raisons de convenances et d'aménagements on pourra rarement placer l'axe de l'Hélice au centre degravité il sera trés souvent soit au-dessus, soit en dessous.

Si b (figure 35) est la distance verticale de l'axe de l'Hélice au-dessus du centre de gravité et si $P = \Pi \frac{R_x}{R_y}$ est l'effort de traction, on introduira un moment de piquage égal a $\Pi \frac{R_x}{R_y} b$ ce qui nécessitera un angle d'attaque du gouvernail plus grand que si l'axe de l'Hélice passait par le centre de gravité.

Tout se passera comme si l'on avait reporté le centre de gravité vers l'avant d'une quantité ℓy_2 telle que ;

$$II \frac{Rx}{Ry} \delta = II \ell y_2$$

d'où: $y_2 = \frac{Rx}{Ry} \times \frac{\delta}{\ell}$

Dans ce cas, y_1 deviendra $y_1 + y_2 = y_1^1$

Conséquence.- On voit que y_2 dépend du rapport $\frac{\delta}{\ell}$ il sera donc d'autant plus petit que la profondeur de l'aile sera plus grande.

Comme conséquence de ce qui précède, on peut dire:
Conséquence.- Le déplacement de l'axe de l'Hélice au-dessus du centre de gravité augmente la stabilité pendant le vol avec moteur.

Le déplacement de l'axe de l'Hélice au-dessous du centre de gravité diminue la stabilité pendant le vol avec moteur.

Si compte-tenu des observations faîtes précédemment en ce qui concerne l'éxagération de la stabilité on était obligé de reculer par trop le centre de gravité vers l'arrière dans le cas de l'Hélice placée au-dessus de G, il pourrait arriver que dans le cas du vol plané sans moteur l'avion soit instable, cabre et perde sa vitesse.

Il faut donc <u>vérifier la stabilité</u> dans le cas

où l'on arrête le moteur par la méthode suivante.

Construisons les courbes α pour y_1 et $y_1^1 = y_1 + y_2$ (figure 58) courbe 1 et 2 par exemple.

Prenons une valeur $K_1 y$ correspondant au vol normal et construisons ω_1 - i comme précédemment.

Si l'on arrête le moteur sans toucher au gouvernail, le régime de vol plané sera trouvé pour $K_2 y$ correspondant au point B intersection de ω_1 - i avec la courbe α correspondant à y_1

Si l'angle i_1 correspondant à $K_2 y$ est inférieur à l'angle optimum le vol plané se prendra dans de bonnes conditions.

Si R_2 y était trop grand il y aurait cabrage accentué et quelquefois perte de vitesse, ce qu'il faut éviter surtout prés du sol au moment de l'arrêt du moteur.

La perte de vitesse serait obtenue à coup sûr si la courbe ω_1 - i ne coupe pas la 2ème courbe. α

Il y a donc lieu de vérifier avec soin ce point particulier.

Dans le cas ou l'axe de l'Hélice passe au-dessous de G l'arrêt du moteur pourrait provoquer un piquage trés accentué si la distance $\mathcal{E}$ était trop considérable.

Dans ce qui précède nous n'avons pas tenu compte de la déviation β des filets d'air à la sortie de l'aile.

où l'on arrête le moteur par la méthode suivante.

Construisons les courbes γ pour γ_1 et $\gamma'_1 = \gamma_1 + \gamma_2$ (figure 53) courbe 1 et 2 par exemple.

Prenons une valeur $K_1 \gamma$ correspondant au vol normal et construisons $\omega_1 - 1$ comme précédemment.

Si l'on arrête le moteur sans toucher au gouvernail, le régime de vol plané sera trouvé pour $K_B \gamma$ correspondant au point B intersection de $\omega_1 - 1$ avec la courbe γ correspondant à γ'_1

Si l'angle i_1 correspondant à $K_B \gamma$ est inférieur à l'angle optimum le vol plané se prendra dans de bonnes conditions.

Si $K_B \gamma$ était trop grand il y aurait cabrage accentué et quelquefois perte de vitesse, ce qu'il faut éviter surtout près du sol au moment de l'arrêt du moteur.

La perte de vitesse serait obtenue à coup sûr si la courbe $\omega_1 - 1$ ne coupe pas la 2ème courbe γ

Il y a donc lieu de vérifier avec soin ce point particulier.

Dans le cas où l'axe de l'hélice passe au-dessous de G l'arrêt du moteur pourrait provoquer un piquage très accentué si la distance ζ était trop considérable.

Dans ce qui précède nous n'avons pas tenu compte de la déviation δ des filets d'air à la sortie de l'hélice.

Cette déviation β favorise la stabilité puisqu'elle augmente le V formé par les ailes et le gouvernail.

Cet angle β exprimé en degré et fraction décimale de degré peut se déduire des essais en vol de la façon suivante:

Prenons un exemple :

II = 3170 Kilogs

S = 96

s = 8,70

L = 8

ℓ = 2,33

Pour une valeur a= 0,642 soit y_1 = 0,27 avion chargé sur l'avant, le gouvernail a été réglé de telle sorte que ω_1 = 4°50 pendant le vol prés du sol.

Pour une valeur a= 0,71 soit y_1 = 0,305 avion déchargé de l'avant et chargé sur l'arrière le gouvernail a été réglé de telle sorte que ω_1 = 3°25 pendant le vol prés du sol.

Au régime de 1.500 tours au moteur la vitesse est de 136 kilomètres à l'heure prés du sol pour les 2 réglages et les mêmes poids transportés.

On a donc dans les 2 cas

Ky = 0,0232 soit i = 2°6 donné par les courbes aérodynamiques de l'aile essayée au tunnel.

En employant les formules précédentes et en construisant les courbes α fonction de Ky connaissant $\frac{x}{\ell}$ de l'aile on aura :

1°.- pour a = 0,642

et pour Ky = 0,0232 α = 3°5 et α_1 +i = 6°1

$$\beta = \alpha_1 + i - \omega_1 = 6°1 - 4°5$$

$$\beta = 1°6$$

2°.- pour a = 0,71

et pour Ky = 0,0252 on a α_1 = 3°6 α_1 +i = 5°2

On trouve

$$\beta = 5°2 - 3°25 = 1°95$$

Comme le réglage de la partie fixe du gouvernail se fait de demi en demi degré on conçoit que les 2 valeurs de β trouvées puissent différer de cette quantité on aura donc

$$\beta = \frac{1°6 + 1°95}{2} = 1°8$$

Du réglage des gouvernails

****

Etant donné les valeurs trés différentes que peuvent prendre α pendant le vol, il sera indispensable de donner à la partie fixe des gouvernails un angle de réglage moyen pour que le pilote ne soit pas obligé de donner à la partie mobile un angle trop grand, pour certains régimes du vol, ce qui produirait un effort continu à vaincre dans le cas où

1o.- pour a = 0,642

et pour K_y = 0,0258 γ = 395 et $\gamma_1 + 1$ = 691

$$\beta = \gamma_1 + 1 - (\omega)_1 = 691 - 495$$

$$\beta = 196$$

2o.- pour a = 0,71

et pour K_y = 0,0228 on a γ_1 = 398 $\gamma_1 + 1$ = 592

On trouve

$$\beta = 592 - 396 = 196$$

Comme le réglage de la partie fixe du gouvernail se fait de demi en demi degré on conçoit que les 2 valeurs de β trouvées puissent différer de cette quantité on aura donc

$$\beta = \frac{196 + 196}{2} = 196$$

Du réglage des gouvernails.

Etant donné les valeurs très différentes que peuvent prendre γ_1 pendant le vol, il sera indispensable de donner à la partie fixe du gouvernail un angle de réglage moyen pour que le pilote ne soit pas obligé de donner à la partie mobile un angle trop grand, pour certains régimes de vol, ce qui produirait un effort continu à vaincre dans le cas où

cette partie mobile ne serait pas compensée.

On a imaginé un dispositif permettant de régler l'insidence de la partie fine pendant le vol de manière que la partie mobile reste constamment dans le lit du vent ce qui permet au pilote d'abandonner le levier du gouvernail une fois l'insidence de la partie fixe réglée.

Avec le gouvernail complétement mobile il n'y a pas de réglage initial et pour éviter la fatigue au pilote on emploie un ressort antagoniste que l'on tend plus ou moins à l'aide d'un petit treuil inversible de façon à maintenir le gouvernail dans la position la plus convenable à chaque régime de vol.

Du tangage

****

Le mouvement d'oscillation que peut prendre un avion pendant le vol constitue le tangage qui n'est autre qu'un mouvement autour de l'axe d'inertie perpendiculaire au plan de symétrie.

Supposons que pour la position indiquée précédemment pour le centre de gravité, nous ayons une vitesse V un angle d'attaque i un angle de braquage ω.

Supposons que l'avion subisse un coup de tangage brusque l'inclinant de φ_o et lui donnant une

cette partie mobile ne serait pas compensée.

On a imaginé un dispositif permettant de régler l'incidence de la partie fixe pendant le vol de manière que la partie mobile reste constamment dans le lit du vent ce qui permet au pilote d'abandonner le levier du gouvernail une fois l'incidence de la partie fixe réglée.

Avec le gouvernail complètement mobile il n'y a pas de réglage initial et pour éviter la fatigue au pilote on emploie un ressort antagoniste que l'on tend plus ou moins à l'aide d'un petit treuil inversible de façon à maintenir le gouvernail dans la position la plus convenable à chaque régime de vol.

Du tangage

****

Le mouvement d'oscillation que peut prendre un avion pendant le vol constitue le tangage qui n'est autre qu'un mouvement autour de l'axe d'inertie perpendiculaire au plan de symétrie.

Supposons que pour la position inclinée précédemment pour le centre de gravité, nous ayons une résultante en [illegible] un angle d'attaque i un angle de braquage ω.

Supposons que l'avion subisse un coup de tangage brusque l'inclinant de ω' et lui donnant un [illegible]

vitesse instantanée de rotation ω.

L'accélération $\frac{d^2\varphi}{dt^2}$ sera immédiatement aprés donnée par :

$$I \frac{d^2\varphi}{dt^2} = M$$

M désignant le couple central des résistances de l'air à l'instant considéré.

Recherchons la valeur du couple M .

On a d'abord à considérer l'action du pivotement de l'aile autour de G la vitesse de rotation ω étant égale à $\frac{d\varphi}{dt}$ (figure 39) .

Si nous considérons un élément ds situé en M à une distance r de G la rotation produira une vitesse V déterminant une force f dont le moment $f\,r$ s'opposera au mouvement.

Si l'on compose les vitesses v et V on trouve une vitesse U sensiblement égale à V puisque v est trés petit par rapport à V.

Mais il y aura une variation d'incidence $\xi = \frac{\omega r}{V}$ négative dans le cas du piquage.

De ce fait nous aurons en M une augmentation de l'action de l'air

$$f = + K\alpha V^2 = + K\omega r^2 V$$

dont le moment $- f\,r$ sera $- K\omega r^2 \times V$

La somme de tous ces moments <u>qui seront amortisseurs</u> sera M_1

vitesse instantanée de rotation ω.

L'accélération $\frac{d^2\varphi}{dt^2}$ sera immédiatement après donnée par :

$$I \frac{d^2\varphi}{dt^2} = M$$

M désignant le couple central des résistances de l'air à l'instant considéré.

Recherchons la valeur du couple M .

On a d'abord à considérer l'action du pivotement de l'aile autour de G la vitesse de rotation ω étant égale à $\frac{d\varphi}{dt}$ (figure 39)

Si nous considérons un élément $d\sigma$ situé en A à une distance r de G la rotation produira une vitesse V déterminant une force f dont le moment $f r$ s'opposera au mouvement.

Si l'on compose les vitesses v et V on trouve une vitesse U sensiblement égale à V puisque v est très petit par rapport à V.

Mais il y aura une variation d'incidence $\zeta = \frac{\omega r}{V}$ négative dans le cas du piquage.

De ce fait nous aurons en A une augmentation de l'action de l'air

$$f = + K\,d\sigma\,V^2 \zeta = + K\,d\sigma\,\omega\,r\,V$$

dont le moment $- f r$ sera $- K\,d\sigma\,V\,\omega\,r^2$

La somme de tous ces moments qui seront amortisseurs sera M_1

$$M_1 = -\omega V \int R v^2 = -A \omega V$$

$$M_1 = -A V \frac{d\theta}{dt}$$

Il faut ajouter à M_1 le moment de rappel du gouvernail faisant fonction d'empennage.

Le moment de rappel du gouvernail se définit de la façon suivante:

On voit sur la figure (37) que l'action de rappel du gouvernail est proportionnelle à

$\omega_1 - i - \alpha$ qui est une fonction linéaire de θ de la forme $m\,\theta$

On aura par conséquent :

$$M_2 = 0{,}16\ S\ V^2\ L\ m\ \theta$$

$$= -B\ V^2\ \theta$$

en posant $B = m \times 0{,}16\ s\ L$ que nous appellerons qualité d'empennage. La valeur de M et par conséquent celle de B seront d'autant plus grande que G sera <u>plus voisin du bord d'attaque</u>.

Dans ces conditions, nous aurons comme équation du tangage :

$$I \frac{d^2\theta}{dt^2} + A\ V \frac{d\theta}{dt} + B\ V^2\ \theta = 0$$

Equation différentielle connue que l'on sait intégrer.

Pour cela, on part de l'équation caractéristique

$$M_1 = -\omega V \sqrt{Mr^2} = -A\omega V$$

$$M_1 = -A V \frac{d\theta}{dt}$$

Il faut ajouter à M_1 le moment de rappel du gouvernail faisant fonction d'empennage.

Le moment de rappel du gouvernail se définit de la façon suivante:

On voit sur la figure (37) que l'action de rappel du gouvernail est proportionnelle à $\omega_1 - i - \alpha$ qui est une fonction linéaire de θ de la forme $m\,\theta$

On aura par conséquent :

$$M_2 = 0{,}18\ S\ V^2\ L\ m\ \theta$$
$$= -B\ V^2\ \theta$$

en posant $B = m \times 0{,}18$ c L que nous appellerons qualité d'empennage. La valeur de M et par conséquent celle de B seront d'autant plus grande que ω sera <u>plus voisin du bord d'attaque</u>.

Dans ces conditions, nous aurons comme équation du tangage :

$$I \frac{d^2\theta}{dt^2} + A\ V \frac{d\theta}{dt} + B\ V^2\ \theta = 0$$

Equation différentielle comme que l'on sait intégrer.

Pour cela, on part de l'équation caractéristique

$$I s^2 + A V s + \beta V^2 = 0$$

donnant $s = \dfrac{- AV \pm \sqrt{A^2V^2 - 4\beta I V^2}}{2 I}$

3 cas peuvent se présenter : ou bien les racines de cette équation sont égales, imaginaires ou réelles.

1er cas - racines égales -

$$A^2V^2 - 4 I \beta V^2 = 0$$

Ce cas ne saurait se produire que par hasard, il y a donc lieu de l'écarter.

2ème cas-

$$A^2V^2 - 4 I \beta V^2 < 0$$

C'est le cas des avions actuels, bien construits, pour lequel on a une bonne qualité d'empennage, c'est-à-dire une bonne valeur de β

On a :

$$\begin{matrix} s_1 \\ s_2 \end{matrix} = - \frac{AV}{2I} \pm i \sqrt{\frac{4 I \beta V^2 - A^2V^2}{4 I^2}}$$

Posons: $\dfrac{AV}{2} = m$,

$$\frac{4 I \beta V^2 - A^2 V^2}{4 I^2} = m_2^2$$

L'intégrale générale de l'équation différentielle est :

$$\Theta = \epsilon^{-m t} \left(C_1 \sin m_2 t + C_2 \cos m_2 t \right)$$

C_1 et C_2 étant deux constantes.

Si au temps t=o θ est nul. On a

$C_2 = 0$ et par conséquent

$$\theta = C_1 e^{-m_1 t} \sin m_2 t$$

θ s'annule pour $\sin m_2 t = 0$ c'est-à-dire pour

$$m_2 t = 0 \; \pi \; 2\pi - n\pi$$

On aura donc un mouvement oscillatoire.

La période de temps pour une oscillation double sera donc.

$$T = \frac{2\pi}{m_2}$$

Les élongations sont maxima pour $\frac{d\theta}{dt} = 0$

c'est-à-dire pour des intervalles de temps égaux à la demi période $\frac{T}{2}$

Par conséquent les maxima de θ seront obtenus pour:

$$m_2 t = \frac{\pi}{2} \quad \frac{3\pi}{2} \quad \frac{5\pi}{2} \qquad \left(\frac{1+2n}{2}\right)\pi$$

On aura pour les valeurs maxima de θ

$$\theta = C_1 e^{-\frac{m_1 \pi}{2 m_2}}, \quad C_1 e^{-\frac{3 m_1 \pi}{2 m_2}}$$

Les valeurs de θ vont en décroissant trés rapidement pour s'annuler pour t infini.

On a donc un mouvement périodique amorti.

Si l'on remplace m_2 par sa valeur, on aura

Si au temps t=o θ est nul. On a

$$c_2 = 0 \quad \text{et par conséquent}$$

$$\theta = c_1 e^{-m_1 t} \sin m_2 t$$

θ s'annule pour $\sin m_2 t = 0$ c'est-à-dire pour

$$m_2 t = 0 \quad \pi \quad 2\pi \ldots n\pi$$

On aura donc un mouvement oscillatoire.

La période de temps pour une oscillation double sera donc.

$$T = \frac{2\pi}{m_2}$$

Les élongations sont maxima pour $\frac{d\theta}{dt} = 0$

c'est-à-dire pour des intervalles de temps égaux à la demi période $\frac{T}{2}$

Par conséquent les maxima de θ seront obtenus pour:

$$m_2 t = \frac{\pi}{2} \quad \frac{3\pi}{2} \quad \frac{5\pi}{2} \ldots \left(\frac{1+2n}{2}\right)\pi$$

On aura pour les valeurs maxima de θ

$$\theta = c_1 e^{-\frac{m_1 \pi}{2 m_2}}, \quad c_1 e^{-\frac{3 m_1 \pi}{2 m_2}}$$

Les valeurs de θ vont en décroissant très rapidement pour s'annuler pour t infini.

On a donc un mouvement périodique amorti.

Si l'on remplace m_2 par sa valeur, on aura

$$T = \frac{2\pi}{\frac{V}{3,6}} \sqrt{\frac{\frac{I}{B - A^2}}{4\ I}}$$

en exprimant V en kilomètres a l'heure

Conséquences .- La période sera d'autant plus faible que la vitesse sera plus grande, que B représentant l'importance de l'action du gouvernail, c'est-a-dire la qualité d'empennage, sera plus grand et que I sera plus petit.

Le mouvement de tangage sera pratiquement amorti au bout d'un nombre d'élongations, d'autant plus petit que $\frac{m_1}{m_2}$ est plus grand.

$$\frac{m_1}{m_2} = \frac{AV}{2\ I} \sqrt{\frac{4I}{4IBV^2 - AV^3}} = \frac{2\ A}{\sqrt{4IB-A}}$$

Ce rapport sera d'autant plus grand que A est plus grand et que I est plus petit.

Il y a intérêt à diminuer le moment d'inertie de l'Avion, mais il ne faudrait pas considérer cette condition comme primordiale, car en réalité, l'amortissement des avions, pour lesquels B à une valeur convenable c'est-a-dire pour les avions bien empennés, se fait trés rapidement, même dans le cas d'un grand moment d'inertie.

3ème cas .-

$$A^2V^2 + 4\ I\beta\ V^2 > 0$$

La solution générale de l'équation différentielle est :

$$\Theta = e^{-m_1 t}\left(C1 \quad m_2 + C_2 e^{-m_2 t}\right)$$

Si pour $t=o$ $\theta=o$

On a :

$$C_1 = - C_2$$

et par conséquent:

$$\Theta = C_1 \ell^{-m_1 t} \left(\ell^{m_2 t} - \ell^{-m_2 t} \right)$$

Θ part de o passe par un maximum au bout d'un temps t donné par $\frac{d\Theta}{dt} = o$

et s'annule au bout d'un temps infini, autrement dit l'avion est apériodique.

Dans ce cas B est trés petit et par conséquent la stabilité propre de l'avion n'est pas considérable.

Cas d'une bombe d'avion

****

Une bombe d'avion est pourvue d'un empennage de surface s, dans ce cas, le couple amortisseur est trés faible et l'équation du tangage se réduit sensiblement à

$$I \frac{d^2\Theta}{dt^2} + \ell K s V^2 \Theta = o$$

En posant

$$m^2 = \frac{\ell K s V^2}{I}$$

La solution générale est

$$\Theta = C_1 \sin mt + C_2 \cos mt$$

Si pour $t=o$ $\Theta = o$ on a

$$\Theta = C_1 \sin mt$$

$$\frac{d\theta}{dt} = \theta_1 \, m \cos mt$$

C'est le cas du pendule simple.

Pour que θ soit aussi faible que possible il faut:

1°.- Grande vitesse.

2°.- Grande surface d'empennage.

3°.- Faible moment d'inertie.

On voit d'aprés ce qui précède que le moment stabilisateur du gouvernail faisant fonction d'empennage produit sur l'avion le même effet que la pesanteur sur le pendule.

Le moment amortisseur dû à l'aile peut-être assimilé aux effets de freinage produits sur le pendule par les frottements et le résistance de l'air.

Dans tout ce qui précède, on a supposé que la marche du centre de gravité était rectiligne; en réalité, il exécutera des mouvements de montée et de descente provoqués par les variations de l'incidence.

Il y aura également sur la verticale un mouvement périodique qui suivra les mêmes lois que le tangage.

§ DÉTERMINATION EXPÉRIMENTALE DES COËFFICIENTS DU TANGAGE

****

On prendra un modèle réduit pouvant pivoter facilement autour de son axe de tangage matérialisé.

On donne successivement au gouvernail de profondeur des angles de braquage ω_1, ω_2, ω_3-- et l'avion est soumis à un vent de vitesse V dans un tunnel aérodynamique.

Le modèle réduit prend des positions d'équilibres pour lesquelles on a des angles d'attaques des surfaces portantes

i_1, i_2, i_3 etc... que l'on mesure.

Si l'on donne une impulsion au modèle d'avions placé dans le vent il se met à osciller avant de reprendre sa position d'équilibre.

On mesure la période T du mouvement oscillatoire et si l'on connait le moment d'inertie I et B on trouvera A à l'aide de la formule:

$$T = \frac{2\pi}{\frac{V}{3,6}} \sqrt{\frac{I_2}{\frac{B-A}{I}}}$$

Si a l'aide de poids additionnels placés dans le fuselage du modèle on modifie le moment d'inertie qui devient I' sans changer la position du centre de gravité

DÉTERMINATION EXPÉRIMENTALE DES COEFFICIENTS DU TANGAGE

****

On prendra un modèle réduit pouvant pivoter facilement autour de son axe de tangage matérialisé.

On donne successivement au gouvernail de profondeur des angles de braquage ω_1, ω_2, ω_3 ... et l'avion est soumis à un vent de vitesse V dans un tunnel aérodynamique.

Le modèle réduit prend des positions d'équilibres pour lesquelles on a des angles d'attaques des surfaces portantes

i_1, i_2, i_3 etc... que l'on mesure.

Si l'on donne une impulsion au modèle ainsi placé dans le vent il se met à osciller avant de reprendre sa position d'équilibre.

On mesure la période T du mouvement oscillatoire et si l'on connait le moment d'inertie I = B on trouvera A à l'aide de la formule:

$$T = \frac{2\pi}{V} \sqrt{\frac{I}{A}}$$

A l'aide de poids additionnels placés dans le fuselage du modèle on modifie le moment d'inertie qui devient I' sans changer la position du centre de gravité

On obtiendra:

$$T' = \frac{2\,\pi}{\frac{V}{3,6}} \sqrt{\frac{I'}{B - \frac{A^2}{LI'}}}$$

qui donne

$$B' - \frac{A^2}{LI'} = \mathcal{C}'$$

La première expérience a donné

$$B - \frac{A^2}{LI} = \mathcal{C}$$

Ces deux équations permettent d'obtenir A et

La détermination de I et de I' se fera par la méthode classique du pendule composé.

Un procédé expérimental pour l'application de cette méthode a été étudié mais n'a pas encore été appliqué en raison des circonstances actuelles.

Il est facile de s'en rendre compte des avantages que son emploi pourra procurer non seulement pour l'étude du tangage mais encore pour celle de la manoeuvre appellée ressource dont on parlera incessamment.

Stabilité en profondeur dans le cas le plus général

****

Dans ce qui précède, nous avons supposé la vitesse V constante.

En réalité, cette vitesse est non seulement une fonction des caprices de l'air mais encore de θ

Ces variations influent sur $\frac{V}{nD}$ et par conséquent sur la poussée de l'Hélice, ce qui a pour effet de modifier la résultante agissant sur G ainsi que le couple central des forces extérieures.

Par conséquent, les causes pertubatrices sont occasionnées par les variations de

i incidence

V vitesse relative

P poussée de l'Hélice.

Si l'on installe à bord d'un avion un appareil appelé accéléromètre, on constate qu'à chaque instant il existe des accélérations ce qui indique bien que les forces extérieures varient.

L'empennage est un organe stabilisateur basé sur l'emploi de la variation de l'incidence pour corriger l'action perturbatrice que produit cette variation.

Stabilité en profondeur dans le cas le plus général

****

Dans ce qui précède, nous avons supposé la vitesse V constante.

En réalité, cette vitesse est non seulement une fonction des caprices de l'air mais encore de [illegible]

Ces variations influent sur $\frac{V}{mS}$ et par conséquent sur la poussée de l'hélice, ce qui a pour effet de modifier la résultante agissant sur G ainsi que le couple central des forces extérieures.

Par conséquent, les causes perturbatrices sont occasionnées par les variations de

i incidence

V vitesse relative

P poussée de l'hélice.

Si l'on installe à bord d'un avion un appareil appelé accéléromètre, on constate qu'à chaque instant il existe des accélérations ce qui indique bien que les forces extérieures varient.

L'expérience [illegible] stabilisateur [illegible] sur l'emploi de la variation de l'incidence pour corriger l'action perturbatrice que produit cette variation

Mais rien ne permet d'admettre à prioré que les variations de V et de P ne provoquent pas des couples centraux perturbateurs mettant en défaut l'empennage.

C'est pour cette raison qu'au début de l'Aviation on avait pensé employer comme agents correcteurs.

La variation de V

Les accélérations

en faisant agir soit directement, soit à l'aide d'un servo moteur un indicateur de vitesse et un accéléromètre sur le gouvernail de profondeur .

C'est cette idée, en somme logique, qui a conduit certains inventeurs dont M.DOUTRE à imaginer des stabilisateurs automatiques.utilisant un accéléromètre et un indicateur de vitesse combinés pour corriger les perturbateurs.

Enfin, en partant d'une autre conception, certains inventeurs ont imaginé d'utiliser le gyroscope pour obliger l'avion à ne pas s'écarter d'une position nettement définie dans l'espace.

La plus intéressante de ces inventions est due à M.SPERRY qui place suivant les circonstances du vol l'avion dans une position bien définie par rapport à un horizon artificiel analogue à celui du compas gyroscopique construit par cet inventeur.

Cet appareil est appelé par l'auteur le pilote automatique.

De puis que les avions volent, on a constaté qu'une bonne stabilité de forme était suffisante.

Elle a l'avantage de ne pas fatiguer le gouvernail qui, commandé par des organes stabilisiteurs spéciaux, est constamment en mouvement.

DE LA RESSOURCE

****

On appelle **ressource** le vol consécutif à une descente piquée et réalisé en redressant brusquement l'avion à l'aide du gouvernail de profondeur.

Si le pilote continue à agir sur le gouvernail de profondeur à la fin de la ressource, c'est-à-dire aprés que la tangente à la trajectoire de l'avion est devenue horizontale, l'appareil remontera pour exécuter la boucle.

L'avion décrira une trajectoire curviligne fonction:

(a) de la vitesse initiale Vo

(b) de l'importance du coup de gouvernail (braquage)

(ω) et par conséquent de son moment redresseur

(c) du moment d'inertie I de l'avion pris par rapport à l'axe de tangage.

(d) des couples amortisseurs qui sont en jeu.

Lorsque l'avion arrivera en Mo sur la verticale (figure 39 bis), on a :

De puis que les avions volent, on a constaté qu'une bonne stabilité de forme était suffisante.

Elle a l'avantage de ne pas fatiguer le gouvernail qui, commandé par des organes stabilisateurs spéciaux, est constamment en mouvement.

DE LA RESSOURCE

****

On appelle ressource le vol consécutif à une descente piquée et réalisée en redressant brusquement l'avion à l'aide du gouvernail de profondeur.

Si le pilote continue à agir sur le gouvernail de profondeur à la fin de la ressource, c'est-à-dire après que la tangente à la trajectoire de l'avion est devenue horizontale, l'appareil remontera pour exécuter la boucle.

L'avion décrira une trajectoire curviligne fonction:

(a) de la vitesse initiale Vo

(b) de l'importance du coup de gouvernail
(braquage)

(b) et par conséquent du sens moment redressant

(c) du moment d'inertie I de l'avion pris par rapport à l'axe de tangage.

(d) des couples amortisseurs qui sont en jeu.

Lorsque l'avion arrivera en C sur la verticale (Figure 31 bis), on a :

$Ry=o$ pour $i=i_1$

Rx a une valeur R_1x et l'on a

$$II=R_1x\frac{V_o^2}{13}-(K_1x\delta+\sigma)\frac{V_o^2}{13}$$

D'ou

$$V_o = 3{,}6\sqrt{\frac{II}{Rx}}$$

L'angle d'attaque i_1 de la corde de l'aile est pour certains profils égal à - 2°.

Supposons qu'au moment où l'avion arrive en Mo le pilote tire sur la commande du gouvernail en employant toute la force dont il dispose.

On obtiendra un moment de redressement Q qui sera un maximum puisque le pilote ne pourra donner un effort plus grand que celui qu'il vient de fournir.

S'il s'agit d'un gouvernail complétement mobile on aura:

$$Q = 0{,}16\ \delta\frac{V^2}{13}\ l\ \sin\ (\omega - i)$$

Pendant la ressource c'est-à-dire pendant le déplacement de l'avion de Mo en M_1 l'effort donné par le pilote ne variant pas la valeur de Q restera sensiblement constante ?

Nous pouvons admettre d'autant plus facilement cette hypothèse que la vitesse de l'avion Vo mesurée dans la direction faisant l'angle i, de poussée nulle avec la corde de l'aile est sensiblement constante.

$R_x = o$ pour $i = i_1$

R_z a une valeur R_{1z} et l'on a

$$11 = R_{1z} \frac{V_o^2}{13} \cdot (K_1 z^2 + \ldots) \frac{V_o^2}{13}$$

D'où

$$V_o = 3{,}6 \sqrt{\frac{11}{R_{1z}}}$$

L'angle d'attaque i_1 de la corde de l'aile est pour certains profils égal à $- 2°$.

Supposons qu'au moment où l'avion arrive en Ho le pilote tire sur la commande du gouvernail en employant toute la force dont il dispose.

On obtiendra un moment de redressement Q qui sera un maximum puisque le pilote ne pourra donner un effort plus grand que celui qu'il vient de fournir.

S'il s'agit d'un gouvernail complètement mobile on aura:

$$\Omega = 0{,}18 \cdot s \frac{V^2}{13} \, \ell \, \sin \left(\omega' - i \right)$$

Pendant la ressource c'est-à-dire pendant le déplacement de l'avion de Ho en H_1 l'effort donné par le pilote ne variant pas la valeur de Q restera sensiblement constante ?

Nous pouvons admettre d'autant plus facilement cette hypothèse que la vitesse de l'avion Vo normale dans la direction faisant l'angle i, de poussée nulle avec la corde de l'aile est sensiblement constante.

L'angle d'attaque i variera depuis i_1 jusqu'à une certaine valeur i_2 lorsque l'avion sera au point bas de sa course c'est-à-dire en M_1

Si le coefficient unitaire de sustentation est K2y pour l'angle d'attaque i_2 on aura

$$n \times II = K2y \quad S \frac{V_0^2}{13} / \mu_1$$

Si l'avion était construit de telle façon que n dépasse son coefficient de sécurité, il y aurait rupture des ailes :

Dans la construction d'un avion il y a donc lieu de prendre toutes précautions utiles pour éviter cet accident qui malheureusement s'est déjà produit un certain nombre de fois.

Lorsque l'avion sera en un point quelconque M de la trajectoire on aura : figure 39 bis

V= vitesse suivant la tangente

i= angle d'attaque

θ angle dont aura pivoté l'avion autour du centre de gravité

Ry coefficient de sustentation

Rx coefficient de trainée

(a) mouvement du centre de gravité

Projetons les forces extérieures et les forces d'inertie sur la tangente MX' à la trajectoire au point M

et sur un axe perpendiculaire My.(figure 39 bis)

Les équations générales du mouvement du cent... gravité sont les suivantes ;

$$(1) \quad \frac{1}{3,6} \frac{II}{g} \frac{dV}{dt} = II \cos(\theta - i) - Rx \frac{V^2}{13}$$

$$(2) \quad Ry \frac{V^2}{13} - II \sin(\theta - i) + \frac{II}{g} \frac{V}{3,6} \frac{d(\theta - i)}{dt} = 0$$

V étant compté positivement sur la direction Mx'

(b) Rotation autour du centre de gravité.

On retrouve comme pour le tangage.

1°.- Un moment amortisseur $AV \frac{d\theta}{dt}$ qui s'oppose au mouvement

2°.- Un moment statique Q provoqué par le coup de gouvernail qui favorise le mouvement.

On a donc :

$$(3) \quad I \frac{d^2\theta}{dt^2} = AV \frac{d\theta}{dt} + Q$$

L'action de V pour le moment amortisseur diffère peu de celle de Vo puisque i est toujours assez petit pour que l'on puisse considérer cos i

Comme voisin de 1 on aura donc en posant

$$A \frac{Vo}{3,6} = A_1$$

$$(4) \quad I \frac{d^2\theta}{dt^2} - A_1 \frac{d\theta}{dt} = Q$$

Ou en remarquant que $\frac{d\theta}{dt}$ et θ sont nuls pour t=o

$$I \frac{d\theta}{dt} - A_1 \theta = Q t$$

L'intégration donne

$$\theta = -\frac{Q}{A_1}\left(t + \frac{I}{A_1}\left(1 - e^{\frac{A_1 t}{I}}\right)\right)$$

A_1 est négatif puisque il se rapporte au moment amortisseur donc $\frac{I}{A_1}\left(1 - e^{\frac{A_1 t}{I}}\right)$ part de 0 pour t = o et atteint $\frac{I}{A_1}$ pour $t = \infty$

La durée t de la ressource est faible puisqu'elle est voisine de 2 secondes comme on peut le constater par l'expérience.

Par conséquent le terme $\frac{I}{A_1}\left(1 . e^{\frac{A_1 t}{I}}\right)$ sera de l'ordre de quelques centièmes et négligeable par rapport à $-\frac{Q}{A_1}t$

On pourra donc écrire

$$(7)\quad \theta = -\frac{Q}{A_1}t$$

$$(8)\quad \frac{d\theta}{dt} = -\frac{Q}{A_1}$$

Si θ est proportionnel au temps il en sera de même de $\theta - i$ qui part de 0 pour t=0 et qui atteindra $\theta - i_0$ lorsque θ sera voisin de $\frac{\pi}{2}$.

Par conséquent on pourra représenter par deux droites trés voisines partant de l'origine les fonctions

θ et $\theta - i$

comme pour $\theta = 90°$ i est voisin de 3°.

On pourra remplacer

$\sin(\theta - i)$ par $\sin \theta$

et $\frac{d(\theta i)}{dt}$ par $\frac{d\theta}{dt}$

L'équation (2) nous donnera en remplaçant $\theta - i$ par θ et θ par sa valeur déduite de (7)

$$Ry \frac{V^2}{13} = - II \sin \frac{Q}{A_1} t + \frac{II}{g} \frac{V}{3,6} \frac{Q_1}{A_1}$$

Comme $V_o = V \cos i$ et que $\cos i$ est voisin de l'unité on aura

$$Ry \frac{V^2}{13} = \frac{II}{g} \frac{V_o}{3,6} \frac{Q}{A_1} - II \sin \frac{Q}{A_1} t$$

où :

$$Ry \frac{V^2}{13} = II \left(\frac{V_o}{3,6\, g} \frac{Q}{A_1} - \sin \frac{Q}{A_1} t \right)$$

La fatigue supportée par la voilure étant n II on aura :

$$n = \frac{Vo}{3,6\ g} \frac{Q}{A_1} - \sin \frac{Q}{A_1} t$$

$$\theta = - \frac{Q}{A_1} t$$

En remplaçant $\frac{Vo}{3,6}$ par $-\sqrt{\frac{II}{R_1 x}}$

on aura :

$$n = -\sqrt{\frac{II}{R_1 x}} \times \frac{Q}{A_1 g} - \sin \frac{Q}{A_1} t$$

$$\theta = - \frac{Q}{A_1} t$$

à la fin de la ressource moment où n sera maximum, on peut admettre sans erreur sensible que $\theta = \frac{\pi}{2} = 1,257$

On aura donc :

$$n = -\sqrt{\frac{II}{R_1 x}} \; \frac{Q}{A_1 \; g} + 1$$

Si t = 8 secondes $\theta = \frac{\pi}{2} = 1.257$ on aura :

$$\frac{Q}{A_1} = -0,785$$

d'où :

$$n = \frac{0,785}{g} \sqrt{\frac{II}{Rx}} + 1$$

Pour un avion à vitesse moyenne $\sqrt{\frac{II}{Rx}} = 70$ mètres-secondes, on a donc sensiblement :

$$n = 6,5$$

Il est incontestable que la ressource brutale obtenue par le pilote donnant sur le manche à balai son effort maximum pourra occasionner la rupture de l'appareil dont le coefficient de sécurité est compris entre 6 et 7.

Pour éviter ce danger deux solitions sont en présence.

La 1ère consiste à augmenter le plus que l'on pourra le coefficient de sécurité de l'avion compte tenu de la maniabilité exigée.

La 2ème consiste à limiter la compensation du gouvernailpour que le pilote ne puisse pas donner un angle de braquage trop grand lorsque la vitesse est égale à celle du vol piqué, afin que pendant la ressource, la fatigue de l'avion reste inférieure à son coefficient de sécurité.

La lère résolution appliquée intégralement en donnant au gouvernail une action trés grande pour rendre l'avion le plus maniable possible peut conduire à des impossibilités en égard aux valeurs de n trouvées dans certains cas et pouvant atteindre 12 et même au dela.

Il faut donc suivant l'emploi des avions utiliser les deux solutions sans exagérer ni dans un sens ni dans l'autre.

Les coefficients entrant dans la formule donnant n seront obtenus en faisant osciller un petit modèle autour de l'axe de tangage dans le vent du tunnel.

Cette méthode a été indiquée à propos du tangage.

CHAPITRE

§.- Du virage

****

Jusqu'a présent, nous avons étudié le vol des avions dans leur plan de symétrie et la stabilité longitudinale pendant le vol. On va maintenant étudier le changement de direction c'est à dire le virage.

Le virage d'un avion dans le plan horizontal est correct lorsque le centre de gravité décrit un cercle de rayon ρ

Dans ce cas il faudra ajouter aux forces extérieures déja étudiés les actions centrifuges agissant sur les différentes parties de l'avion. Comme on le sait la somme des actions centrifuges se réduit à une force $\frac{II \quad V^2}{13g \; \rho}$ et à un couple central.

Pour que le centre de gravité décrive un cercle, il faut que les forces en précense se,

fassent équilibre et que l'on ait comme première condition :

fig. (40).

$$F \text{ (action de l'air normale au plan)} = \frac{II}{\cos\alpha}$$

$$\frac{II \cdot V^2}{g\ 13\ \rho} = II \text{ tg } \alpha$$

Il est donc nécessaire que la force F soit inclinée d'un angle α sur la verticale fig.(40) et que par conséquent l'aile à laquelle elle est perpendiculaire soit inclinée du même angle sur l'Horizontale.

Comme on a :

$$\text{tg } \alpha = \frac{V^2}{13\ g\rho} = \frac{\omega^2 \rho}{g} \quad (\ \omega \text{ étant la vitesse angulaire})$$

On voit que l'angle α est une fonction de la vitesse du centre de gravité, et du rayon de virage.

Etudions la Force F et la résistance R totale à l'avancement. Considérons une tranche CD située à une distance x de l'axe de rotation et de surface $d\ x \times \ell$

On aura pour un angle d'attaque i

$$d\ F = Ky\ \ell \frac{d\ x}{\cos\alpha}\ \omega^2\ x^2 \mu_1$$

$$d\ R^1 = Kx\ \ell \frac{d\ x}{\cos\alpha}\ \omega^2\ x^2 \mu_1$$

d'où :

$$F = \int_{\rho - \frac{L}{2}\cos\alpha}^{\rho + \frac{L}{2}\cos\alpha} \frac{Ky\ \ell\ \omega^2\ \mu_1\ x^2\ dx}{\cos\ \alpha}$$

$$R_1^1 = \int_{\rho - \frac{L}{2}\cos\alpha}^{\rho + \frac{L}{2}\cos\alpha} \frac{Kx\ \ell\ \omega^2\ \mu_1\ x^2\ dx}{\cos\ \alpha}$$

ou : $F = \frac{Ky\, l\, \omega^2 \mu_1}{\cos\alpha} \times \frac{1}{3} \left(\left(\rho + \frac{L}{2}\cos\alpha\right)^3 - \left(\rho - \frac{L}{2}\cos\alpha\right)^3 \right)$

$$R^1 = \frac{Kx\, l\, \omega^2 \mu_1}{\cos\alpha} \times \frac{1}{3} \left(\left(\rho + \frac{L}{2}\cos\alpha\right)^3 - \left(\rho - \frac{L}{2}\cos\alpha\right)^3 \right)$$

$$F = Ky\, S\, \mu_1 \omega^2 \left(\rho^2 + \frac{1}{3}\left(\frac{L}{2}\cos\alpha\right)^2 \right) = Ky\, S \frac{V^2}{13} \mu_1 \left(1 + \frac{1}{3}\left(\frac{L}{2\rho}\cos\alpha\right)^2\right)$$

$$R^1 = Kx\, S \frac{V^2}{13} \mu_1 \left(1 + \frac{1}{3}\left(\frac{L}{2\rho}\cos\alpha\right)^2\right)$$

$$R = R^1 + \sigma \frac{V^2}{13} \mu_1$$

Posons :

$$\sqrt{\frac{1}{3}} \frac{L}{2\rho} \cos\alpha = 1\ g\ \varphi_1 = 0,578 \frac{L}{2\rho} \cos\alpha$$

On aura :

$$(1) \quad F \cos^2\varphi = Ky\, S \frac{V^2}{13} \mu_1 = II \frac{\cos^2\varphi}{\cos\alpha}$$

$$R^1 = Kx\, S \frac{V^2}{13} \mu_1 \frac{1}{\cos^2\varphi}$$

$$(2) \quad R = \left(\frac{Kx\, S}{\cos^2\varphi} + \sigma \right) \frac{V^2}{13} \mu_1$$

obtenu en ajoutant à R^1 les résistances passives $\sigma \frac{V^2}{13} \mu_1$

Si l'avion volait horizontalement et en ligne droite sous le même angle d'attaque, on aurait une vitesse V_1 et une résistance R_1 données par :

$$(3) \quad II = Ky\, S \frac{V_1^2}{13} \mu_1$$

$$(4) \quad R_1 = \left(Kx\ S + \sigma\right) \frac{V_1^2}{13}\ \mu_1$$

De ces équations (1) (2)(3) (4) on tire :

$$V^2 = V_1^2 \ \frac{\cos^2 \varphi}{\cos \alpha}$$

$$V = V_1 \ \frac{\cos \varphi}{\sqrt{\cos \alpha}}$$

Pour un avion de 20m. d'envergure et un rayon de virage de 100m., on aurait même en prenant $\cos \alpha = 1$

$$1\ g\ \varphi = 0{,}578 \ \frac{20}{200} = 0{,}0578$$

$$\varphi = 3°20$$

$$\cos \varphi = 0{,}998$$

On peut donc prendre dans ce cas particulier, avec une approximation suffisante $\cos \varphi = 1$ et cette approximation est encore plus justifiée quand $\cos \alpha$ a une valeur quelconque puisque alors, $tg\, \varphi$ est plus petit que le chiffre indiqué.

Dans ces conditions, les formules précédentes deviennent:

$$V = V_1 \ \sqrt{\frac{1}{\cos \alpha}}$$

$$R = R_1 \ \frac{1}{\cos \alpha}$$

La puissance nécessaire au vol dans le virage sera :

$$75 \ T_2^1 = R\ V$$

et dans le cas du vol horizontal en ligne droite

$$75 \ T_2 = R_1\ V_1$$

Par conséquent :

$$\frac{T_2}{T_2} = \frac{R\,V}{R_1 V_1} = \left(\frac{1}{\cos\alpha}\right)^{\frac{3}{2}}$$

Connaissant la puissance nécessaire T_2 pour voler horizontalement à une altitude donnée sous un angle i et V_1 la vitesse correspondante on pourra déterminer pour le même angle d'attaque la puissance T'_2 et la vitesse V nécessaire pour le vol en virage sous une inclinaison α des ailes.

On a en effet :

$$V = V_1 \left(\frac{1}{\cos\alpha}\right)^{\frac{1}{2}}$$

$$T^1_2 = T_2 \left(\frac{1}{\cos\alpha}\right)^{\frac{3}{2}}$$

Possédant les courbes donnant <u>T_2 fonction de V_1</u> pour le vol horizontal fig. (27 - 28 - 29) déterminées par les méthodes indiquées précédemment, il sera facile de consytruire la courbe T'_2 fonction de la vitesse V pour le virage à chaque altitude et pour une inclinaison donnée α

Il suffira pour cela de dresser un tableau des valeurs de T_2 et des vitesses correspondantes V_1; puis à l'aide des formules précédentes de calculer les valeurs de T^1_2 et V.

On construira une courbe nouvelle des puissances nécessaires mais la courbe T_1 des puissances propulsives fonction de V n'a pas changé. Les intersections des 2 courbes de puissance T_1 et T^1_2 donnent les solutions cherchées.

On voit immédiatement que l'on retrouvera comme pour le vol horizontal deux régimes de vitesse mais plus rapprochés l'un de l'autre.

Au régime rapide l'avion volera à une vitesse moindre et pour un angle plus grand que dans le vol horizontal.

Si l'on fait croitre α on arrivera à la tangence pour un angle αm limite que l'on ne saurait dépasser.

A cet angle αm correspond un rayon de virage minima pour chaque altitude de vol.

§ - Virage sous le rayon minimum et l'incli-naison αm maxima.

******

Supposons que l'on obtienne la tangence à l'altitude Z alors que pendant le virage l'avion est incliné d'un angle αm sur l'horizon.

Construisons fig. (41)

1°- La courbe de puissance T_2 nécessaire pour le vol horizontal à l'altitude Z.

2°- La courbe de puissance T'_2 nécessaire pour le vol en virage sous l'inclinaison αm.

3°- La courbe des puissance T''_2 nécessaire pour le vol horizontal au plafond.

Les 2 courbes T_2 et T_2'' ont une tangente commune menée de l'origine qui se confond sensiblement avec la courbe des puissances propulsives au plafond.

Les points de contact avec la tangente commune sont M et M''.

Cette approximation se justifie lorsque l'hélice fait partie de la famille des Hélices types caractérisées par l'enveloppe des courbes de leur rendement propulseur.

Cette hélice est en effet employée pour une valeur de $\frac{V}{ND}$ légèrement inférieure à celle correspondant au rendement maximum.

C'est le cas de l'avion représenté par les courbes fig. 29.

La courbe de puissance T_2^1 a comme tangente menée de l'origine la droite OM'.

La courbe de puissance propulsive T_1^1 à l'altitude Z est tangente à la courbe T_2' puisque pendant le virage sous l'angle α m l'avion est tangent.

Cette courbe T_1' se confondra sensiblement avec la tangente menée de l'origine à la courbe T_2'.

Les points de contact M, M', M'', correspondent sensiblement au même angle d'attque voisin de celui du minimum de puissance.

On a fig. 41

$$AM = T_2$$

$$A'M' = T'_2$$

$$A''M'' = T''_2$$

Pour le même angle d'attaque on a pour le vol horizontal rectiligne à l'altitude Z et pour le virage à la même altitude et avec l'inclinaison α m.

$$V = V_1\left(\frac{1}{\cos\ \alpha\ m}\right)^{\frac{1}{2}}$$

$$T'_2 = T_2\left(\frac{1}{\cos\ \alpha\ m}\right)^{\frac{3}{2}}$$

d'où :

$$\frac{T'_2}{V} = \frac{T_2}{V_1} \times \frac{1}{\cos \alpha\ m}$$

$$\frac{A'M'}{V} = \frac{A\ M}{V_1} \times \frac{1}{\cos \alpha\ m}$$

D'autre part on a : fig.(41)

$$\frac{A\ M}{V_1} = \frac{A''\ M''}{Vm}$$

et

$$\frac{A'M'}{V} = \frac{A''\ M''}{Vm} \times \frac{\mu_1}{\mu_1\ m}$$

formule de passage pour la puissance propulsive de l'altitude Z

au plafond Zm.

Des équations précédentes on tire :

$$\frac{1}{\cos \alpha m} = \frac{\mu_1}{\mu_1 m}$$

ou :

$$\cos \alpha m = \frac{\mu_1 m}{\mu_1}$$

<u>Conséquence</u>: On peut remarquer d'après ce qui précède que l'angle d'attaque de vol sous l'angle d'inclinaison maxima α m sera constant à toutes les altitudes et égal à celui employé pour le vol horizontal au plafond.

Connaissant la vitesse V_m du vol horizontal au plafond on sait que pour voler horizontalement à une altitude Z sous le même angle on aura :

$$V_1 = V_m \sqrt{\frac{\mu_1 m}{\mu_1}}$$

On a donc comme vitesse V pendant le virage :

$$V = V_1 \left(\frac{1}{\cos \alpha m}\right)^{\frac{1}{2}} = V_m \sqrt{\frac{\mu_1 m}{\mu_1} \; \frac{\mu_1}{\mu_1 m}}$$

Par conséquent $V = V_m$

<u>Conséquence</u> : Pour un virage pris sous l'angle maximum d'inclinaison de l'avion la vitesse est sensiblement constante et égale à celle obtenue au plafond.

Les formules générales y compris celles du rayon de virage ρ sont les suivantes :

(1) $\cos \alpha_m = \dfrac{\mu_1 m}{\mu_1}$

(2) $V_1 = V_m$

(3) $\rho = \dfrac{Vm^2}{13\ g \times \lg \alpha\ m} = \dfrac{Vm^2}{13\ g} \times \dfrac{\sqrt{\mu_1^2 - \mu_1^2 m}}{\mu_1 m}$

Connaissant les résultats des essais en vol d'un avion pour lequel on aura trouvé par exemple :

Z_m = 7.500 mètres

V_m = 147m,50

On aura aux différentes altitudes les valeurs suivantes pour α et ρ

Z	α maxima	ρ rayon de virage maximum.
1.000	65°167	79
2.000	61	94,5
3.000	56°667	112
4.000	51°167	137
5.000	44°667	161
6.000	35°667	237
7.000	22°338	415
7.500	0	

} Valeurs caractérisant un avion donné.

On voit d'après ce qui précède que le fait de choisir un rayon de virage ρ bien défini n'a d'autre effet que.

de réduire le plafond et de le reporter à une altitude plus faible fonction de ce rayon et donnée par les formules(1) - (2) - (3) - précédentes :

Remarque: On pourra comparer les rayons minima de virage que peuvent prendre aux différentes altitudes deux avions donnés dont on connaitra les profondeurs de vol dans le plan de symétrie.

Vol en spirale en montée.

******

Le vol en spirale en montée qui présente un gros intérêt pour les avions de chasse peut s'étudier facilement en se basant sur les remarques faites précédemment.

Dans ce cas comme dans celui du vol ascendant ordinaire on utilisera l'excès de puissance pour vaincre le travail de la pesanteur.

On retrouve comme dans le vol ascendant rectiligne un plafond Z'_m pour le même angle d'attaque.

Ce plafond défini par μ'_m correspond à une inclinaison de l'avion α_m donnée par :

$$\mu'_m = \frac{\mu_m}{\cos \alpha_m} \quad \text{correspondant à } Z'_m$$

La vitesse au plafond nouveau sera Vm comme pour le vol ascendant rectiligne.

Dans ces conditions la vitesse ascensionnelle V'_o au départ sera pour le vol en spirale.

$$v^1_o = 75 \times \rho \frac{N}{No} \frac{1}{\frac{II}{To}} \left(1 - \mu'_m \sqrt{\mu'_{,m}}\right)$$

elle est obtenue tout naturellement en remplaçant μ_m et $\mu_{,m}$ de la formule déjà trouvée pour le vol ascendant rectiligne par

$$\mu'_m = \frac{\mu_m}{\cos \alpha_m}$$

$\mu'_{,m}$ correspondant à μ'_m

Les temps de montée aux différentes altitudes seront données par :

$$t \text{ minutes} = \frac{2,303}{60} \frac{Z^1 m}{v^1 o} \ lg \frac{Z^1 m}{Z^1 m - Z}$$

Il peut être intéressant de rechercher dans un projet d'avion la condition de bonne tenue de l'appareil sur un cercle de rayon ρ .

Pour cela on utilisera les formules précédentes récapitulées ainsi qu'il suit :

Vm vitesse au plafond pour le vol rectiligne et le vol en spirale.

Zm, μ_m, $\mu_{,m}$ Plafond pour le vol rectiligne

$1 g \alpha m = \frac{Vm^2}{13 g \rho}$ α m = inclinaison de l'avion.

Z^1_m, μ'_m, μ'_{1m}, Plafond pour le vol en spirale

$$\mu'_m = \frac{\mu_m}{\cos \alpha_m}$$

V_o vitesse ascensionnelle au départ pour le vol ascendant rectiligne.

$$v_o = 75 \rho_1 \frac{N}{N_o} \frac{1}{\frac{II}{T_o}} \left(1 - \mu_m \sqrt{\mu_{1m}}\right)$$

t temps de montée à l'altitude Z

$$t \text{ minutes} = \frac{2,303}{60} \frac{Z_m}{v_o} \lg \frac{Z_m}{Z_m - Z}$$

ρ_1 rendement de l'Hélice

v^1_o vitesse ascensionnelle au départ pour le vol ascendant en spirale de rayon. ρ

$$v^1_o \quad 75 \rho_1 \frac{N}{N_o} \frac{1}{\frac{II}{T_o}} \left(1 - \mu'_m \sqrt{\mu'_m}\right.$$

t'' temps de montée à l'altitude Z.

$$t' \text{ minutes} = \frac{2,303}{60} \frac{Z^1_m}{v^1_o} \lg \frac{Z^1_m}{Z^1_m - Z}$$

ρ rendement propuisuer

§ - Gouvernail de direction ailerons ou gauchissement.

****

Pour amorcer un virage on imprime une rotation à l'avion à l'aide du gouvernail de direction.

Le gouvernail de direction est une surface s_1 mobile autour d'un axe vertical situé à une distance A en arrière du centre de gravité. Lorsqu'il est braqué d'un angle α, on provoque un moment M.

$$M = 0,16 \cdot s_1 A \sin \alpha \cos \alpha V^2$$

qui tend à amorcer le virage en faisant tourner l'appareil tout entier autour du centre de gravité.

Le gouvernail de direction peut comme le gouvernail de profondeur être complètement mobile ou avoir une partie fixe et une partie mobile.

Dans les deux cas, il doit être compensé pour éviter la fatigue du pilote.

Insuffisance du gouvernail de direction pour obtenir le virage.

On peut voir immédiatement que le gouvernail de direction ne saurait dans certains cas convenir seul pour obtenir le virage correct.

En effet, supposons le coup de gouvernail donné pour amorcer le virage à gauche fig. (42)

Au début de la manoeuvre l'avion n'étant pas incliné exécutera une rotation autour du centre de gravité G lequel se déplace avec une vitesse V. Par suite du manque d'inclinaison initial il y aura dérapage à droite avec une vitesse v et au bout de l'unité de temps le centre de gravité sera en G^1 obtenu en composant V et v.

Si θ est l'angle dont a pivoté l'avion autour du centre de gravité pendant l'unité de temps, l'extrémité de la queue O sera en O" et l'axe en G' O" au bout de cette unité de temps.

La nouvelle position des ailes A' B' indiquée sur la figure montre que le virage est amorcé et que l'avion devrait pencher à l'intérieur du virage puisque la vitesse des ailes est moins grande de ce côté.

Si rien ne s'oppose à cette inclinaison, le virage pourra devenir plus correct qu'au moment de l'amorçage.

Mais s'il existe des surfaces verticales telles que G H fig. (42bis) placées très en dessous du centre de gravité, il pourra se produire que pendant le pivotement l'action F_1 de l'air sur ces surfaces due à la rotation de la queue empêche l'avion de pencher à l'intérieur du virage amorcé.

L'action de la force centrifuge due au virage incorrect se traduira dans ce cas par une force de dérapage et un couple.

Donc, non seulement l'avion dérapera, mais encore il pivotera autour de son centre de gravité et ce dernier mouvement pourra se produire avec une rapidité telle que la perte de vitesse dans le sens de son axe longitudinal surviendra sans que le pilote n'ait eu le temps d'intervenir.

Il y a eu des exemples d'avions présentant ce défaut capital et qui sont tombés de ce fait.

Ailerons. Afin de remédier à ce danger il faut dans ce cas se servir des ailerons ou du gauchissement pour faire naître un moment tendant à faire incliner l'avion.

Le gauchissement n'est plus employé maintenant et l'on utilisera des ailerons ayant des dimensions appropriées.

Les ailerons sont maintenant compensés, ils permettent de modifier la courbure et l'incidence des ailes et comme ils ont conjugués ils opérent en sens inverse l'un de l'autre.

Si un avion ne veut pas s'incliner sous l'action du coup de gouvernail de direction par suite de surfaces verticales mal placées, il faut donner un coup d'ailerons pour produire cette inclinaison et éviter une véritavle catastrophe.

Mais une fois le virage amorcé les ailerons ne sauraient rester dans cette position car l'avion continuerait à s'incliner. Il sera au contraire nécessaire à un moment donné de soutenir l'aile pivotante en manoeuvrant les ailerons en sens inverse pour équilibrer le moment de la force F (figure 43)

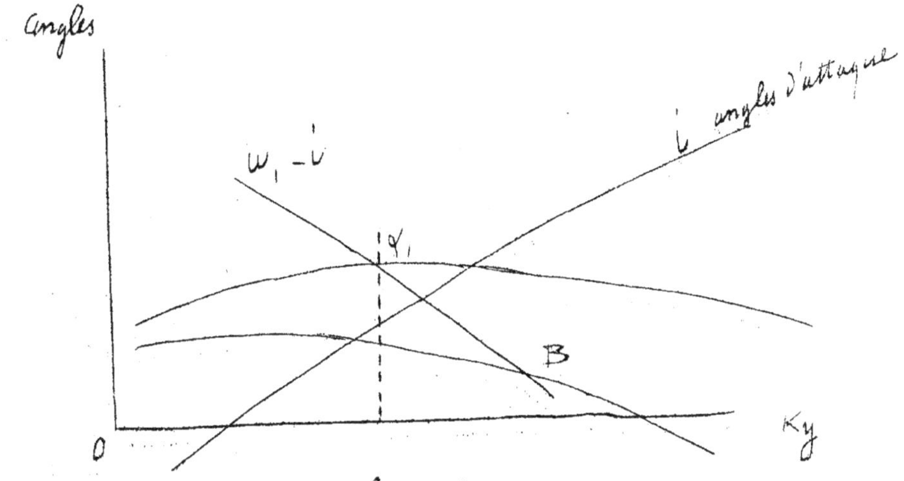

angles

i angles d'attaque

$\omega_1 - i$

α_1

B

O

Ky

fig 38

G

V

ωv

ωr

fig 39

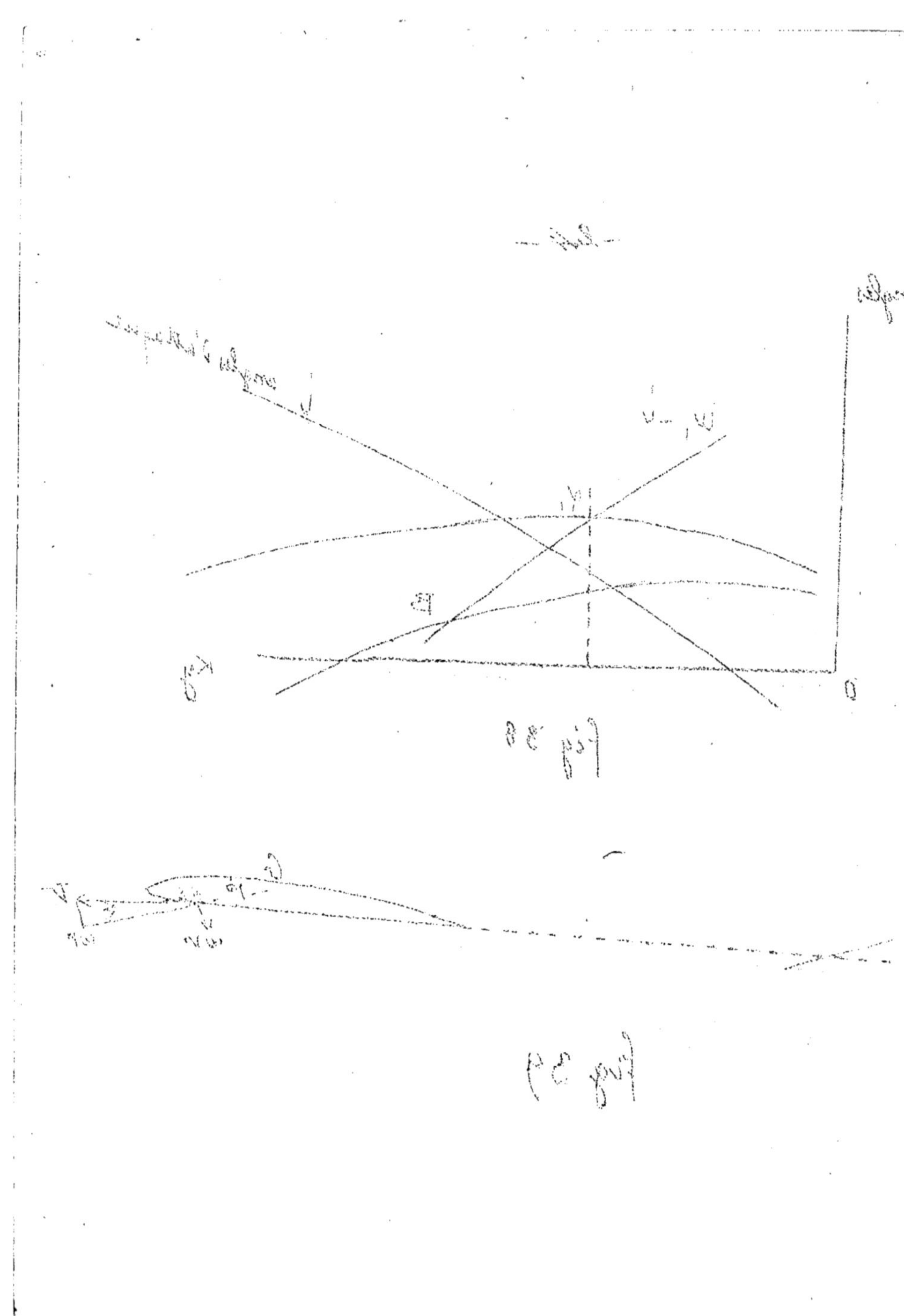

fig 39 bis

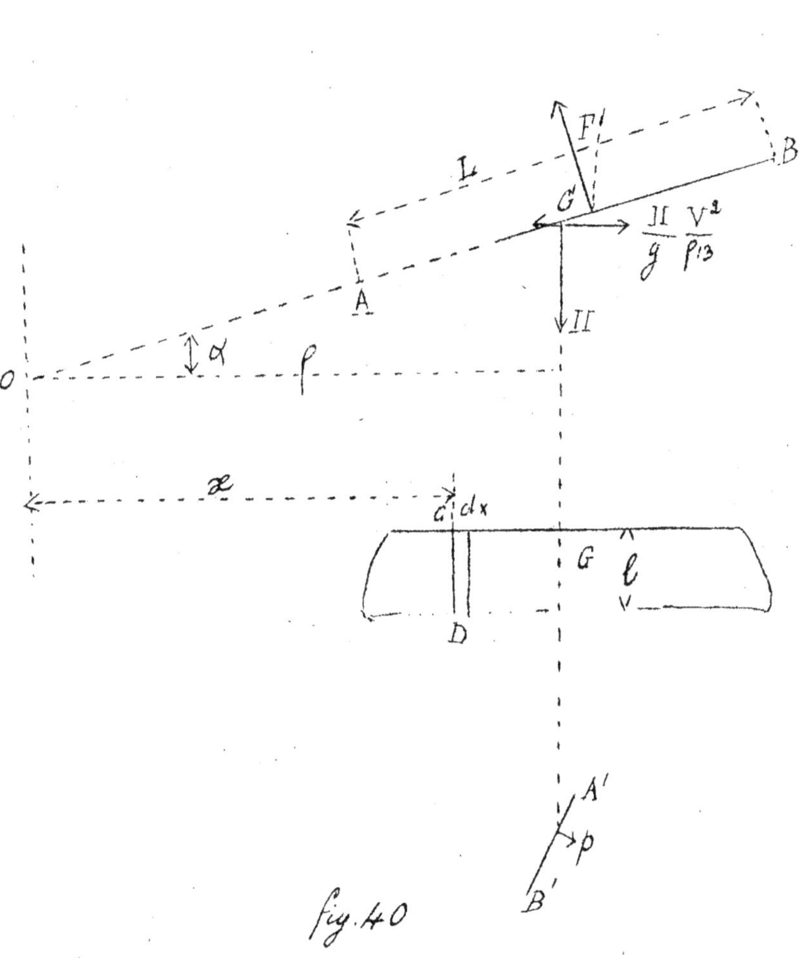

fig. 40

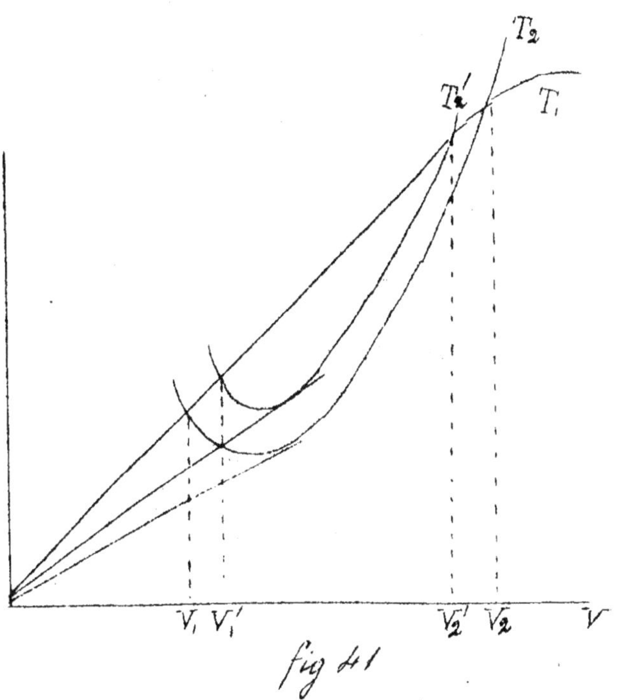

fig 41

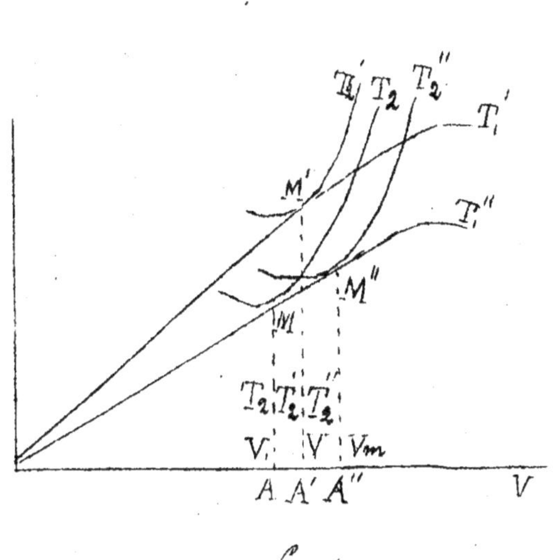

fig 41

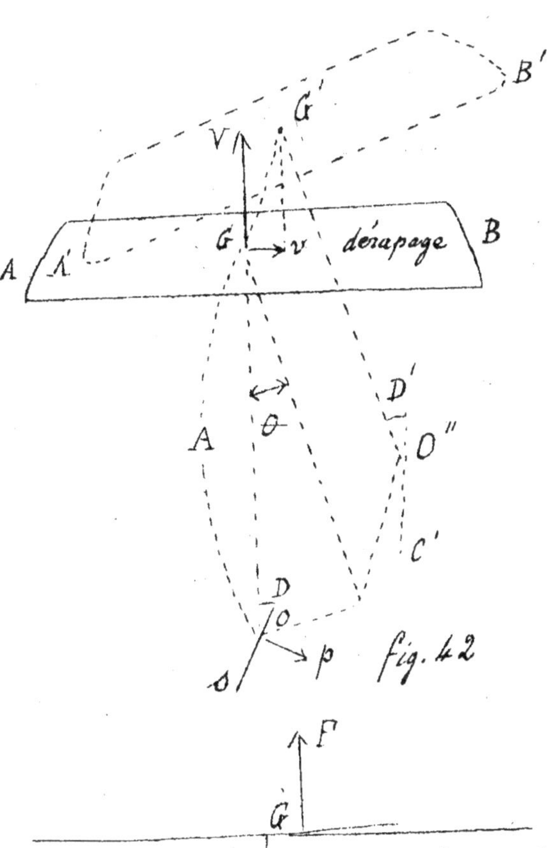

fig. 42

fig. 42 bis

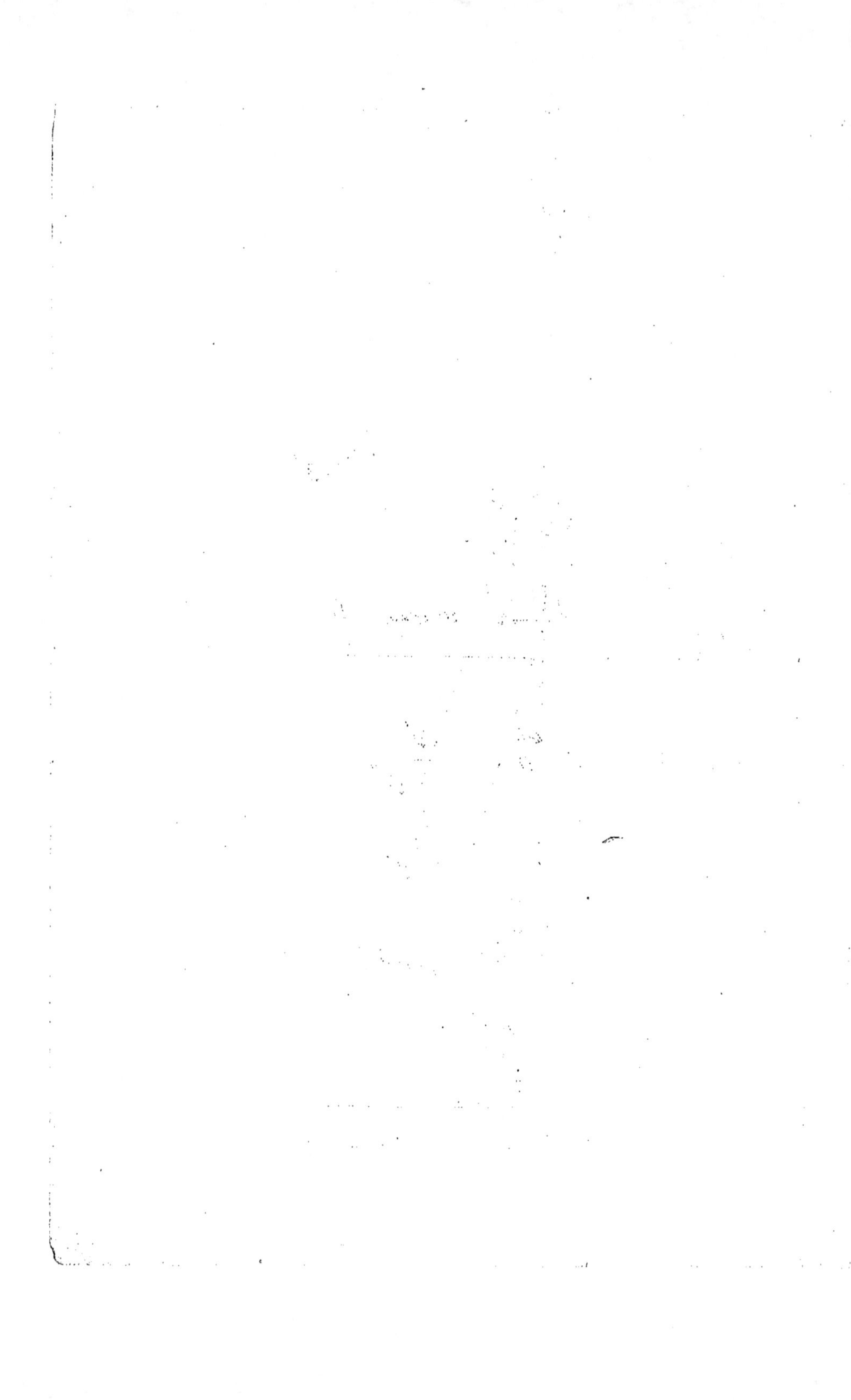

Conservation de l'inclinaison α pendant le virage.

***

Pour que l'avion conserve son inclinaison α pendant le virage correct de rayon ρ il est nécessaire que la somme des moments des actions de l'air sur l'avion pris par rapport au centre de gravité soit nulle.

Considérons un avion représenté schématiquement fig. 43 et soient :

2 L son envergure et λ la profondeur des ailes

2 L' la partie de l'aile sans ailerons.

ρ le rayon de virage.

Kx et Ky les coefficients unitaires de trainée et de sustentation pour la partie de l'aile non pourvue d'ailerons.

K_1x et K_1y les mêmes coefficients-cas de l'aileron abaissé.

K_2x et K_2y les mêmes coefficients - cas de l'aileron conjugué relevé.

Il est facile de calculer les moments des poussées et des trainées sous chacune des ailes par rapport au centre de gravité et de faire la somme ΣM. pour la poussée et ΣQ pour la trainée. Pour cela considérons une tranche de largeur dx située à une distance x du centre de gravité fig. (43)

1°- On a côté de l'aile pivotante pourvue d'ailerons.

$$d M_1 = K_1 y \, \ell \, dx \, \omega^2 (\rho - x \cos \alpha)^2 x$$

et $$\int_{L'}^{L} K_1 y \, \ell \, \omega^2 (\rho - x \cos \alpha)^2 x \, dx = K_1 y \, \omega^2 \ell \left(\frac{\rho^2}{2} (L^2 - L'^2) - \frac{2}{3} \rho (L^3 - L'^3) x + \frac{\cos^2 \alpha}{4} (L^4 - L'^4) \right)$$

2°- côté de l'aile pivotante non pourvue d'ailerons.

$$d M_1 = Ky \, \ell \, \omega^2 (\rho - x \cos \alpha)^2 x \, dx$$

$$\int_0^{L'} Ky \, \ell \, \omega^2 (\rho - x \cos \alpha)^2 x \, dx = Ky \, \omega^2 \ell \left(\frac{\rho^2}{2} L'^2 - \frac{2 \rho}{3} \cos \alpha \, L'^3 + \frac{\cos^2 \alpha}{4} L'^4 \right)$$

3°- côté de l'aile marchante pourvue d'ailerons.

$$d M = - K_2 y \, \omega^2 \ell (\rho + x \cos \alpha)^2 x \, dx$$

$$\int_{L'}^{L} - K_2 y \, \omega^2 \ell (\rho + x \cos \alpha)^2 x \, dx = - K_2 y \, \omega^2 \ell \left(\frac{\rho^2}{2} (L^2 - L'^2) + \frac{2}{3} \rho \cos \alpha (L^3 - L'^3) + \frac{\cos^2 \alpha}{4} (L^4 - L'^4) \right)$$

4°- coté de l'aile marchante non pourvue d'ailerons.

$$d M = - Ky \, \omega^2 \ell (\rho + x \cos \alpha)^2 x \, dx$$

$$\int_0^{L'} - Ky \, \omega^2 \ell (\rho + x \cos \alpha)^2 x \, dx = - Ky \, \omega^2 \ell \left(\frac{\rho^2}{2} L'^2 + \frac{2}{3} \rho \cos \alpha \, L'^3 + \frac{\cos^2 \alpha}{4} L'^4 \right)$$

En faisant la somme de tous ces moments, on aura :

$$\Sigma M = W^2 \ell \left(\rho^2 \left(\frac{L^2 - L'^2}{2} \right) (K_1 y - K_2 y) - \frac{2}{3} \cos\alpha \right.$$

$$\left((L^3 - L'^3)(K_1 y + K_2 y) + 2 \, Ky \, L'^3 \right) \rho + \frac{\cos^2\alpha}{4} (L^4 - L'^4)$$

$$\left. (K_1 y - K_2 y) \right)$$

Pour que ΣM s'annule, c'est à dire pour que l'angle α puisse être conservé pendant le virage correct il est nécessaire que :

$$(1) \quad \rho^2 \left(\frac{L^2 - L'^2}{2} \right) (K_1 y - K_2 y) - \frac{2}{3} \cos\alpha \left((L^3 - L'^3) \right.$$

$$\left. (K_1 y + K_2 y) + 2 \, Ky \, L'^3 \right) \rho + \frac{\cos^2\alpha}{4} \left((L^4 - L'^4)(K_1 y - K_2 y) \right) = 0$$

A cette équation, il faut joindre la relation

$$(2) \quad \rho = \frac{V^2}{13 \, g \, \text{tg}\,\alpha}$$

ainsi que les équations générales de l'avion.

Pour que les valeurs de ρ données par l'équation (1) soient réelles, il faut que :

$$8 \left((L^3 - L'^3)(K_1 y + K_2 y) + 2 \, Ky \, L'^3 \right)^2 - 9 (L^2 + L'^2)^2$$

$$(L^2 + L'^2)(K_1 y - K_2 y)^2 > 0$$

ou en posant : $\frac{L'}{L} = x$

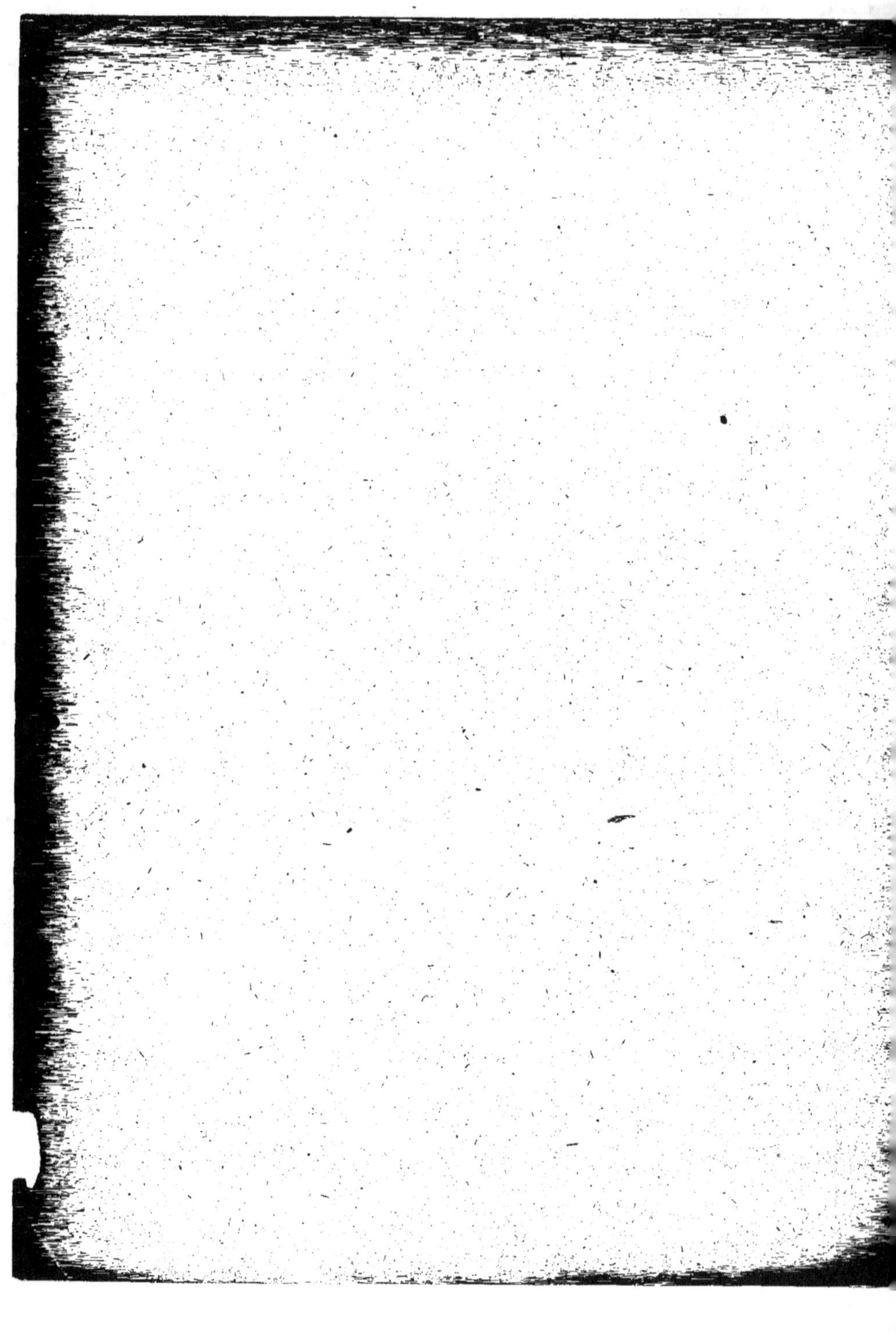

$$8\left((1-x^3)(K_1y+K_2y)+2\,Ky\,x^3\right)^2-9(1-x^2)^2(1+x^2)(K_1y-K_2y)^2>0$$

χ Il est nul lorsque les ailerons occupent toute la longueur des ailes.

χ Il augmente lorsque la longueur des ailerons diminue.

χ Il est égal à I à la limite lorsque les ailerons n'existent pas.

Comme les ailerons sont conjugués, K_1y est une fonction de K_2y que l'on peut trouver expérimentalement.

Pour $\chi = 0$ l'inégalité précédente devient :

$$34\ K_1y\ K_2y-(K_1y^2+K_2^2y)>0$$

Cette inégalité est toujours satisfaite dans la pratique par conséquent dans ce cas pour chaque valeur de K_1y on trouve deux valeurs ρ' et ρ'' permettant le virage correct sous réserve toutefois que ces valeurs de ρ satisfassent l'équation (2)

Pour les faibles déplacements des ailerons, on a sensiblement :

$$K_1y + K_2y = 2\,Ky$$

L'équation (I) peut donc s'écrire

$$K_1y - K_2y = \frac{2}{3}\ \frac{\cos\alpha \times L^3 \times 2\,ky \times \rho}{\frac{(L^2-L'^2)}{2}\rho^2+\frac{\cos^2\alpha}{4}(L^4-L'^4)}$$

On a intérêt à rendre $K_1 y - K_2 y$ le plus petit possible pour que la qualité sustentatrice des ailes ne soit pas trop réduite, du fait de la manoeuvre des ailerons, et aussi pour être maitre de la démultiplication à donner à la commande. Par conséquent, il faudra rendre L' le plus petit possible c'esteà-dire donner aux ailerons une très grande importance.

Lorsque $L' = o$ on a :

$$K_1 y - K_2 y = \frac{L}{3} \quad \frac{L \cos \alpha \, Ky \, \rho}{\rho^2 + \frac{L^2 \cos^2 \alpha}{2}}$$

Pour un virage normal avec un avion moyen, on trouve :

$$K_1 y - K_2 y = 0,1 \text{ ky}$$

On aura par conséquent

$$K_1 y = \frac{2,1}{2} Ky$$

$$K_2 y = \frac{1,9}{2} Ky$$

Dans ces conditions, la manoeuvre des grands ailerons ne saurait affecter les lois du virage données précédemment en ce qui concerne les angles et les rayons limites aux différentes altitudes.

Autres avantages des grands ailerons -

Le couple moteur tend à faire pencher l'avion en

sens inverse de la rotation de l'hélice.

Si les ailerons sont courts, on devrait, pour maintenir le vol horizontal, donner aux ailerons un angle de braquage d'autant plus grand qu'ils sont moins importants.

Conséquence : mauvaise sustentation et introduction d'un moment énergique de retenue sur l'une des ailes tendant à faire amorcer un virage.

Ce moment doit être annulé à l'aide du gouvernail de direction.

Pour éviter cet inconvénient sur certains avions, on gauchit la cellule, en opérant un règlage toujours délicat.

Avec de grands ailerons, le règlage est inutile, car le pilote, au départ, rétablit l'équilibre par une légère dénivellation des parties arrières des ailerons, et cela automatiquement, sans même s'en rendre compte, et sans nuire aux qualités de vol de l'avion.

Influence du moment de trainée.

******

Lorsque l'on manoeuvre les ailerons, on introduit un moment de trainée.

$$\Sigma = g = \omega^2 l \left(\rho^2 \frac{(L^2 - L^{12})}{2} (K_1 x - K_2 x) - \frac{2}{3} \cos\alpha (L^3 - L^{13}) (K_1 x + K_2 x) \rho + 2 Kx L^{13} \right) + \frac{\cos^2 \alpha}{4} (L^4 - L^{14}) (K_1 x - K_2 x) \Big)$$

Au moment où l'on amorce le virage par un coup d'aileron destiné à faire pénétrer l'avion à l'intérieur du virage le moment Σg s'oppose au virage et l'on doit de ce fait augmenter l'action du gouvernail de direction.

Par contre si les ailerons sont manoeuvrés pour soutenir l'avion pendant le virage le moment Σg aide le virage.

Si la manoeuvre des ailerons est accentuée pour opérer le redressement Σg s'oppose à celui-ci puisqu'il tend à accentuer le virage.

Il faut donc que Σg soit le plus faible possible ce que l'on obtient avec de grands ailerons à faible déplacement.

En résumé les ailerons seront le plus long possible et leur longueur ne sera pas limitée que par des conditions de construction et d'aménagement des organes de manoeuvre.

Lorsque l'envergure d'un avion biplan ne dépasse pas 13 mètres, on peut se contenter de placer de grands ailerons sur le plan supérieur seulement.

Dans ce cas, le rapport $x = \frac{L^1}{L}$ peut être pris égal à 0,45.

Lorsque l'envergure devient trop grande, les très grands ailerons sont difficiles à installer, et surtout à commander.

Dans ce cas, on intéresse l'aile supérieure et l'aile inférieure du biplan et le rapport $x = \frac{L^1}{L}$ peut être pris égal à 0,6.

Stabilité de route.

***

On a vu au paragraphe précédent qu'il y avait avantage à reporter au-dessus du centre de gravité les actions de l'air sur les surfaces verticales, afin que l'avion en s'inclinant de lui-même sous l'action d'un coup de gouvernail, ne dérape pas en même temps qu'il exécute une rotation autour du centre de gravité, rotation qui peut se produire très rapidement, et provoquer une perte de vitesse.

Si l'avion ainsi établi est dévié de sa route sous l'action d'une cause perturbatrice il devra s'incliner en même temps qu'il amorce un virage correct.

Les surfaces verticales arrières vont faire naître un moment s'opposant à la giration. Ce moment est analogue à celui produit par le gouvernail de profondeur dans le tangage.

Pendant l'amorce de virage la différence de vitesse entre l'aile marchante et l'aile pivotante fait naitre un moment de trainée qui s'oppose à la giration et qui est proportionnel à V^2.

Enfin les différentes parties de l'avion produisent un couple amortisseur de la forme A V $\frac{d\theta}{d L}$ comme pour le tangage.

Toutes ces actions donnent donc comme équation générale de la giration :

$$I \frac{d^2\theta}{d t^2} + A V \frac{d\theta}{d t} + B V^2 \theta = o$$

Cette équation est de la même forme que celle du tangage et conduit à des résultats analogues.

On peut rechercher les valeurs de A et B comme il a été indiqué pour le tangage à l'aide d'un petit modèle pouvant pivoter autour d'un axe vertical passant par le centre de gravité et exposé dans le courant d'air.

Les surfaces verticales arrières doivent être très développées pour s'opposer à la giration, le gouvernail de direction dans sa position neutre intervient efficacement et sert d'empennage vertical pour assurer la stabilité de route, de même que le gouvernail de profondeur sert d'empennage horizontal.

./.

DU ROULIS.

***

Lorsque sous l'action soit de la giration, soit de toutes autres causes perturbatrices, l'avion s'incline à droite et à gauche en pivotant autour d'un axe d'inertie dirigé dans le sens de la vitesse on a le mouvement de roulis.

Dans ce mouvement il ne saurait y avoir de couple statique redresseur que si l'avion possède du V latéral et si dans ce cas l'axe de roulis est relevé vers l'arrière ou encore si l'appareil possède les ailes en accent circonflexe et si l'axe de roulis est relevé vers l'avant.

Dans ces deux cas du fait de la rotation l'angle d'attaque croit sur l'aile la plus basse d'où existence du moment statique redresseur proportionnel à V^2.

On retrouve comme pour le tangage le couple amortisseur proportionnel à $V \frac{d\theta}{dt}$ dû à la rotation.

L'équation du roulis sera donc de la même forme que celle du tangage et pourra faire l'objet d'une discussion analogue..

Les moyens expérimentaux indiqués pour le tangage et la giration et destinés à déterminer les coefficients A, B et I peuvent employés pour le Roulis.

Très souvent les ailes des avions n'ont pas de V latéral.

Dans ce cas le moment statique n'existe pas et l'équation du roulis se présente sous la forme :

$$I \frac{d^2 \theta}{dt^2} + A V \frac{d \theta}{d t} = o$$

qui donne en posant $m = \frac{A V}{I}$

$$\theta = \alpha + \beta e^{-mt}$$

θ part de O et devient égal à α au bout d'un temps $t = \infty$; il y a apériodicité.

Si l'avion se balance d'une aile sur l'autre dans le cas où il n'existe pas de V latéral ceci tient soit au mouvement oscillatoire de giration qui amorce un virage alternativement à droite et à gauche soit à l'alternance des effets perturbateurs.

Lorsque la giration ou le roulis sont trop accentués on dispose des ailerons et du gouvernail de direction pour redresser l'avion.

En principe le gouvernail de direction doit dans la plupart des cas pouvoir assurer le redressement de l'avion par une amorce de virage.

Les ailerons sont des aides permettant d'obtenir les mouvements rapides de l'avion mais il ne faut pas que l'oublide leur intervention au moment où l'on amorce le virage puisse provoquer un dérapage avec rotation rapide de l'extrémité de la queue.

Tous les avions devront donc pouvoir se redresser à l'aide du gouvernail de direction, résultats obtenu en reportant le centre des actions de l'air sur les surfaces verticales au dessus du centre de gravité.

******

PARTICULARITÉS CONCERNANT LE VOL DES AVIONS BIMOTEURS AVEC UN SEUL MOTEUR.

****

L'étude d'un avion bimoteur se fait en supposant qu'il s'agisse de 2 avions monomoteurs accouplés .

Il n'y a donc aucune particularité nouvelle en ce qui concerne l'étude du vol avec deux moteurs. Mais si l'un deus s'arrête il faut examiner les conditions à remplir pour voler avec un seul.

Influence du sens de rotation des moteurs.

Lorsqu'un seul moteur est en action le couple

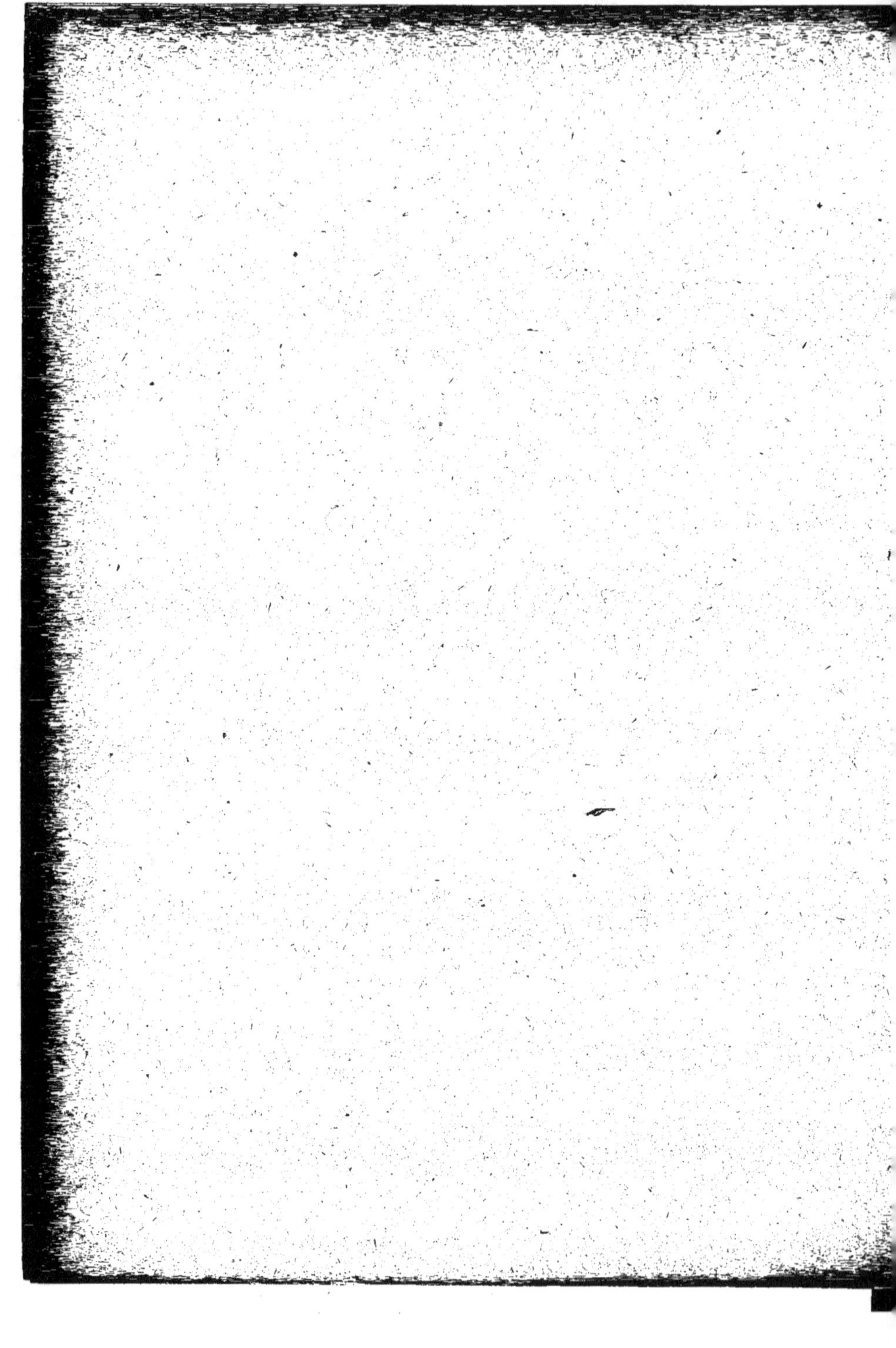

moteur aura pour effet de faire pencher l'avion en sens inverse de la rotation de l'Hélice. Si en partant du point haut celle-ci tourne vers l'extérieur, l'avion aura des tendances à pencher du coté du moteur arrêté ce qui aura pour effet d'accentuer le virage brusque que produira la traction de l'hélice unique.

Donc il serait très avantageux que les 2 propulseurs puissent tourner en sens inverse et du dehors en dedans en partant du point haut du cercle de rotation des hélices.

Cette condition ne saurait pratiquement être réalisée car il faudrait avoir des moteurs tournant dans les deux sens, d'où complication pour les rechanges.

Il y aura donc toujours sur un avion bimoteur un propulsuer tournant dans le mauvais sens c'est-à-dire du dedans en dehors en partant du point haut du cercle de l'Hélice.

Si $T_o \mu$ est la puissance utilisée pour un seul moteur, le moment perturbateur M_1 sera dans ce cas :

$$M_1 = \frac{T_o \mu}{2 \pi N}$$

Le vol avec un seul moteur est obtenu suivant l'axe de l'avion en inclinant l'appareil d'un angle α convenable et du coté du moteur en action.

On voit en effet sur la fig. 44 que cette inclinaison α donne une composante horizontale $f_1 = \Pi \, l \, g \alpha$ qui sera égale et de signe contraire à la force f_2 obtenue à l'aide du gouvernail de direction braqué d'un angle ω pour empêcher l'avion de tourner sous l'action de la poussée de l'hélice P.

Lorsque le régime de vol est établi on a :

$$f_1 = f_2$$

$$P = R$$

$$Pa \cos \alpha = f_2 A$$

$$f_1 = \Pi \, l \, g \alpha$$

(a distance de l'axe de l'hélice au centre de gravité.

(A distance du centre de gravité à l'axe du gouvernail.

Si s est la surface du gouvernail de direction et ω l'angle de braquage, on aura :

$$f_2 = 0{,}08 \, s \, 2 \sin \omega \cos \omega \, \frac{V^2}{13} \mu$$

On a en outre :

$$R = \Pi \frac{Rx}{Ry}$$

$$\Pi = Ky \, S \, \frac{V^2}{13} \mu$$

Ces équations donnent :

$$\sin^2 \alpha + \frac{A}{a} \frac{1}{\frac{Rx}{Ry}} \sin \alpha - 1 = 0$$

ou en posant :

$$m = \frac{A}{a} \frac{1}{\frac{Rx}{Ry}}$$

d'où :

$$(1) \quad \sin \alpha = -\frac{m}{2} + \sqrt{\frac{m^2}{4} + 1}$$

Comme α est très petit cos α est voisin de l'unité.

On a donc ; l'équation :

$$(2) \quad \sin 2 \omega = \frac{1}{0,08} \frac{a\ S}{s\ A} \ Ky \ \frac{Rx}{Ry}$$

Faisons intervenir le moment du couple moteur:

$$M_1 = \frac{To\ \mu}{2 \times 3.14\ N}$$

Pour contrebalancer l'action de ce couple il faudra disposer d'ailerons dont on pourra calculer le moment de rappel.

Soient :

2 L l'envergure

2 L^1 la partie de l'aile non pourvue d'ailerons fig. (44)

K_1x et K_1y les coefficients unitaires pour la partie des ailes avec ailerons abattus et K_2x et K_2y les coefficients unitaires pour la partie des ailes où les ailerons sont relevés.

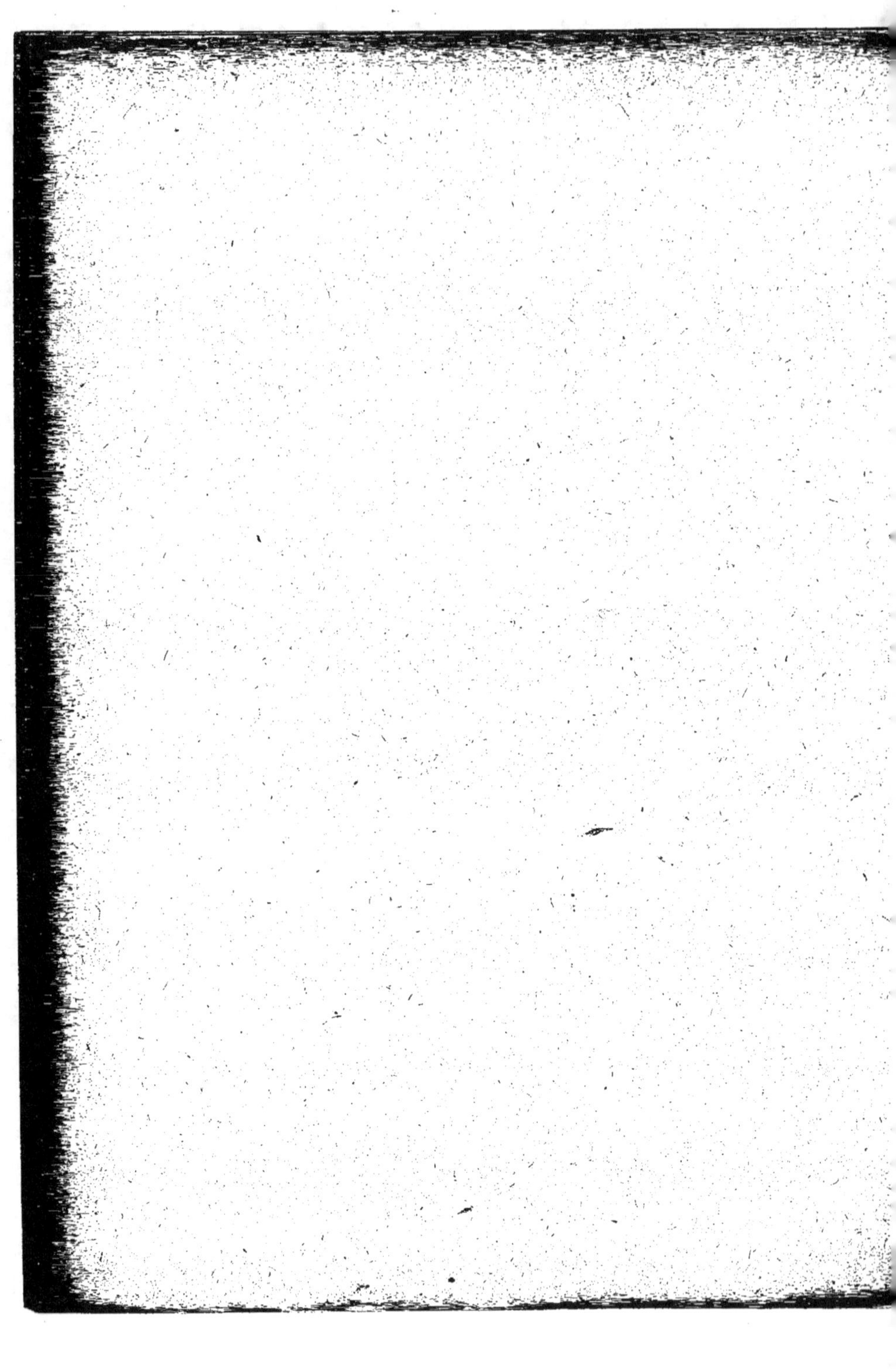

On a pour la partie droite :

$$d\,M_1^1 = K_1 y\,\ell\,dx\,x\,\frac{V^2}{13}\mu_1$$

d'où :

$$M_1^1 = \int_{L^1}^{L} d\,M_1 = K_1 y\,\frac{V^2 \mu_1 \ell}{13}\left(\frac{L^2 - L^{12}}{2}\right)$$

et pour la partie gauche :

$$M_1^{11} = K_2 y\,\frac{V^2}{13}\mu_1 \ell\left(\frac{L^2 - L^{12}}{2}\right)$$

On aura par conséquent :

$$M_1^1 - M_1^{11} = \frac{T_o\,\mu}{2 \times 3{,}14\,N} = \frac{V^2}{13}\mu_1\,\ell\,(K_1 y - K_2 y)\left(\frac{L^2 - L^{12}}{2}\right) = M_1$$

Le moment de trainée Q_1 s'ajoutera au moment de la force P il a pour valeur ;

$$Q_1 = \frac{V^2}{13}\mu_1\,\ell\,(K_1 x - K_2 x)\left(\frac{L^2 - L^{12}}{2}\right)$$

Il y a intérêt à réduire le plus que l'on pourra le moment Q nuisible qui exige une augmentation de braquage du gouvernail de direction.

Il faut donc prendre $\frac{Q_1}{M_1}$ le plus petit possible.

$$\frac{Q_1}{M_1} = \frac{K_1 x - K_2 x}{K_1 y - K_2 y}$$

Il résulte des essais faits avant la guerre au Laboratoire d'Aéronautique que l'on obtiendra ce résultat en donnant aux ailerons la plus grande longueur compatible avec les nécessités de facilité de commande et de construction.

Les formules (1)&(2) :

$$(1) \qquad \sin \alpha = -\frac{m}{2} + \sqrt{\frac{m^2}{4} + 1}$$

$$m = \frac{SA}{a} \quad \frac{1}{\frac{Rx}{Ry}}$$

$$(2) \qquad \sin 2\omega = \frac{1}{0,08} \quad \frac{a}{s} \quad \frac{S}{A} \quad Ky \quad \frac{Rx}{Ry}$$

nous montrent que α ne sera jamais très grand.

L'angle de braquage ω devra être réduit le plus que l'on pourra parce que si le gouvernail de direction est compensé pour les petits angles d'attaques employés pendant le vol normal il ne l'est plus pour les grands angles.

Ce fait se traduit par un moment M, de la force f_2 par rapport à l'axe du gouvernail, moment que devra supporter le pied du pilote.

Si le poids Π de l'avion est considérable la force f_2 qui est proportionnelle à R et par conséquent à Π

pourra atteindre une valeur notable 100 Kilogs par exemple pour II = 3.000 kil.

Il est arrivé déjà sur des avions que le pied du pilote ne pouvait maintenir le braquage parce que l'axe du gouvernail était placé trop près du bord d'attaque. Pour remédier à ce défaut on avait d'abord fortement reporté vers l'arrière l'axe du gouvernail mais il est arrivé que pour les petits angles ... la force passait en avant de cet axe d'où inconvénient d'avoir un gouvernail flottant.

Pour remédier à ces inconvénients le gouvernail doit être aussi haut et aussi étroit que possible à égalité de surface, car les déplacements de la poussée sont proportionnels à la largeur, et l'on doit réduire ce déplacement le plus que l'on pourra.

Si un seul gouvernail conduit à une largeur trop grande pour assurer la condition de facilité de manoeuvre on prendra plusieurs gouvernails de dimensions moindres.

En ce qui concerne le rapport $\frac{a}{s}$ $\frac{S}{A}$ qui fixe la valeur de l'angle de braquage ; les expériences d'avant- guerre ainsi que les résultats obtenus sur les bi-moteurs ayant donné satisfaction nous autorisent à prendre un chiffre voisin de 12 comme valeur de ce rapport.

Autre manière de voler avec un seul moteur pour un avion bimoteur.

******

On peut concevoir le vol en crabe c'est-à-dire dans une direction faisant un angle α avec le plan vertical de symétrie de l'avion, les ailes de l'avion restant horizontales .

Dans ce cas l'angle d'attaque du gouvernail n'est plus comme dans le cas précédent égal à ω angle de braquage mais bien $\omega - \alpha$.

Ce vol nécessite une longueur de queue et les dimensions du gouvernail excessives surtout pour des gros avions.

Certains de ceux existant ne sauraient voler en crabe.

Il faudra donc éviter de construire un avion bimoteur en lui imposant la condition de voler en crabe.

Tous les pilotes devront connaitre et employer la première méthode de conduite d'un bimoteur lorsqu'il vole avec un seul moteur.

CHAPITRE.

*****

UTILISATION DES AVIONS.

****

Dans un avion on peut fractionner le poids total II en quatre parties; savoir :

p_1 poids du planeur

p_2 poids du groupe motopropulseur.

p_c poids du combustible et de l'huile.

p_u charge utile

On aura pour le poids total II

$$II = p_1 + p_2 + p_c + p_u$$

(a) poids du planeur p_1.

Le planeur comporte les éléments suivants:

1°- La cellule composée de une ou plusieurs surfaces et forment une poutre simple ou en treillis destinée à supporter le poids II pendant le vol.

2°- un ou plusieurs fuselages dans lesquels sont contenus les moteurs, le combustible et le poids utile.

Le ou les fuselages supportent les gouvernails de profondeur et de direction.

3°- untrain d'attérissages ou des flotteurs s'il s'agit d'un hydravion.

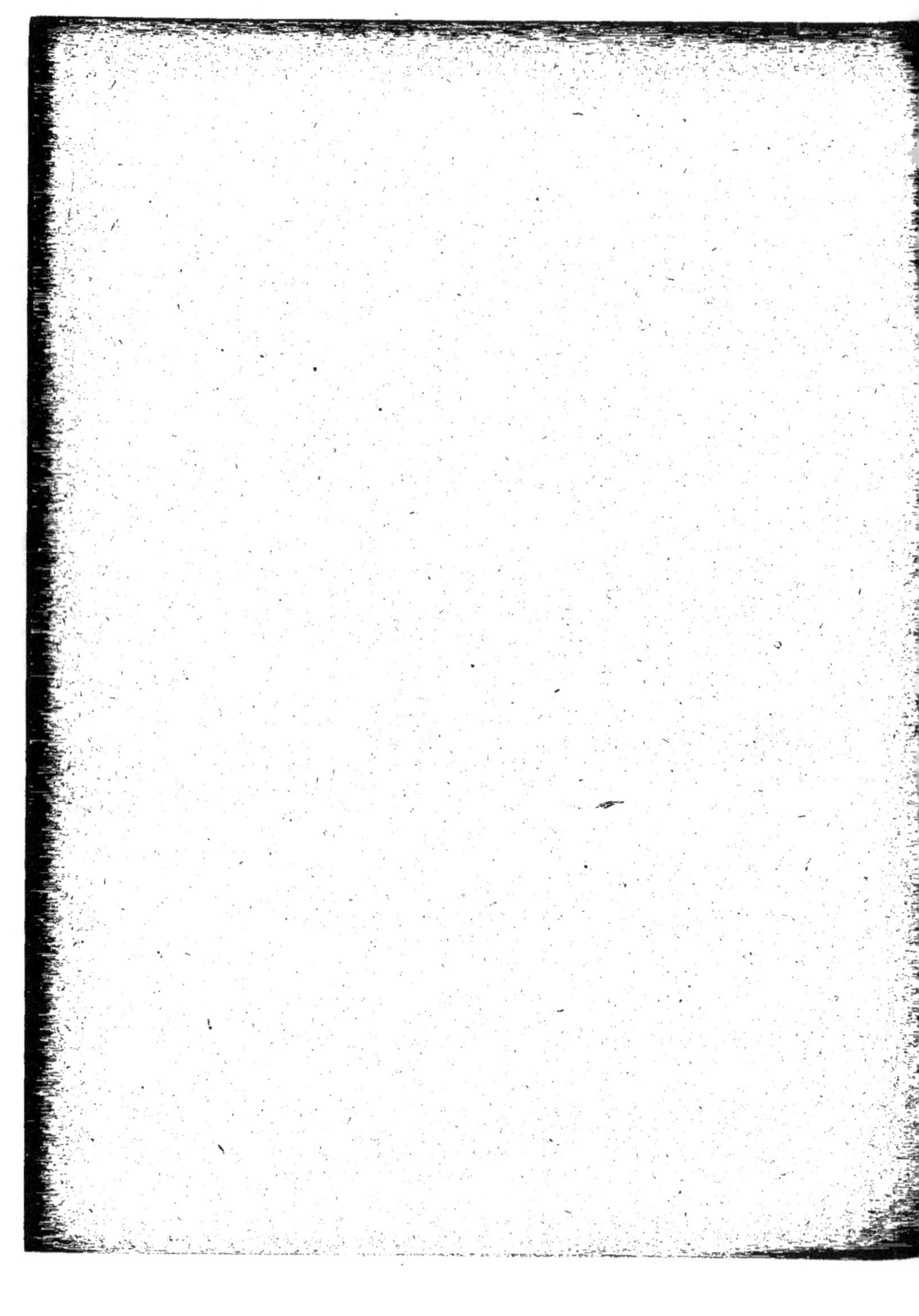

L'ensemble du planeur à un poids p_1 qui est une certaine fonction du poids total II.

On ne saurait admettre la proportionnalité entre le poids p_1 du planeur et le poids total ce qui serait contraire aux lois de le résistance des matériaux.

Si l'on considère des cellules géométriquement semblables supportant une charge II uniformément reportée, on peut les comparer à des poutres de poids p_1' chargées uniformément d'un poids $II - p_1'$ puisque la poussée de l'air II est diminuée du poids de la cellule, en ce qui concerne la fatigue pendant le vol.

Dans ce cas si C est le coéfficient de sécurité et $\frac{II}{S} = b$ le poids soulevé par mètre carré, on aura :

$$(1) \qquad p_1' = \frac{C^{3/2} A^1}{\frac{II}{S}} \cdot (II - p_1')^{3/2}$$

A^1 est un coefficient de construction qui doit être rendu aussi faible que possible.

Les poids p_1 des planeurs géométriquement semblables peuvent être considérés comme proportionnels aux poids des cellules ; on aura donc :

$$p_1' = e\, p_1$$

et par conséquent !

$$(2) \qquad p_1 = \frac{c^{3/2}}{\frac{II}{S}} \; \frac{A^1}{e} \; (II - e \, p_1)^{3/2}$$

Pour les bons avions existants, on aura sensiblement :

$$\frac{A^1}{e} = 0{,}0142 = A$$

$$e = 0{,}53$$

On a vu précédemment que pour les avions ayant même valeur du rapport $\frac{\sigma}{S}$ entre le coefficient de résistance passive σ et la surface S on avait à égalité de plafond:

$$\frac{II}{T_o} \left(\frac{II}{S} \right)^{1/2} = d^{1/2} = \text{constante}$$

ou en posant :

$$\frac{II}{T_o} = a \quad \text{et} \quad \frac{II}{S} = b$$

$$a^2 b = d$$

La formule (2) peut donc se mettre sous la forme la plus générale.

$$p_1 = \frac{c^{3/2} a^2 A}{d} \; (a \, T_o - e \, p_1)^{3/2}$$

(b) <u>p_2 poids du groupe motopropulseur.</u>

Le poids du groupe motopropulseur comprend :

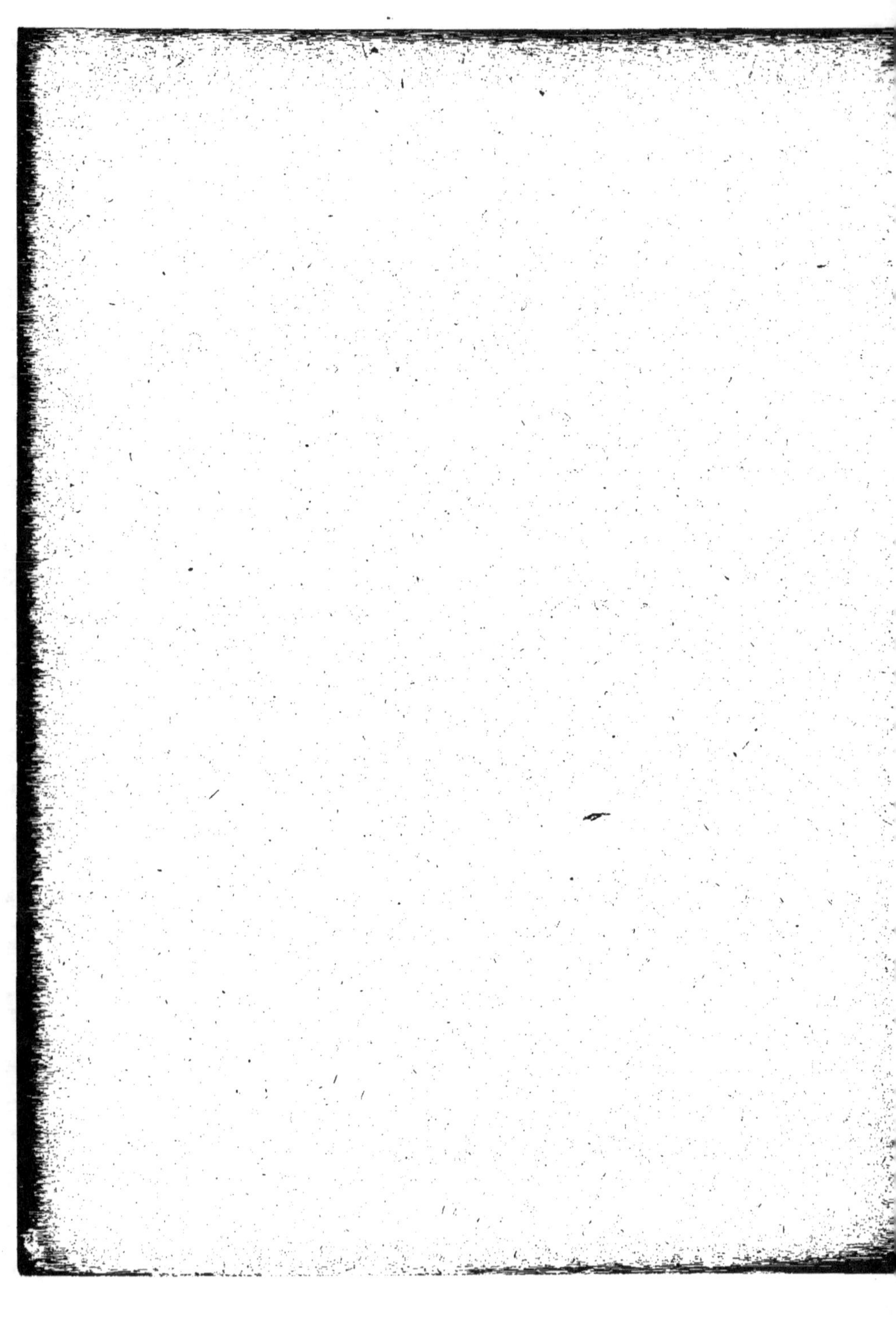

1°- le moteur et les accessoires.

2°- le radiateur, l'eau et les tuyauteurs.

3°- l'hélice et son moyeu.

4°- la plaque de fixation du moteur sur l'avion.

En résumé tout ce qui entre dans le groupe.

Si m est le poids par HP du groupe dont la puissance au sol est égale à T_o on aura :

$$p_2 = m \ T_o$$

(C) p_c poids du combustible.

Soit n le nombre d'heures de marche des moteurs près du sol et à pleine puissance: comme la consommation de l'essence et de l'huile par HP et par heure est voisine de 0k,300 emballage compris, on aura :

$$p_c = n \times 0,3 \ T_o$$

(d) poids utile p_u.

Le poids utile p_u comporte tout ce qui n'a pas été défini précédemment.

En additionnant tous ces poids, on aura:

$$\Pi = p_1 + T_o \ (m + n \times 0,3) + p_u$$

$$p_u = \Pi - p_1 - T_o \ (m+n\times 0,3) = a \ T_o - p_1 - T_o \ (m + n \times 0,3)$$

$$p_1 = \frac{c^{3/2} a^2}{d} A \ (a \ T_o - \varepsilon \ p_1)^{3/2}$$

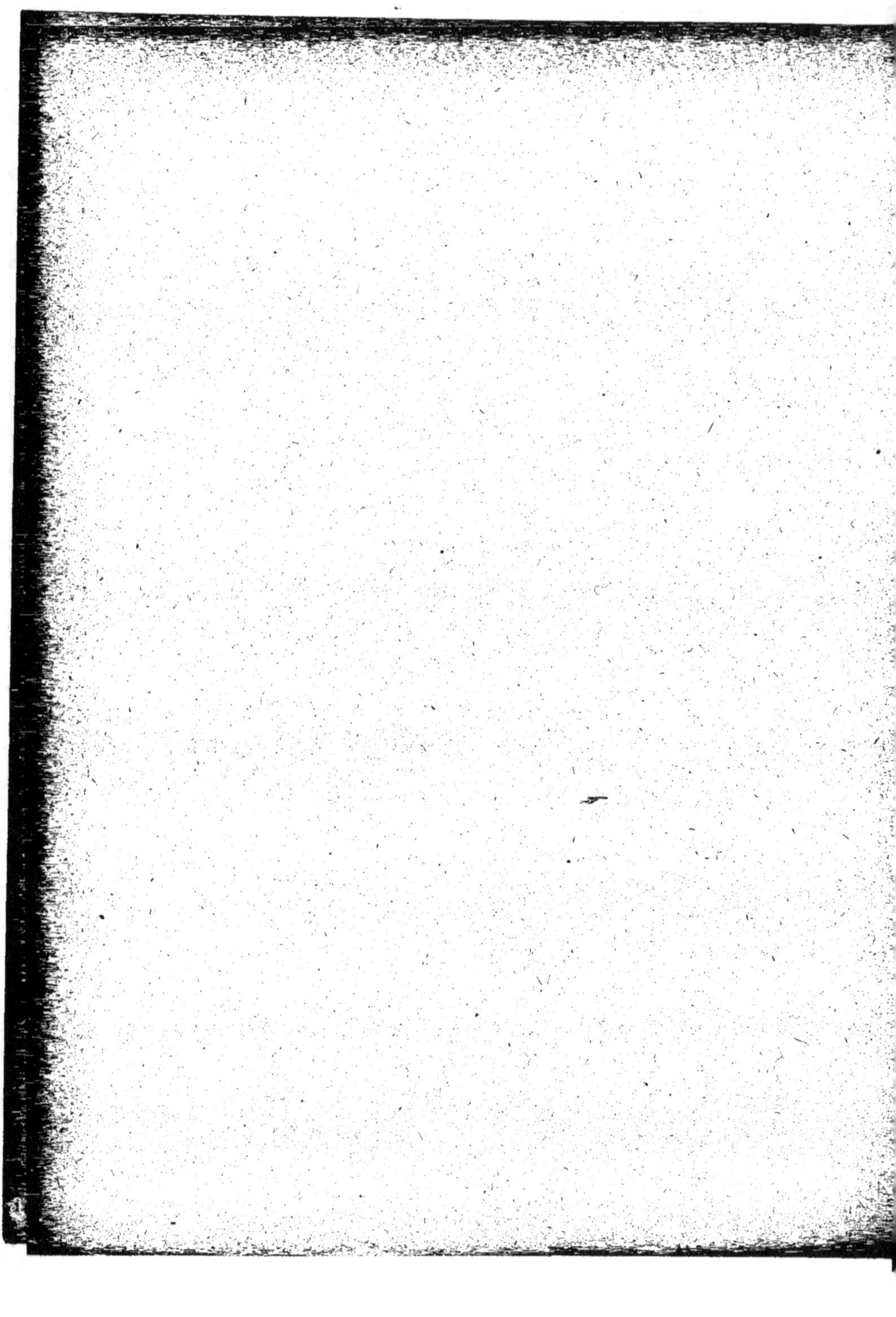

La valeur de p_u passe par un maximum soit que l'on conserve a constant et que l'on fasse varier T_o, soit que T_o étant donné a varie.

(1°) <u>Maximum de Pu en prenant a constant et en faisant varier T_o.</u>

Le maximum sera obtenu en annulant $\frac{d\,\rho_u}{d\,T_o}$

$$\frac{d\,\rho_u}{d\,T_o} = (a - m - n \times 0{,}3) - \frac{d\,\rho_1}{d\,T_o} = o$$

$$\frac{d\,\rho_1}{d\,T_o} = \frac{C^{3/2}\,a^2\,A}{d} \times \frac{3}{2}(a\,T_o - \ell\,\rho_1)^{1/2}\left(a - \ell\,\frac{d\,\rho_1}{d\,T_o}\right)$$

$$o = \frac{d\,\rho_u}{d\,T_o} = (a - m - n \times 0{,}3) - \frac{C^{3/2}a^2\,A}{d} \times \frac{3}{2}\Big(a\,T_o - \ell\,(a - m - n \times 0{,}3)\Big)$$

$$\rho_1 = \frac{C^{3/2}\,a^2\,A}{d}\,(a\,T_o - \ell\,\rho_1)^{3/2}$$

de ces équations on tire en posant:

$$a - m - n \times 0{,}3 = B$$

$$B - \frac{3}{2}\,\frac{p_1\,(a - \ell B)}{a\,T_o - \ell\,\rho_1} = o$$

ou en posant : $\frac{\rho_1}{T_o} = x$

$$2\,B\,(a - ex) = 3\,x\,(a - e\,B)$$

$$2\,Ba = X\,(3\,a - eB)$$

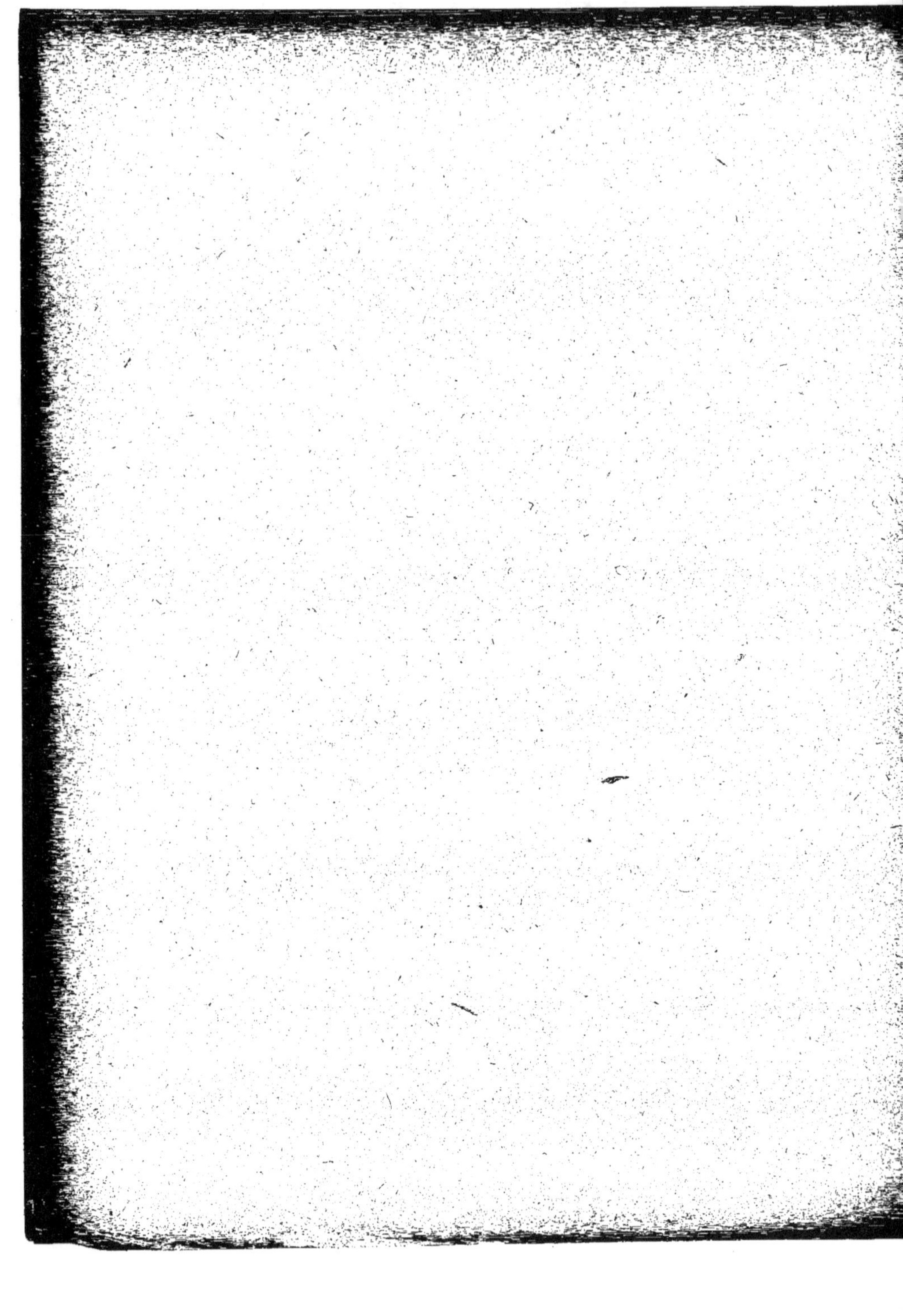

ou :

$$p_1 = \frac{2\,B\,a}{3\,a - eB} \times T_o$$

On aura :

$$\frac{2\,B\,a}{3\,a - e\,B}\,T_o = \frac{C^{3/2}\,a^2\,A}{d}\,T_o^{3/2}\left(a - \frac{2\,B\,a\;.\,e}{3\,a - e\,B}\right)^{3/2}$$

$$T_o^{1/2} = \frac{2\,B\,d\,(\,3\,a - e\,B\,)^{1/2}}{C^{3/2}\,a\,A\,(3\,a^2 - 3\,B\,a\,e)^{3/2}}$$

Telle est la valeur de T_o maxima que l'on ne saurait dépasser.

En posant :

$$\frac{B}{a} = 1 - \left(\frac{m + n \times 0,3}{a}\right) = g$$

On aura :

$$T_o^{1/2} = \frac{2}{3^{3/2}}\;\frac{g\,d\,(\,3 - e\,g\,)^{1/2}}{C^{3/2}\,A\,a^{5/2}\,(1 - g\,e)^{3/2}}$$

à titre d'exemple prenons :

d = 4.700 chiffre que l'on peut atteindre

pour :

$$\frac{\sigma}{S} = 0{,}0008$$

$$\left.\begin{array}{l} m = 1{,}8 \\ n = 5 \\ a = 10 \end{array}\right\} = 0{,}89$$

$A = 0{,}0142$

$C = 5{,}5$

$E = 0{,}53$

On obtient T_o = **4.200 HP.**

Ce chiffre pourra vraisemblablement être dépassé en perfectionnant la construction d'une part et les qualités aérodynamiques d'autre part.

Dans le cas où le coefficient de sécurité serait dans le cas présent porté de 5,5 à 7 la puissance maxima ne dépasserait pas 2.000 HP. puisque cette puissance est inversement proportionnelle au cube du coefficient de sécurité.

(2ème) Maximum de p_u en prenant T_o constant et en faisant varier (a).

****

Si l'on a choisi une puissance T_o inférieure au maximum indiqué, d'autre part, on peut avoir à rechercher quelle est la valeur du poids (a) par HP qui donnera le maximum du poids utile.

Ce problème qui d'ailleurs est d'actualité sera traité en détail au sujet du projet d'avion.

Reprenons la formule donnant p_u et annulons la dérivée $\frac{d\,p_u}{d\,a}$ pour obtenir la valeur de a qui correspond au maximum de p_u.

$$p_u = a\ T_o - p_1 - T_o\ (m + n \times 0,3)$$

$$\frac{d\ p_u}{d\ a} = T_o - \frac{d\ p_1}{d\ a}$$

$$\frac{d\ p_1}{d\ a} = \frac{C^{3/2}\ a\ A}{d}\ (a\ T_o - e\ p_1)^{1/2}$$

$$\left[2\ a\ T_o - 2\ e\ p_1 + \frac{3}{2}\ a\ T_o\ (1 - e)\right]$$

On aura :

$$T_o - \frac{C^{3/2}}{d}\ a\ A\ (a\ T_o - e\ p_1)^{1/2} \left(a\ T_o\ (2 + \frac{3}{2} - \frac{3}{2}\ e) - 2\ e\ p_1\right) = o$$

ou :

$$T_o - \frac{p_1}{a} \quad \frac{\left(a\ T_o\ (\frac{7-3e}{2}) - 2\ e\ p_1\right)}{(a\ T_o - e\ p_1)} = o$$

on posant $\frac{p_1}{a} = x$ on aura :

$$T_o - x\ \frac{\left(T_o\ \frac{(7-3\ e)}{2} - 2\ e\ x\right)}{T_o - e\ x} = o$$

En prenant $e = 0,53$ on aura :

$$T_o^2 - 3,23\ x\ T_o + 1,06\ x^2 = o$$

ou :

$$1,06\ \left(\frac{x}{T_o}\right)^2 - 3,23\ \frac{x}{T_o} + 1 = o$$

La plus petite racine correspond au maximum :

$$\frac{x}{T_o} = 0,354 = \frac{p_1}{a\ T_o}$$

<u>Conséquence</u> : La valeur de $\frac{p_1}{a\ T_o}$ est une constante qui ne dépond que du rapport entre le poids de la cellule et celui du planeur.

En remplaçant $\frac{x}{T_o}$ par sa valeur dans l'équation donnant le poids du planeur , on a :

$$0,354 = \frac{C^{3/2}\ a^{5/2} A\ T_o^{1/2}}{d} \ (1 - 0,53 \times 0,354)^{3/2}$$

en prenant C = 5,5 et A = 0,0142 on a :

$$\frac{a^{5/2}\ T_o^{1/2}}{d} = 2,65$$

Cette formule très simple est une relation entre :

$$\frac{II}{T_o}\ ,\ T_o\ ,\ \frac{II}{T_o}\left(\frac{II}{S}\right)^{1/2} = d^{1/2}\ d$$

fonction de la forme de l'aile et de $\frac{\sigma}{S}$

<u>Conséquence</u> : Il y aura donc des valeurs particulières de la Surface S et du poids total II qui conviendront le mieux pour obtenir le maximum de poids utile enlevé; ces valeurs sont indépendantes de la quantité du combustible employé et du poids du moteur.

La relation précédente sera utilisée par l'étude des projets d'avions.

COMPARAISON DE DEUX MOTEURS.-

****

Les considérations précédentes nous conduisent à rechercher les moyens de comparer les moteurs entre eux suivant les applications que l'on devra en faire.

Soient deux moteurs répondant aux caractéristiques suivants :

pour le 1er

puissance T_o

poids par HP = m

pour le 2ème

puissance T'_o

poids par HP = m'

Recherchons les conditions à remplir pour que ces deux moteurs donnent deux avions équivalents.

On aura :

$$\frac{II}{T_o} = \frac{II}{T'_o} = a$$

$$\frac{p_1}{a\ T_o} = M$$

et par conséquent :

pour le 1er moteur

$$p_u = a\ T_o - Ma\ T_o - T_o\ (m + n \times 0{,}5)$$

pour le second moteur :

$$p_u = a\ T'_o - Ma\ T'_o - T'_o\ (m' + n \times 0{,}5)$$

d'où :

$$p_u \left(\frac{1}{T_o} - \frac{1}{T'_o} \right) = m' - m$$

cette formule indique que plus p_u est petit plus la différence $m' - m$ affecte $T_o - T'_o$.

Prenons comme exemple p_u = 280 kilos et T_o = 3f040

pour m = 1k,300

Cherchons le moteur équivalent ayant la même consommation unitaire mais pesant m' = 1k,500 par HP du groupe motopropulseur.

On trouve T'_o = 466 HP

Le rapport $\frac{II'}{II}$ = 1,31

On voit que le constructeur qui espérerait obtenir de meilleurs résultats avec le moteur de 466 HP pesant 1k,5 au cheval du groupe motopropulsuer au lieu et place du moteur de 350 HP pesant 1k,300 commettrait une grosse faute dans le cas où p_u = 280 kilos.

DU RAYON D'ACTION.

******

Le rayon d'éction R est une fonction des paramètres suivants :

V vitesse de l'avion

v vitesse du vent

α direction du vent par rapport à la route

N Nombre d'heures de combustible.

Le rayon d'action dépend également du régime de vol choisi.

****

Supposons le cas le plus simple du voyage où l'on a le vent debout à l'aller et le vent arrière au retour.

Le temps t pour le voyage aller sera :

$$t = \frac{R}{V - v}$$

Le temps t' pour le voyage retour sera :

$$t' = \frac{R}{V + v}$$

On aura donc :

$$n = t + t' = \frac{2 R V}{V^2 - v^2}$$

Si le nombre n d'heures de combustible est fixé par des raisons de capacité de transport.

On a ;

$$n V^2 - n v^2 - 2 R V = o.$$

D'où :

$$V = \frac{R}{n} + \sqrt{\frac{R^2}{n^2} + v^2}$$

Si v = o on retrouve :

$$V = \frac{2R}{n}$$

V sera la vitesse nécessaire.

Si la vitesse V est donnée le rayon d'action R sera :

$$R = \frac{n(V^2 - v^2)}{2V}$$

§ - Régime économique par vent nul.

****

Si l'on admet que la consommation du combustible est proportionnel à la puissance T et que P_c soit la quantité de combustible emportée à bord de l'avion on aura en appelant d la consommation par cheval-Heure :

$$n \times d \times T = p_c$$

d'où :

$$n = \frac{p_c}{d\,T}$$

Si P est la poussée de l'Hélice et V la vitesse de translation on aura :

$$T = P\,V$$

D'où :

$$n = \frac{p_c}{d\,P\,V}$$

et $R = \frac{n\,V}{2} = \frac{P_o}{2\,d\,P}$

<u>Conséquence</u> : Par conséquent le maximum de R correspond au minimum de résistance à l'avancement et par conséquent de $\frac{Rx}{Ry}$.

Le régime économique par vent nul sera donc celui du vol sous l'angle optimum.

En conséquence pour obtenir le régime économique l'avion devrait voler constamment dans le voisinage de son plafond soit qu'on le laisse monter au fur et à mesure qu'il se déleste de son combustible soit que l'on réduise constamment l'admission des gaz pour maintenir le vol sur l'horizontale compte tenu de ce délestage.

Il est facile de démontrer que les 2 méthodes donnent par vent nul les résultats équivalents en ce qui concerne le rayon d'action.

<u>1ère Méthode:</u>

Soit Π le poids de l'avion complètement chargé et volant à une altitude Z où l'on a μ_1 et μ_1 et sous l'angle optimum d'attaque auquel correspond Ry et $\frac{Rx}{Ry}$.

Au bout du temps t on aura consommé un poids C de combustible et si l'avion continue à voler sous l'angle optimum on aura atteint une altitude Z' où l'on a μ' et μ'_1

Dans le premier cas si N est la vitesse de rotation

de l'hólice on a :

$$II \frac{Rx}{Ry} \frac{V}{3,6} = T_o \frac{N}{N_o} \rho \times 75 \mu$$

$$II = Ry \neq \frac{V^2}{13} \mu_1$$

$$T_o \frac{N}{N_o} \mu = \beta N^3 D^5 \mu_1$$

$$\frac{V}{N D} = \gamma$$

Dans le second cas si V' est la vitesse de l'avion et N' la vitesse de rotation de l'Hélice on a :

$$(II - C) \frac{Rx}{Ry} \frac{V'}{3,6} = T_o \frac{N'}{N_o} \rho' \times 75 \times \mu'$$

$$(II - C) = Ry \frac{V'^2}{13} \mu_1'$$

$$T_o \frac{N'}{N_o} \mu' = \beta^1 N^{13} D^5 \mu_1'$$

$$\frac{V^1}{N' D} = \gamma'$$

Ces équations donnent :

$$\frac{\frac{V^3}{N^3 D^5}}{\frac{V^{13}}{N^{13} D^5}} = \frac{\rho \beta}{\rho' \beta'} = \frac{\gamma^3}{\gamma'^3}$$

Cette égalité ne saurait exister que si l'on a :

$$\gamma = \gamma'$$

$$\beta = \beta'$$

$$\rho = \rho'$$

$$N = N^1$$

$$V = V^1$$

Conséquence : On voit donc que si pendant tout le voyage on laisse l'avion s'élever au fur et à mesure que le combustible est brulé de manière à conserver constante la vitesse du moteur la vitesse de translation restera constante et égale à V .

Deuxième méthode: On maintient l'altitude et l'angle d'attaque constant en réduisant l'admission des gazdu moteur.

On aura dans ce cas en appelant Co et C'o les couple moteurs tels que nous les avons définis, à pleine charge et à charge réduite. II - C

$$II = Ry \; \frac{V^2}{13} \mu_1$$

$$II - C = Ry \; \frac{V^{12}}{13} \mu_1$$

$$II \; \frac{Rx}{Ry} \; \frac{V}{3,6} = N \; Co \; \mu \times 75 \times \rho$$

$$(II - C) \frac{V^1}{3,6} = N' \; C'o \; \mu \times 75 \times \rho'$$

$$N \; Co \; \mu = \beta \; N^3 D^5 \mu_1$$

$$N' \; C'o \; \mu = \beta' \; N^{13} D^{15} \mu_1$$

$$\frac{V}{N \; D} = \gamma \qquad \frac{V'}{N' D} = \gamma'$$

D'où :

$$\frac{\dfrac{V^3}{N^3 \; D^3}}{\dfrac{V^{13}}{N^{13} D^3}} = \frac{\beta \rho}{\beta' \rho'} = \frac{\gamma^3}{\gamma^{13}}$$

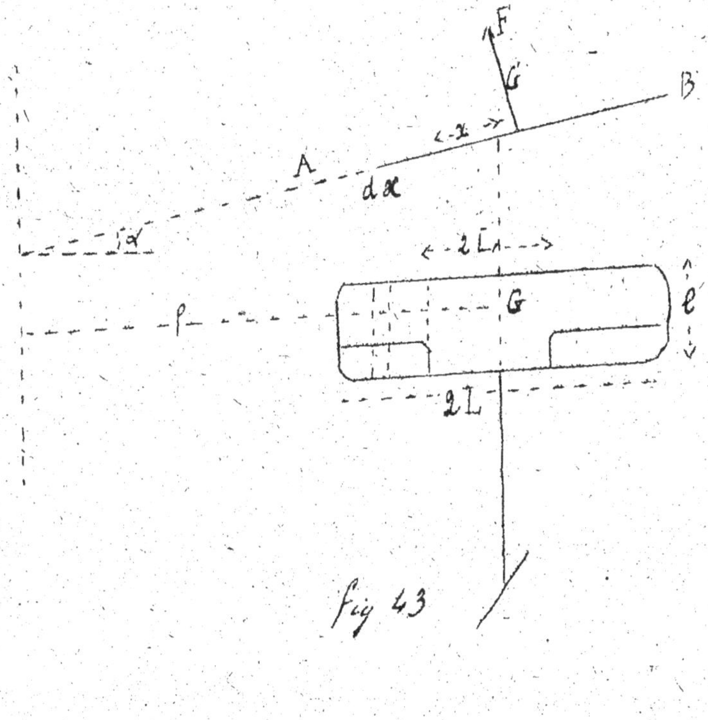

F
G
B
A
x
dx
α
$2L_1$
G
e
ρ
$2L$

fig 43

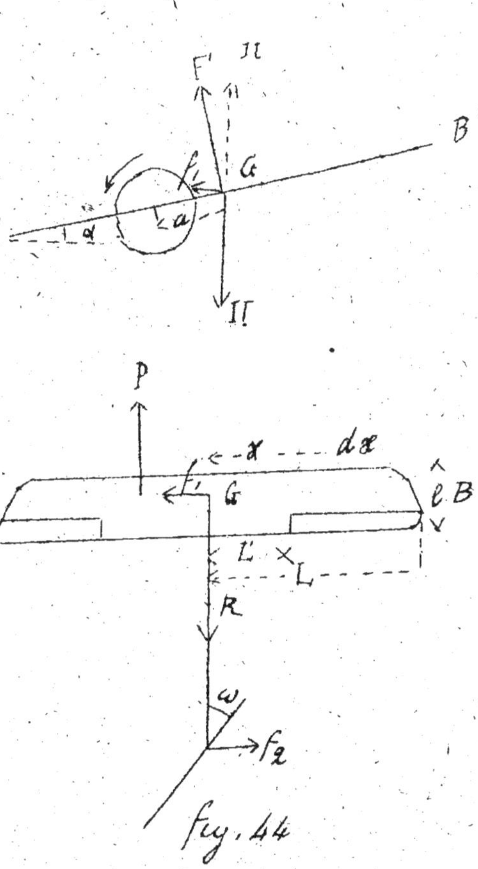

fig. 44

Pour obtenir ce résultat, il faut comme précédemment que :

$$\gamma = \gamma'$$
$$\beta = \beta'$$
$$\rho = \rho'$$

Les premières équations donnent :

$$\frac{V'}{V} = \frac{N'}{N} = \sqrt{\frac{co'}{co}} = \sqrt{\frac{II}{II - c}}$$

On voit que la vitesse V' ira en diminuant lorsque II - c diminue.

CONSEQUENCE : Au point de vue rayon d'action les 2 méthodes donnent des résultats identiques.

CONSEQUENCE : La 1ère méthode est plus expéditive que la 2°.

CONSEQUENCE : Lorsqu'il y a du vent la 1ère méthode est supérieure à la seconde.

****

§ - Régime économique par vent de vitesse v soit à l'aller, soit au retour d'un voyage.

****

Dans le cas où l'on a soit à l'aller, soit au retour un vent de vitesse v on aura :

$$n = \rho \frac{2 R V}{V^2 - v^2}$$

$$n = \frac{p_c}{a P V} = \frac{2 R V}{V^2 - v^2}$$

D'où :

$$R = \frac{p_c\ (V^2 - v^2)}{2\ a\ P\ V^2}$$

On a en outre :

$$P = \frac{Rx}{Ry}\ \Pi$$

$$\Pi = Ry\ \frac{V^2}{13}\ \mu$$

Des équations précédentes on tire :

$$R\ \frac{p_c}{2\ a\ \Pi^2}\ \frac{\Pi - \frac{v^2\ Ry\ \mu}{13}}{\frac{Rx}{Ry}}$$

Le maximum de R correspond au minimum de :

$$\frac{Rx}{Ry} \times \frac{1}{\Pi - \frac{v^2}{13}\ \mu\ Ry}$$

On voit immédiatement que l'on a intérêt à réduire μ le plus que l'on pourra, c'est-à-dire à laisser l'avion monter au fur et à mesure que le combustible a brulé.

C'est d'ailleurs la condition trouvée pour le cas où v est nul.

Le minimum de $\frac{Rx}{Ry} \times \frac{1}{\Pi - \frac{v^2}{13}\ \mu\ Ry}$ est obtenu en même temps que le minimum de :

$$\frac{Rx + \frac{\sigma}{S}}{Ky} \times \frac{1}{\left(\frac{13\ \Pi}{v^2\ \mu\ S} - Ky\right)\ \frac{v^2\ \mu}{13}\ S}$$

Posons :

$$K'y = Ky\ \left(\frac{13\ \Pi}{v^2\ \mu\ S} - Ky\right)$$

Connaissant la polaire de l'aile de l'avion et $\frac{\sigma}{S}$ on pourra calculer pour chaque valeur de Ky la valeur de K'y donnée par la formule précédente on aura une courbe en K'y.

La tangente menée de O' à la courbe K'y donnera la solution cherchée, comme on le voit le problème est plus compliqué que dans le cas du vent nul cependant il peut se résoudre à l'aide d'une abaque facile à établir donnant :

$$K'y = Ky\ (\ a - Ky\ )$$

pour différentes valeurs de a .

Les courbes représentatives sont des paraboles passant par l'origine et dont les tangentes en ce point sont $\frac{K'y}{Ky} = a$.

L'examen du rapport :

$$\frac{Rx}{Ry} \times \frac{1}{II - \frac{v^2}{13}\mu\ Ry} = \frac{1}{\frac{S\ v^2\mu}{13}} \times \frac{Rx}{Ry\left(13\ \frac{II}{S}\ \frac{1}{v^2\mu} - Ky\right)}$$

montre que l'on a intérêt à faire $\frac{II}{S}$ le plus grand possible pour diminuer l'influence du vent sur le rayon d'action.

Toutes les questions relatives au rayon d'action constituent des cas d'espèce qui peuvent s'étudier facilement à l'aide des considérations précédentes.

CONDUITE DES AVIONS AU SOL.

****

Le chassis d'attérissage et les trains de roues doivent remplir certaines conditions essentielles que l'on va définir.

La robustesse du chassis est fonction de la composante verticale de la vitesse en vol plané que l'on peut calculer pour chaque type d'avion.

Connaissant cette composante verticale, l'application des lois de la résistance des matériaux permettra de fixer les dimensions du chassis, des roues et des amortisseurs.

L'emplacement des roues doit être déterminé compte tenu des considérations suivantes :

Lorsqu'un avion roule sur le sol, même à faible vitesse, il peut arriver qu'un obstacle ralentisse brusquement cette vitesse et détermine une accélération négative.

Cette accélération produit une force d'inertie (fig. 45) tendant à faire pivoter l'avion autour de l'axe O des roues, d'où capotage possible.

Seul le moment du poids Π par rapport à O peut s'opposer au capotage.

Si α est l'angle que fait O G avec la verticale il sera nécessaire si l'on veut éviter le capotage que :

$$\Pi \times OA > \frac{\Pi}{g} \gamma \times GA$$

ou : $$1 - \frac{g}{\gamma g} \operatorname{tg} \alpha > 0$$

La limite sera obtenue pour

$$\operatorname{tg} \alpha = \frac{\gamma}{g}$$

Pour qu'un avion ne capote pas, il faudra donner à α un angle de garde suffisant.

Si α était trop grand, le centre de gravité serait trop en arrière de l'axe des roues; dans ce cas pendant le roulage la moindre amorce de virage pourrait provoquer la rotation classique appelée " Chevaux de bois ", si la vitesse n'est pas suffisante pour que les gouvernails et les ailerons puissent assurer le redressement.

Il faut donc que l'angle de garde α ne soit ni trop grand ni trop petit.

La pratique nous indique que cet angle doit être voisin de <u>20</u>°.

***********.

PARTICULARITES CONCERNANT L'ENVOL DE L'HYDRAVION.

*****

L'hydravion est soutenu sur l'eau par une coque dont le fond à la forme classique donnée à celui des bateaux glisseurs.

Ces bateaux se déjaugent sous l'action de la poussée hydrodynamique, ce qui diminue la partie immergée et par conséquent la résistance hydrodynamique.

Lorsqu'un hydravion navigue avant son envol, il faut qu'il se déjauge au fur et à mesure qu'il prend de la vitesse en conservant l'angle d'attaque le meilleur pour le fond de la coque.

Si les ailes sont reliées d'une façon immuable à la coque, il faudra donc que celles-ci aient un angle d'at taque i constant.

On conçoit que l'opération du cabrage utilisée pour obtenir le décollage des avions terrestres n'aurait d'autre effet que d'immerger la partie arrière de la coque et par conséquent de freiner l'appareil d'où réduction de la vitesse et impossibilité de l'envol.

Il est donc nécessaire que l'hydravion quitte la surface de l'eau de lui-même en utilisant son excès de puissance et en conservant un angle i d'attaque sensiblement constant.

Pendant le déplacement de l'hydravion et avant qu'il ne soit complètement allégé de son poids II on a pour une vitesse V.

T' travail aérodynamique = Rx V^3

II' déjaugeage aérodynamique = Ry V^2

Rx et Ry étant les coefficients de trainée et de sustentation pour l'angle i d'attaque des ailes, on a en outre :

II'' déjaugeage hydrodynamique = Ry' V^2

T'' travail hydrodynamique = R'x V^3

R'y et R'x étant les coefficients de sustentation et de tramée hydrodynamique pour un volume immergé II - (II' + II'')

On peut admettre que Rx' et R'y sont proportionnels à $\left[II - (II' + II'')\right]^{2/3}$ c'est-à-dire soit à la surface de contact avec l'eau soit à la surface immergée du maître couple.

On a donc :

$$R'x = A \quad (II - II' - II'')^{2/3}$$

$$R'y = B \quad (II - II' - II'')^{2/3}$$

Dans ces conditions la puissance nécessaire pour remorquer sur l'eau l'hydravion à une vitesse V serait :

$$T' + T'' = \left[Rx + A\ (II - II' - II'')^{2/3}\right] V^3$$

$$II - II' - II'' = II - \left[Ry + B\ (II - II' - II'')^{2/3}\right] V^2$$

Posons : $y = T' + T''$

$$II - II' - II'' = x$$

On a :

$$y = (Rx + Ax^{2/3})\ V^3$$

$$x = II - (Ry + Bx^{2/3})\ V^2$$

Ces deux équations permettent de calculer y pour différentes valeurs de V et pour des valeurs de x comprises entre II moment de la mise en route et 0 moment de l'envol.

Si l'on puppose le déjaugeage hydrodynamique très faible par rapport au déjaugeage aérodynamique on pourra prendre : $x = II - Ry\ V^2$

On aura alors :

$$y = V^3 \left[Rx + A\ (II - Ry\ V^2)^{2/3} \right]$$

Construisons :

1°- La courbe T_1 des puissances propulsives fonction de V.

2°- La courbe T_2 des puissances nécessaires pour le vol horizontal fonction de V.

3°- La courbe des angles d'attaque i fonction de V.

Prenons une valeur i particulière correspondant à V' pour laquelle on a fig.(46)

$$II = Ry\ V'^2$$

$$AM = T'_2 = Rx\ V'^3$$

on a :

$$y = V^3 \left[\frac{T'_2}{V'^3} + A\ II \left(1 - \frac{V^2}{V'^2} \right)^{2/3} \right]$$

on pourra calculer et construire la courbe y dont la forme est représentée fig.(46)

Si la courbe y, puissance nécessaire pour assurer le remorquage de l'hydravion sur l'eau, coupe la courbe T_1 en Q et Q', l'appareil atteindra sur l'eau une vitesse V' et ne pourra pas s'enlever.

Si à l'aide d'une vedette rapide on pousse l'hydravion pour lui faire dépasser la vitesse V'2, on constate par expérience qu'à partir de ce moment l'hydravion pourra augmenter sa vitesse par ses propres moyens et prendre son envol pour la vitesse V'.

L'expérience a été faite en Italie et son explication est, comme on le voit très simple.

Pour éviter cette manoeuvre, il faudra choisir sur la courbe des T_2 un point H, tel que la courbe y correspondante ne coupe pas la courbe T_1.

On pourra par tâtonnement rechercher le point H le plus avantageux.

S'il n'en existe aucun, cas où l'avion serait par trop tangent, l'envol sera impossible à obtenir.

On peut déterminer sur les modèles réduits dans un bassin d'essai, les coefficients de résistance à l'avancement pour des déjaugeages donnés.

Jusqu'à présent on s'est contenté de régler par tâtonnement l'angle d'attaque le plus convenable pour l'envol.

Il serait préférable pour un projet de pouvoir opérer par le calcul, ce qui n'est pas impossible.

****

SURALIMENTATION DES MOTEURS aux hautes altitudes..

Lorsqu'un moteur de puissance T_0 au sol fonctionne sur un avion avec pleine admission des gaz à une certaine altitude Z où la pression barométrique est H, la puissance T développée devient sensiblement :

$$T = T_0 \frac{H}{760}.$$

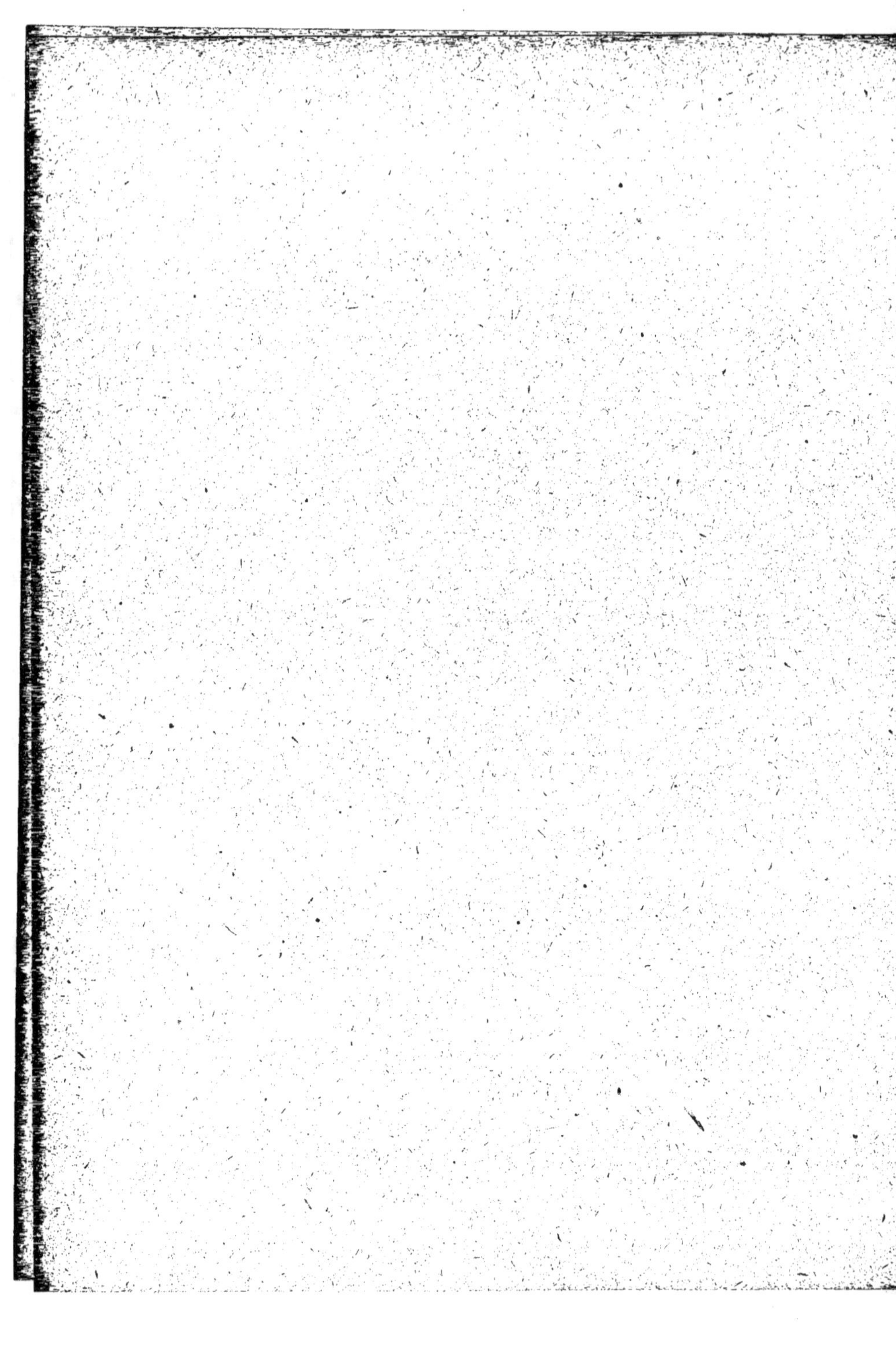

Pour les altitudes 2.000, 3.000, 4.000, 5.000, etc.. les valeurs de $\frac{H}{760}$ sont les suivantes :

ALTITUDES	Valeur de $\frac{H}{760}$
2.000	0,78
3.000................	0,69
4.000	0,606
5.000	0,545
6.000	0,472
7.000	0,418
8.000	0,369

Le moteur RENAULT donnant au sol 304 HP ne fournira plus à 6.000 mètres qu'unne puissance de :

$$T_5 = 304 \times 0,472 = 144 \text{ HP}.$$

Pour remédier à cet inconvénient, Monsieur RATEAU a imaginé un turbo-compresseur utilisant les gaz d'échappement du moteur et qui a pour mission de maintenir sensiblement la pression 760 dans une capacité où le carburateur du moteur s'alimente en air.

Dans ces conditions, le moteur fonctionnera à une altitude élevée sensiblement comme au sol et donnera une puissance qui théoriquement serait constante [illegible] et égale à T_o'.

L'étude du fonctionnement sur l'avion du moteur pourvu du turbo-compresseur conduit aux conséquences suivantes:

1°- L'hélice calculée pour fonctionner dans le cas

de l'emploi du turbo-compresseur sera complètement différente de celle employée sur un moteur ordinaire non pourvu du turbo-compresseur.

2°- L'adaptation de l'hélice doit être faite en tenant compte de la nécessité de ne jamais dépasser la vitesse de rotation maximum autorisée pour le moteur, soit 1.600 tours pour le moteur RENAULT sur BREGUET.

3°- Dans le cas du maintien de la puissance constante à toutes altitudes à l'aide du turbo-compresseur, tout se passe pour le vol a une hauteur donnée où la pression est H, comme si l'on avait employé un moteur ordinaire donnant au sol une puissance égale à : $P_0 \times \frac{760}{H}$

Si l'on prend comme exemple le moteur RENAULT, donnant au sol 304 HP, à 1.600 tours et que l'on maintienne à l'aide du turbo-compresseur cette puissance constante à toutes altitudes, les moteurs équivalents ordinaire auraient au sol les puissances suivantes :

POUR LE VOL A L'ALTITUDE.	Puissance au sol du moteur ordinaire équivalent au moteur 304 HP. pourvu du turbo-compresseur.
2.000	388 HP
3.000	442 HP
4.000	500 HP
5.000	560 HP
6.000	615 HP
7.000	725 HP
8.000	825 HP

Pour l'étude d'adaptation du propulseur, prenons

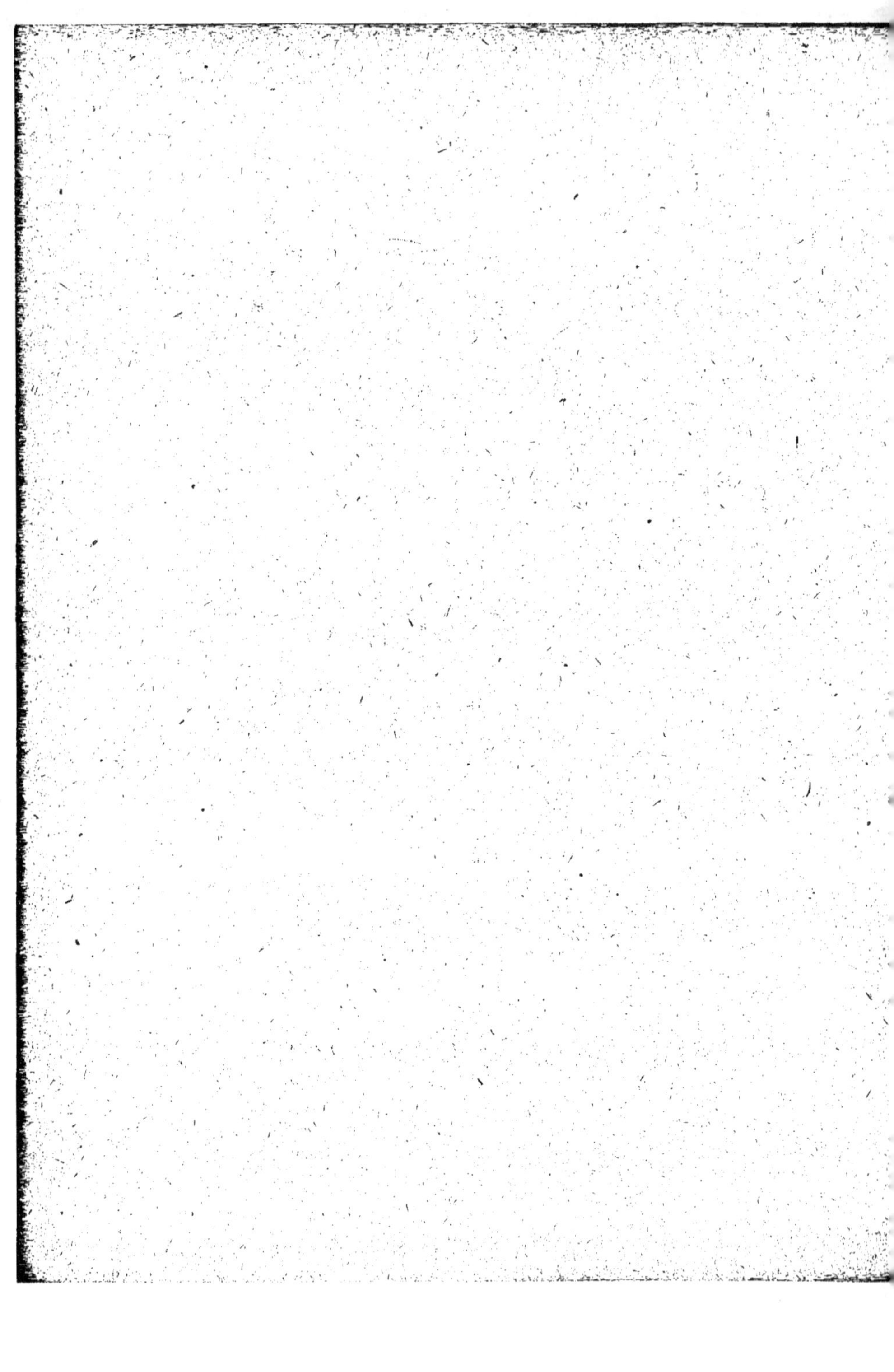

Comme exemple l'avion BREGUET.

Cet appareil emploie actuellement une hélice ayant les caractéristiques suivants :

Diamètre..........D 2,96

Pas...............P 2,05

Si l'on conservait cette hélice dans le cas de l'emploi du turbo-compresseur, sa vitesse de rotation pour le vol horizontal à l'altitude normale de vol : 4.000 mètres deviendrait égale à 1.900 tours au lieu de 1.600 tours autorisés.

Dans ces conditions, le moteur ne saurait fonctionner sans être détérioré à brève échéance.

Les calculs d'adaptation du propulseur au moteur pourvu du turbo-compresseur et tournant à la vitesse de 1.600 tours à la minute, donnent les résultats suivants :

Pour chaque altitude, l'hélice la plus convenable pour le vol horizontal aura un diamètre et un pas donné dans le tableau suivant :

On a également porté sur ce tableau les vitesses de translation correspondantes que l'on obtiendrait sur avion BREGUET.

ALTITUDE du vol horizontal	Diamètre de l'hélice	Pas de l'hélice	Vitesse de translation.
3.000.........	3,17	2,2	210 Kilomètres-heure
4.000	3,25	2,25	216
5.000..........	3,33	2,31	222
6.000	3,40	2,35	226
7.000	3,49	2,42	231
8.000	3,56	2,54	236

Les vitesses obtenues sont, comme on le voit, très interessantes, c'est d'ailleurs pour cette raison que M. RATEAU a été encouragé à poursuivre ses études.

Mais cependant, le problème d'adaptation de l'hélice au moteur introduit des difficultés d'emploi que l'on l'on doit faire ressortir.

Si nous prenons l'altitude normale de vol 4.000, par exemple, nous avons vu précédemment qu'il ne fallait pas songer employer l'hélice actuelle de 2 mètres 96 de diamètre et $2^{m},05$ de pas, mais qu'il était nécessaire de prendre pour les dimensions du propulseur celles indiquées dans le tableau précédent, savoir :

Diamètre........... 3,25

Pas 2,25

Au moment de l'envol, on ne saurait faire fonctionner le turbo-compresseur, car la surcompression dans le

moteur deviendrait inadmissible, il sera indispensable de placer hors circuit le dispositif RATEAU.

L'hélice de 3,25 de diamètre et 2,25 de pas freinera le moteur dont la vitesse de rotation deviendra égale à 1.200 tours.

Tout se passera comme si le moteur RENAULT avait été ramené à la puissance de 228 HP.

L'avion BREGUET aura donc, de ce fait, un envol beaucoup moins rapide qu'avec le moteur ordinaire.

Il y a donc, du fait de l'emploi de la suralimentation un désavantage marqué à l'envol et si, pour une raison quelconque le turbo-compresseur ne pouvait fonctionner, le plafond deviendrait dans le cas présent, inférieur à 5.000 mètres.

Si l'on choisissait les hélices les plus convenables pour le vol horizontal, à des altitudes de plus en plus élevées, on voit, d'après ce qui précède, que les facultés d'envol vont en diminuant de plus en plus.

En poussant les choses à l'extrême, il arriverait un moment où l'avion ne pourrait plus s'envoler.

Le principe de la suralimentation des moteurs d'avions aux hautes altitudes présente donc avec les hélices actuelles, des avantages et des inconvénients qui peuvent se résumer ainsi qu'il suit :

Avantages : a) - Possibilité de faire donner au moteur un coup de collier, pour augmenter, dans de grandes proportions la vitesse et les altitudes de vol de l'avion.

Inconvénients: b) - Faire travailler le moteur au maximum de couple, c'est-à-dire au minimum de sécurité, alors qu'avec le moteur ordinaire, le coefficient de sécurité est doublé dans le vol à 5.500 mètres, altitude à laquelle le couple est réduit de moitié.

c)- Nécessité d'utiliser des hélices beaucoup trop fortes pour l'envol si l'on veut réserver la possibilité d'emploi du dispositif aux hautes altitudes.

d) - Du fait de l'emploi d'hélices trop fortes, diminution notable des qualités de vol de l'avion en cas de panne du dispositif de suralimentation.

e)- Obligation pour le pilote de n'utiliser que partiellement et surtout sans àccoups la suralimentation à la montée, tant qu'il n'aura pas atteint le voisinage de l'altitude de vol pour laquelle l'hélice aura été calculée.

g) - Obligation pour le pilote de règler avce soin l'admission des gaz ou encore la marche du turbo-compresseur lorsqu'il aura dépassé cette altitude, afin de ne pas emballer le moteur.

Le moyen de remèdier à la plus grande partie de ces inconvénients serait d'employer une hélice à pales

orientales pendant la marche et si possible à diamètre variable.

Déjà à plusieurs reprises, des dispositifs de cette nature ont été proposés et construits, jusqu'à présent les résultats obtenus sont encourageants et il semble que l'étude doive donner des résultats satisfaisants dans un avenir plus ou moins éloigné.

Si l'on voulait employer la suralimentation des moteurs pour voler à de très hautes altitudes et à de grandes vitesses la question de l'hélice reste entière et ne saurait être solutionnée que par des dispositifs mécaniques permettant de faire varier à chaque instant son pas et si possible son diamètre.

On peut imaginer des dispositifs de ce genre commandés par le moteur lui-même et par conséquent automatique.

Des études de cette nature ont été faites au Laboratoire d'Aéronautique de Chalais-Meudon vers 1909, elles n'ont pas été poursuivies parce que les hélices ordinaires étaient beaucoup plus commodes d'emploi.

Actuellement la question doit être reprise et suivie avec un grand intérêt.

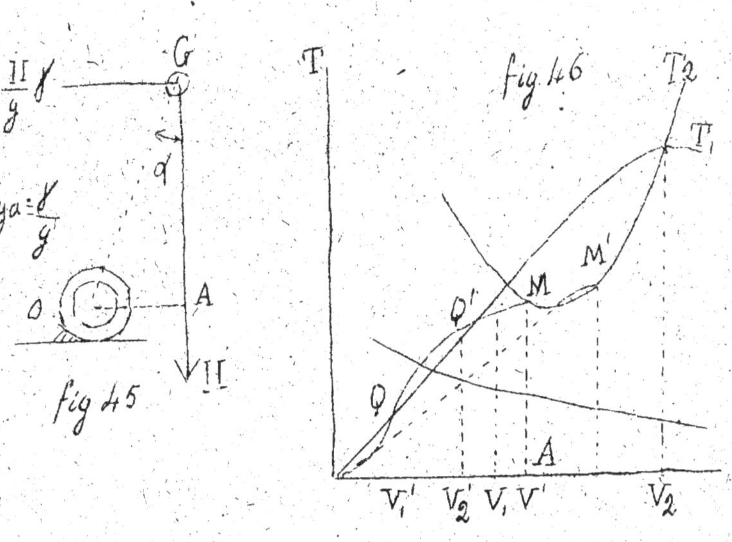

$\frac{\Pi}{g}\gamma$
G
α
$tg\,\alpha = \frac{\gamma}{g}$
O
A
Π
T
T_2
T_1
M'
M
Q'
Q
A
V_1'
V_2'
V_1
V'
V_2

fig 45

fig 46

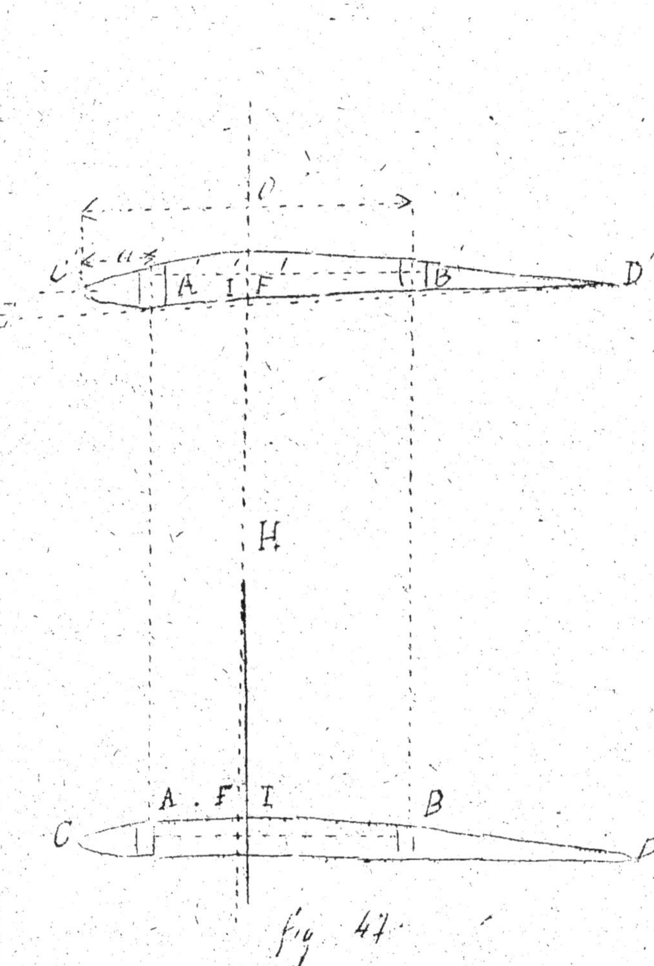

fig. 47.

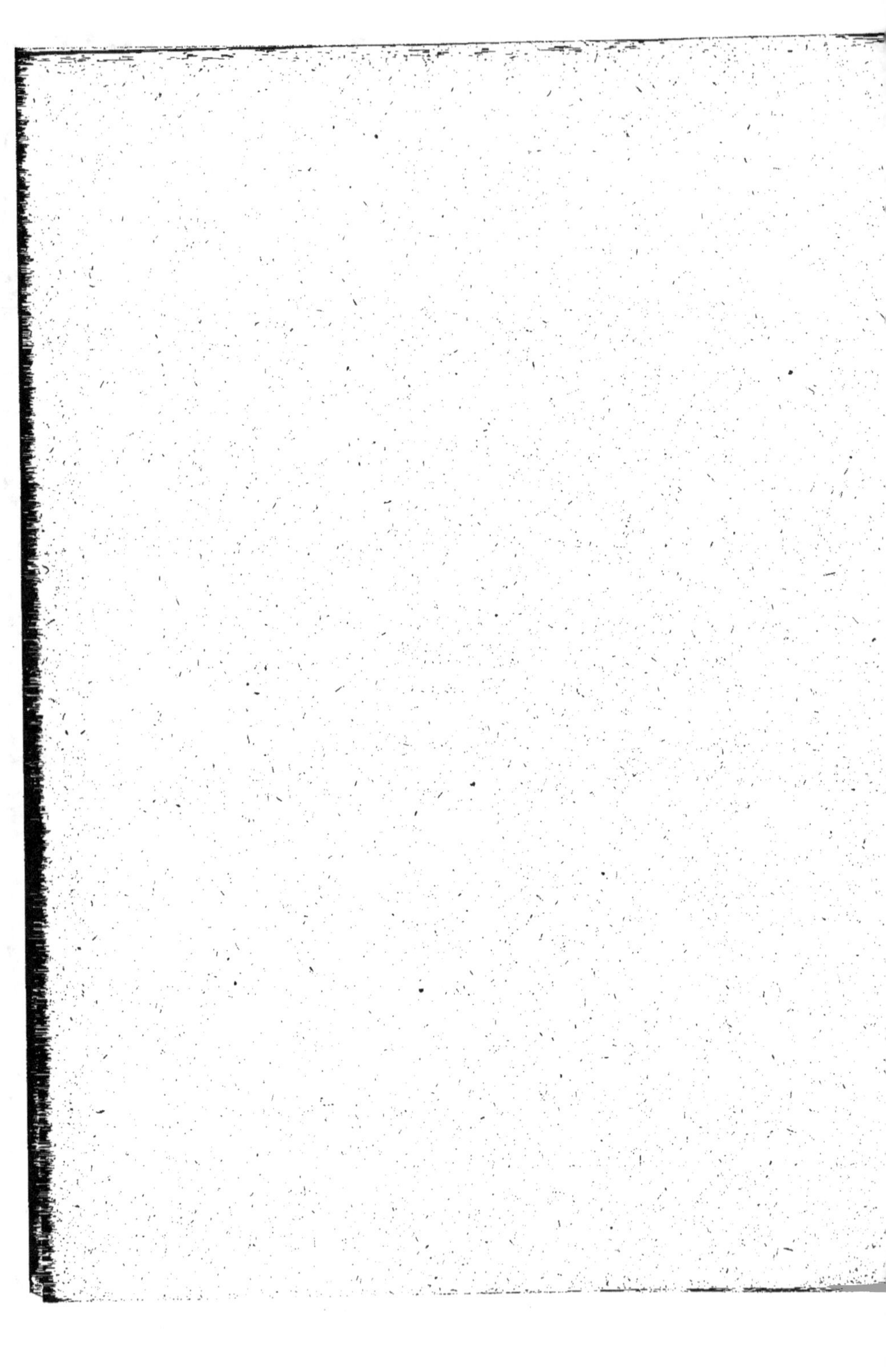

Pour obtenir ce résultat, il faut comme précédemment que :

$$\gamma = \gamma'$$
$$\beta = \beta'$$
$$\rho = \rho'$$

Les premières équations donnent :

$$\frac{V'}{V} = \frac{N'}{N} = \sqrt{\frac{co'}{co}} = \sqrt{\frac{II}{II-c}}$$

On voit que la vitesse V' ira en diminuant lorsque II - c diminue.

CONSEQUENCE : Au point de vue rayon d'action les 2 méthodes donnent des résultats identiques.

CONSEQUENCE : La 1ère méthode est plus expéditive que la 2°.

CONSEQUENCE : Lorsqu'il y a du vent la 1ère méthode est supérieure à la seconde.

****

§ - Régime économique par vent de vitesse v soit à l'aller, soit au retour d'un voyage.

****

Dans le cas où l'on a soit à l'aller, soit au retour un vent de vitesse v on aura :

$$n = \rho \frac{2 R V}{V^2 - v^2}$$

$$n = \frac{p_c}{a P V} = \frac{2 R V}{V^2 - v^2}$$

D'où :

$$R = \frac{P_c\,(V^2 - v^2)}{2\,a\,P\,V^2}$$

On a en outre :

$$P = \frac{Rx}{Ry}\,II$$

$$II = Ry\,\frac{V^2}{13}\,\mu$$

Des équations précédentes on tire :

$$R \quad \frac{P_c}{2\,a\,II^2} \quad \frac{II - \dfrac{v^2\,Ry\,\mu}{13}}{\dfrac{Rx}{Ry}}$$

Le maximum de R correspond au minimum de :

$$\frac{Rx}{Ry} \times \frac{1}{II - \dfrac{v^2}{13}\,\mu\,Ry}$$

On voit immédiatement que l'on a intérêt à réduire μ le plus que l'on pourra, c'est-à-dire à laisser l'avion monter au fur et à mesure que le combustible a brulé.

C'est d'ailleurs la condition trouvée pour le cas où v est nul.

Le minimum de $\dfrac{Rx}{Ry} \times \dfrac{1}{II - \dfrac{v^2}{13}\,\mu\,Ry}$ est obtenu en même temps que le minimum de :

$$\frac{Rx + \dfrac{\sigma}{S}}{Ky} \times \frac{1}{\left(\dfrac{13\,II}{v^2\,\mu\,S} - Ky\right)\dfrac{v^2\,\mu\,S}{13}}$$

Posons :

$$K'y = Ky\left(\frac{13\,II}{v^2\,\mu\,S} - Ky\right)$$

Connaissant la polaire de l'aile de l'avion et $\frac{\sigma}{S}$ on pourra calculer pour chaque valeur de Ky la valeur de K'y donnée par la formule précédente on aura une courbe en K'y.

La tangente menée de O' à la courbe K'y donnera la solution cherchée, comme on le voit le problème est plus compliqué que dans le cas du vent nul cependant il peut se résoudre à l'aide d'une abaque facile à établir donnant :

$$K'y = Ky \ (a - Ky)$$

pour différentes valeurs de a .

Les courbes représentatives sont des paraboles passant par l'origine et dont les tangentes en ce point sont $\frac{K'y}{Ky} = a$.

L'examen du rapport :

$$\frac{Rx}{Ry} \times \frac{1}{II - \frac{v^2}{13} \mu \, Ry} = \frac{1}{\frac{S \, v^2 \mu}{13}} \times \frac{Rx}{Ry \left(13 \, \frac{II}{S} \, \frac{1}{v^2 \mu} - Ky \right)}$$

montre que l'on a intérêt à faire $\frac{II}{S}$ le plus grand possible pour diminuer l'influence du vent sur le rayon d'action.

Toutes les questions relatives au rayon d'action constituent des cas d'espèce qui peuvent s'étudier facilement à l'aide des considérations précédentes.

CONDUITE DES AVIONS AU SOL.

****

Le chassis d'attérissage et les trains de roues doivent remplir certaines conditions essentielles que l'on va définir.

La robustesse du chassis est fonction de la composante verticale de la vitesse en vol plané que l'on peut calculer pour chaque type d'avion.

Connaissant cette composante verticale, l'application des lois de la résistance des matériaux permettra de fixer les dimensions du chassis, des roues et des amortisseurs.

L'emplacement des roues doit être déterminé compte tenu des considérations suivantes :

Lorsqu'un avion roule sur le sol, même à faible vitesse, il peut arriver qu'un obstacle ralentisse brusquement cette vitesse et détermine une accélération négative.

Cette accélération produit une force d'inertie (fig. 45) tendant à faire pivoter l'avion autour de l'axe O des roues, d'où capotage possible.

Seul le moment du poids II par rapport à O peut s'opposer au capotage.

Si α est l'angle que fait O G avec la verticale il sera nécessaire si l'on veut éviter le capotage que :

$$II \times O\,A > \frac{II}{g} \gamma \times G\,A$$

ou : $$1 - \frac{g}{\gamma} \operatorname{tg} \alpha > 0$$

La limite sera obtenue pour

$$\operatorname{tg} \alpha = \frac{\gamma}{g}$$

Pour qu'un avion ne capote pas, il faudra donner à α un angle de garde suffisant.

Si α était trop grand, le centre de gravité serait trop en arrière de l'axe des roues; dans ce cas pendant le roulage la moindre amorce de virage pourrait provoquer la rotation classique appelée " Chevaux de bois ", si la vitesse n'est pas suffisante pour que les gouvernails et les ailerons puissent assurer le redressement.

Il faut donc que l'angle de garde α ne soit ni trop grand ni trop petit.

La pratique nous indique que cet angle doit être voisin de 20°.

****

PARTICULARITES CONCERNANT L'ENVOL DE L'HYDRAVION.

*****

L'hydravion est soutenu sur l'eau par une coque dont le fond à la forme classique donnée à celui des bateaux glisseurs.

Ces bateaux se déjaugent sous l'action de la poussée hydrodynamique, ce qui diminue la partie immergée et par conséquent la résistance hydrodynamique.

Lorsqu'un hydravion navigue avant son envol, il faut qu'il se déjauge au fur et à mesure qu'il prend de la vitesse en conservant l'angle d'attaque le meilleur pour le fond de la coque.

Si les ailes sont reliées d'une façon immuable à la coque, il faudra donc que celles-ci aient un angle d'attaque i constant.

On conçoit que l'opération du cabrage utilisée pour obtenir le décolage des avions terrestres n'aurait d'autre effet que d'immerger la partie arrière de la coque et par conséquent de freiner l'appareil d'où réduction de la vitesse et impossibilité de l'envol.

Il est donc nécessaire que l'hydravion quitte la surface de l'eau de lui-même en utilisant son excès de puissance et en conservant un angle i d'attaque sensiblement constant.

Pendant le déplacement de l'hydravion et avant qu'il ne soit complètement allégé de son poids II on a pour une vitesse V. -

T' travail aérodynamique = $Rx\ V^3$

II' déjaugeage aérodynamique = $Ry\ V^2$

Rx et Ry étant les coefficients de trainée et de sustentation pour l'angle i d'attaque des ailes, on a en outre :

II'' déjaugeage hydrodynamique = $Ry'\ V^2$

T'' travail hydrodynamique = $R'x\ V^3$

R'y et R'x étant les coefficients de sustentation et de tramée hydrodynamique pour un volume immergé II - (II' + II'')

On peut admettre que Rx' et R'y sont proportionnels à $\left[II - (II' + II'')\right]^{2/3}$ c'est-à-dire soit à la surface de contact avec l'eau soit à la surface immergée du maître couple.

On a donc :

$$R'x = A \ (II - II' - II'')^{2/3}$$

$$R'y = B \ (II - II' - II'')^{2/3}$$

Dans ces conditions la puissance nécessaire pour remorquer sur l'eau l'hydravion à une vitesse V serait :

$$T' + T'' = \left(Rx + A \ (II - II' - II'')^{2/3}\right) V^3$$

$$II - II' - II'' = II - \left[Ry + B \ (II - II' - II'')^{2/3}\right] V^2$$

Posons : $y = T' + T''$

$$II - II' - II'' = x$$

On a :

$$y = (Rx + Ax^{2/3}) \ V^3$$

$$x = II - (Ry + Bx^{2/3}) \ V^2$$

Ces deux équations permettent de calculer y pour différentes valeurs de V et pour des valeurs de x comprises entre II moment de la mise en route et O moment de l'envol.

Si l'on suppose le déjaugeage hydrodynamique très faible par rapport au déjaugeage aérodynamique on pourra prendre : $x = II - Ry \ V^2$

On aura alors :

$$y = V^3 \left[Rx + A\ (II - Ry\ V^2)^{2/5} \right]$$

Construisons :

1°- La courbe T_1. des puissances propulsives fonction de V.

2°- La courbe T_2 des puissances nécessaires pour le vol horizontal fonction de V.

3°-.La courbe des angles d'attaque i fonction de V.

Prenons une valeur i particulière correspondant à V' pour laquelle on a fig.(46)

$$II = Ry\ V^{12}$$

$$AM = T'_2 = Rx\ V^{13}$$

on a :

$$y = V^3 \left[\frac{T'_2}{V^{13}} + A\ II \left(1 - \frac{V^2}{V^{12}} \right)^{2/3} \right]$$

on pourra calculer et construire la courbe y dont la forme est représentée fig.(46)

Si la courbe y, puissance nécessaire pour assurer le remorquage de l'hydravion sur l'eau, coupe la courbe T_1 en Q et Q', l'appareil atteindra sur l'eau une vitesse V' et ne pourra pas s'enlever.

Si à l'aide d'une vedette rapide on pousse l'hydravion pour lui faire dépasser la vitesse V'2, on constate par expérience qu'à partir de ce moment l'hydravion pourra augmenter sa vitesse par ses propres moyens et prendre son envol pour la vitesse V'.

L'expérience a été faite en Italie et son explication est, comme on le voit très simple.

Pour éviter cette manoeuvre, il faudra choisir sur la courbe des T_2 un point H, tel que la courbe y correspondante ne coupe pas la courbe T_1.

On pourra par tâtonnement rechercher le point H le plus avantageux.

S'il n'en existe aucun, cas où l'avion serait par trop tangent, l'envol sera impossible à obtenir.

On peut déterminer sur les modèles réduits dans un bassin d'essai, les coefficients de résistance à l'avancement pour des déjaugeages donnés.

Jusqu'à présent on s'est contenté de régler par tâtonnement l'angle d'attaque le plus convenable pour l'envol.

Il serait préférable pour un projet de pouvoir opérer par le calcul, ce qui n'est pas impossible.

****

SURALIMENTATION DES MOTEURS aux hautes altitudes.

Lorsqu'un moteur de puissance T_0 au sol fonctionne sur un avion avec pleine admission des gaz à une certaine altitude Z où la pression barométrique est H, la puissance T développée devient sensiblement :

$$T = T_0 \frac{H}{760}$$

Pour les altitudes 2.000, 3.000, 4.000, 5.000, etc.. les valeurs de $\frac{H}{760}$ sont les suivantes :

ALTITUDES	Valeur de $\frac{H}{760}$
2.000	0,78
3.000...............	0,69
4.000	0,606
5.000	0,545
6.000	0,472
7.000	0,418
8.000	0,369

Le moteur RENAULT donnant au sol 304 HP. ne fournira plus à 6.000 mètres qu'une puissance de :

$$T_3 = 304 \times 0,472 = \underline{144 \text{ HP}}.$$

Pour remédier à cet inconvénient, Monsieur RATEAU a imaginé un turbo-compresseur utilisant les gaz d'échappement du moteur et qui a pour mission de maintenir sensiblement la pression 760 dans une capacité où le carburateur du moteur s'alimente en air.

Dans ces conditions, le moteur fonctionnera à une altitude élevée sensiblement comme au sol et donnera une puissance qui théoriquement serait constante ... et égale à T_o'.

L'étude du fonctionnement sur l'avion du moteur pourvu du turbo-compresseur conduit aux conséquences suivantes:

1°- L'hélice calculée pour fonctionner dans le cas

de l'emploi du turbo-compresseur sera complètement différente de celle employée sur un moteur ordinaire non pourvu du turbo-compresseur.

2°- L'adaptation de l'hélice doit être faite en tenant compte de la nécessité de ne jamais dépasser la vitesse de rotation maximum autorisée pour le moteur, soit 1.600 tours pour le moteur RENAULT sur BREGUET.

3°- Dans le cas du maintien de la puissance constante à toutes altitudes à l'aide du turbo-compresseur, tout se passe pour le vol a une hauteur donnée où la pression est H, comme si l'on avait employé un moteur ordinaire donnant au sol une puissance égale à : $P_0 \times \frac{760}{H}$

Si l'on prend comme exemple le moteur RENAULT, donnant au sol 304 HP, à 1.600 tours et que l'on maintienne à l'aide du turbo-compresseur cette puissance constante à toutes altitudes, les moteurs équivalents ordinaire auraient au sol les puissances suivantes :

POUR LE VOL A L'ALTITUDE.	Puissance au sol du moteur ordinaire équivalent au moteur 304 HP. pourvu du turbo-compresseur.
2.000	386 HP
3.000	442 HP
4.000	500 HP
5.000	560 HP
6.000	615 HP
7.000	725 HP
8.000	825 HP

Pour l'étude d'adaptation du propulseur, prenons

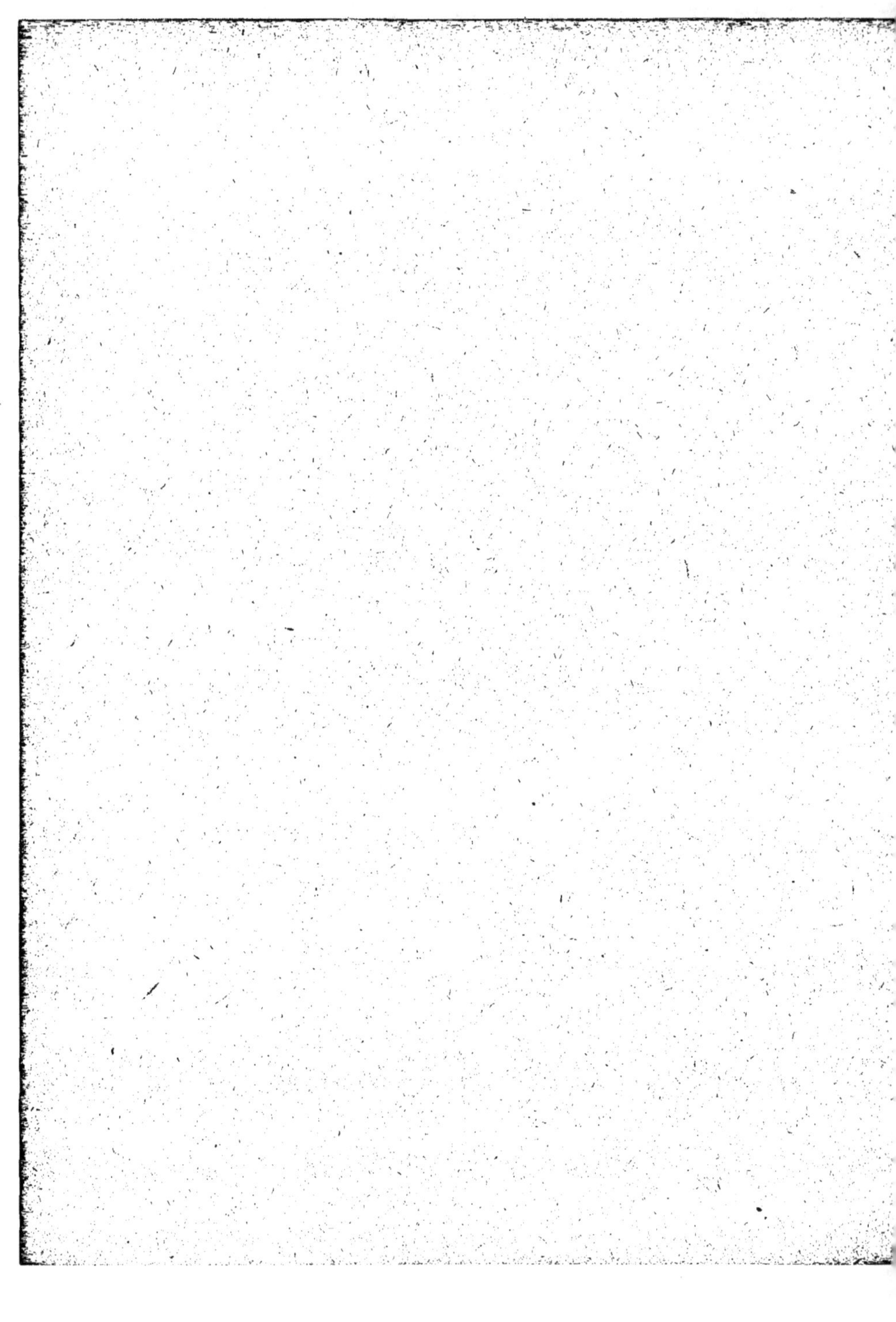

Comme exemple l'avion BREGUET.

Cet appareil emploie actuellement une hélice ayant les caractéristiques suivants :

Diamètre..........D 2,96

Pas...............P 2,05

Si l'on conservait cette hélice dans le cas de l'emploi du turbo-compresseur, sa vitesse de rotation pour le vol horizontal à l'altitude normale de vol : 4.000 mètres deviendrait égale à 1.900 tours au lieu de 1.600 tours autorisés.

Dans ces conditions, le moteur ne saurait fonctionner sans être détérioré à brève échéance.

Les calculs d'adaptation du propulseur au moteur pourvu du turbo-compresseur et tournant à la vitesse de 1.600 tours à la minute, donnent les résultats suivants :

Pour chaque altitude, l'hélice la plus convenable pour le vol horizontal aura un diamètre et un pas donné dans le tableau suivant :

On a également porté sur ce tableau les vitesses de translation correspondantes que l'on obtiendrait sur avion BREGUET.

ALTITUDE du vol horizontal	Diamètre de l'hélice	Pas de l'hélice	Vitesse de translation.
3.000	3,17	2,2	210 Kilomètres-heure
4.000	3,25	2,25	216
5.000..........	3,33	2,31	222
6.000	3,40	2,35	226
7.000	3,49	2,42	231
8.000	3,56	2,54	236

Les vitesses obtenues sont, comme on le voit, très intéressantes, c'est d'ailleurs pour cette raison que M. RATEAU a été encouragé à poursuivre ses études.

Mais cependant, le problème d'adaptation de l'hélice au moteur introduit des difficultés d'emploi que l'on l'on doit faire ressortir.

Si nous prenons l'altitude normale de vol 4.000, par exemple, nous avons vu précédemment qu'il ne fallait pas songer employer l'hélice actuelle de 2 mètres 96 de diamètre et 2^m,05 de pas, mais qu'il était nécessaire de prendre pour les dimensions du propulseur celles indiquées dans le tableau précédent, savoir :

Diamètre........... 3,25

Pas 2,25

Au moment de l'envol, on ne saurait faire fonctionner le turbo-compresseur, car la surcompression dans le

moteur deviendrait inadmissible, il sera indispensable de placer hors circuit le dispositif RATEAU.

L'hélice de 3,25 de diamètre et 2,25 de pas freinera le moteur dont la vitesse de rotation deviendra égale à 1.200 tours.

Tout se passera comme si le moteur RENAULT avait été ramené à la puissance de 228 HP.

L'avion BREGUET aura donc, de ce fait, un envol beaucoup moins rapide qu'avec le moteur ordinaire.

Il y a donc, du fait de l'emploi de la suralimentation un désavantage marqué à l'envol et si, pour une raison quelconque le turbo-compresseur ne pouvait fonctionner, le plafond deviendrait dans le cas présent, inférieur à 5.000 mètres.

Si l'on choisissait les hélices les plus convenables pour le vol horizontal, à des altitudes de plus en plus élevées, on voit, d'après ce qui précède, que les facultés d'envol vont en diminuant de plus en plus.

En poussant les choses à l'extrême, il arriverait un moment où l'avion ne pourrait plus s'envoler.

Le principe de la suralimentation des moteurs d'avions aux hautes altitudes présente donc avec les hélices actuelles, des avantages et des inconvénients qui peuvent se résumer ainsi qu'il suit :

Avantages : a) - Possibilité de faire donner au moteur un coup de collier, pour augmenter, dans de grandes proportions la vitesse et les altitudes de vol de l'avion.

Inconvénients: b) - Faire travailler le moteur au maximum de couple, c'est-à-dire au minimum de sécurité, alors qu'avec le moteur ordinaire, le coefficient de sécurité est doublé dans le vol à 5.500 mètres, altitude à laquelle le couple est réduit de moitié.

c)- Nécessité d'utiliser des hélices beaucoup trop fortes pour l'envol si l'on veut réserver la possibilité d'emploi du dispositif aux hautes altitudes.

d) - Du fait de l'emploi d'hélices trop fortes, diminution notable des qualités de vol de l'avion en cas de panne du dispositif de suralimentation.

e)- Obligation pour le pilote de n'utiliser que partiellement et surtout sans à-coups la suralimentation à la montée tant qu'il n'aura pas atteint le voisinage de l'altitude de vol pour laquelle l'hélice aura été calculée.

g) - Obligation pour le pilote de régler avce soin l'admission des gaz ou encore la marche du turbo-compresseur lorsqu'il aura dépassé cette altitude, afin de ne pas emballer le moteur.

Le moyen de remédier à la plus grande partie de ces inconvénients serait d'employer une hélice à pales

orientales pendant la marche et si possible à diamètre variable.

Déjà à plusieurs reprises, des dispositifs de cette nature ont été proposés et construits, jusqu'à présent les résultats obtenus sont encourageants et il semble que l'étude doive donner des résultats satisfaisants dans un avenir plus ou moins éloigné.

Si l'on voulait employer la suralimentation des moteurs pour voler à de très hautes altitudes et à de grandes vitesses la question de l'hélice reste entière et ne saurait être solutionnée que par des dispositifs mécaniques permettant de faire varier à chaque instant son pas et si possible son diamètre .

On peut imaginer des dispositifs de ce genre commandés par le moteur lui-même et par conséquent automatique.

Des études de cette nature ont été faites au Laboratoire d'Aéronautique de Chalais-Meudon vers 1909, elles n'ont pas été poursuivies parce que les hélices ordinaires étaient beaucoup plus commodes d'emploi.

Actuellement la question doit être reprise et suivie avec un grand intérêt.

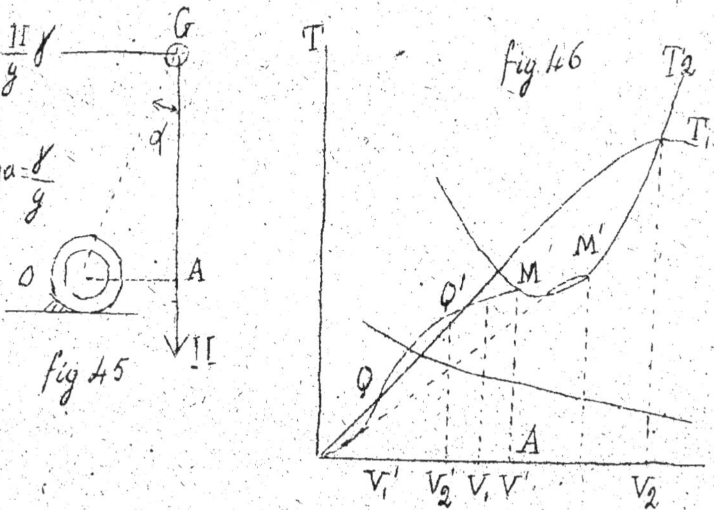

G
$\frac{\Pi}{g}\gamma$
d
$tg\,a = \frac{\gamma}{g}$
O
A
Π
fig 45
T
fig 46
T2
T1
M'
M
Q'
Q
A
V1'
V2'
V1
V'
V2

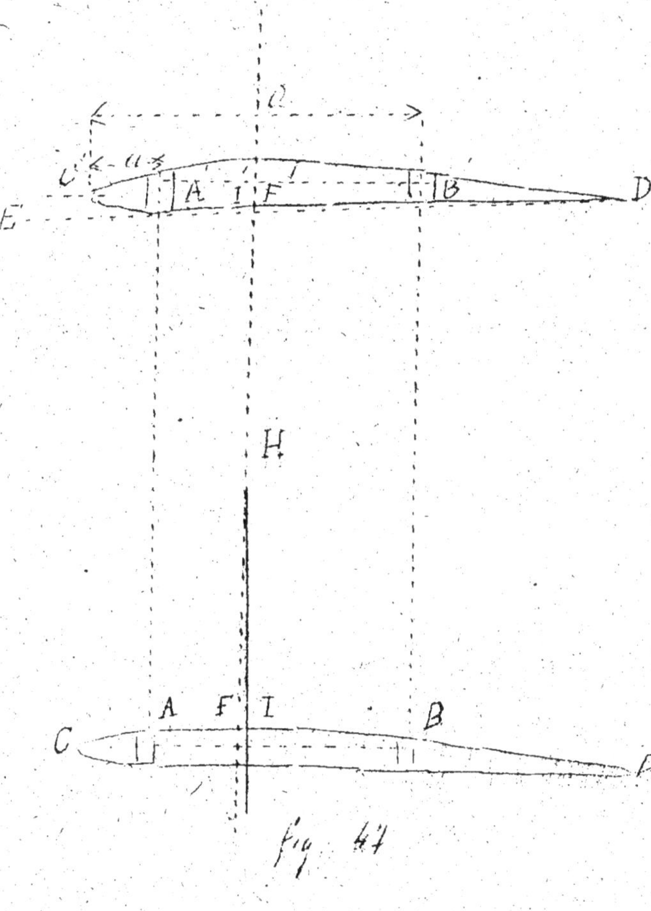

fig. 47

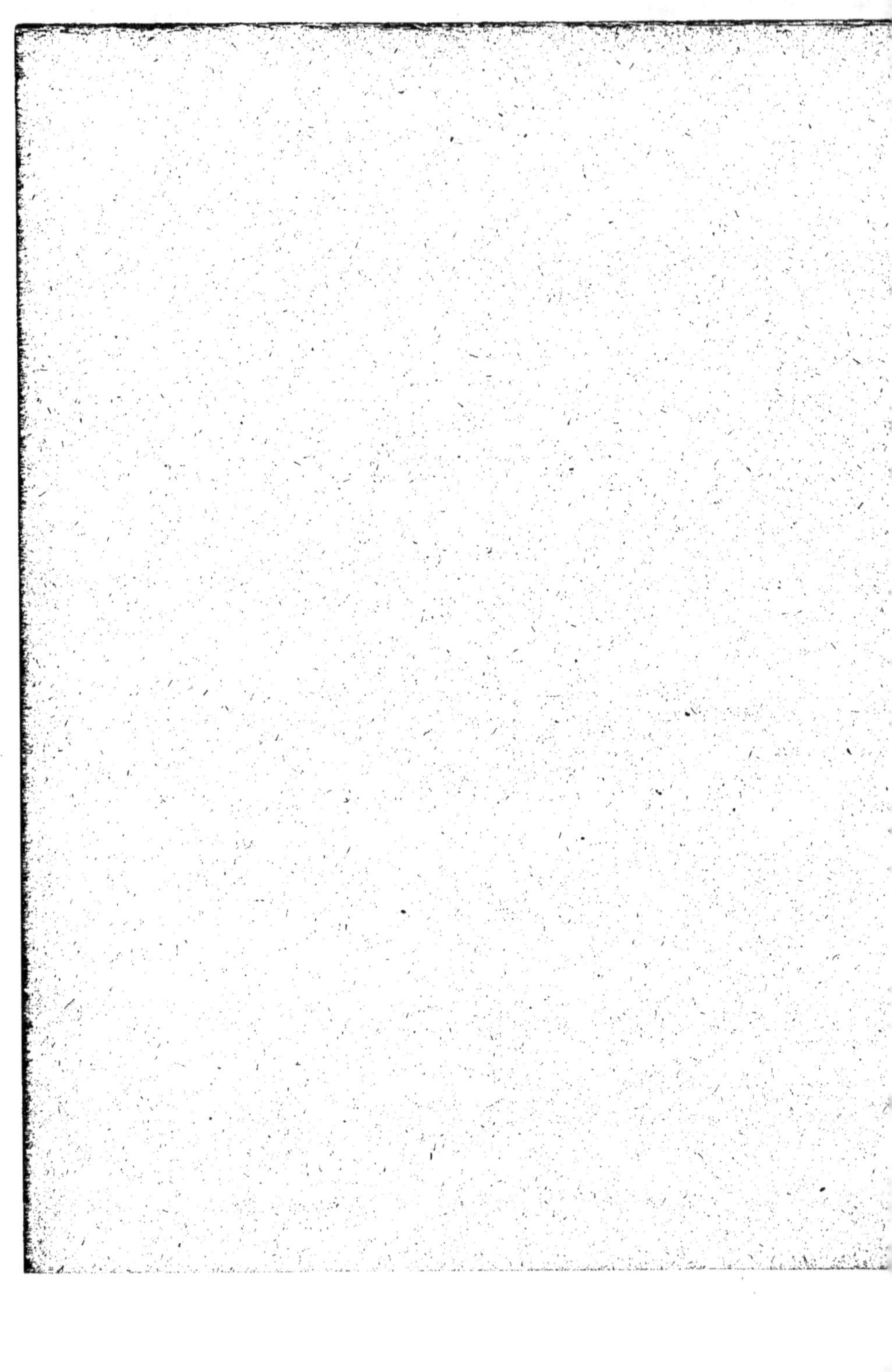

PROJET D'AVIONS

****

Pour étudier un projet d'avion, il est nécessaire de vérifier tout d'abord si les conditions d'utilisation qui constituent les données ne sont pas surabondantes.

C'est ainsi, par exemple qu'un avion est parfaitement défini lorsque l'on imposera :

Le moteur { poids / puissance

Le poids utile plus le poids du combustible.

Le nombre de tours de l'Hélice.

La charge soulevée par mètre carré de la surface.

Le profil de l'aile

Le coefficient de sécurité

On ne saurait donc imposer :

Le rayon d'action

La vitesse à une altitude donnée,

Le plafond.

La meilleure manière d'indiquer la façon dont les équations générales de l'avion doivent être appliquées, sera d'étudier des cas concrets.

Prenons l'exemple simple d'un avion monomoteur du temps de paix destiné au service postal, à établir avec un moteur donné.

Données, du Problème :

Moteur à employer: Renault 12 Fe.

Puissance d'emploi imposée T_o = 250 HP.

Vitesse de rotation du moteur N_o = 1.600 tours

Plafond théorique en charge Z_m = 4.800 mètres

Vitesse minima à 3.000 mètres 150 Kil. à l'heure

Le problème ainsi posé est parfaitement défini et comporte une seule solution.

La méthode générale pour traiter le problème consistera à étudier un certain nombre de solutions en faisant varier méthodiquement :

$$\frac{II}{T_o} \quad \text{et} \quad \frac{II}{S}$$

ainsi que le profil de l'aile pour rechercher le maximum de poids enlevé.

On devra en outre étudier le cas de l'Hélice en prise directe et celui du propulseur démultiplié.

Pour limiter les recherches on prendra des valeurs de $\frac{II}{T_o}$ et $\frac{II}{S}$ voisins de celles obtenues pour des avions à grande capacité de transport que l'on connait.

Choisissons pour indiquer la marche à suivre dans les calculs :

$$\frac{II}{T_o} = 7 \text{ K}$$

$$\frac{II}{S} = 33 \text{ K.}$$

Si l'on remplace T_o par sa valeur on aura :

II = 1.750 kilogs

S = 53 mètres carrés.

(a) <u>Calcul de Ky et Kx</u> $\frac{\sigma}{S}$

Prenons le profil d'aile donné à titre d'exemple dans le cours .

Pour un avion biplan l'expérience montre que à égalité de Kx les valeurs de Ky seront réduites de 10 % en raison de l'interaction des ailes.

La valeur de σ coefficient des résistances passives sera pour un biplan monomoteur de 50 à 60 mètres carrés voisin de 0,088 chiffre expérimental qui peut être pris comme première approximation.

Nous aurons donc :

$$\frac{\sigma}{S} = \frac{0,088}{53} = 0,00166$$

<u>TABLEAU N° 1.</u>

Calcul de $\frac{Rx}{Ry} \times Ky = \frac{Kx}{Ky} + \frac{\sigma}{S}$

Aile N°1 et $\sigma = 0,088$

Pour S-53 m $\frac{\sigma}{S} = 0,00166$

Pour S-61 m2 $\frac{\sigma}{S} = 0,00144$

Pour S-69 m2 $\frac{\sigma}{S} = 0,00127$

Ky	$\frac{Kx}{Ky}$	Kx	$\frac{\sigma}{S}=0,00166$ $Kx + \frac{\sigma}{S}$	$\frac{\sigma}{S}=0.00144$ $Kx + \frac{\sigma}{S}$	$\frac{\sigma}{S}=0.00127$ $Kx + \frac{\sigma}{S}$
0,015	0,0795	0,00119	0,00279	0,00263	0,00246
0,02	0,065	0,0013	0,0029	0,00274	0,00257
0,025	0,063	0,001575	0,003175	0,003015	0,002845
0,03	0,0665	0,001995	0,003595	0,003435	0,003265
0,035	0,073	0,00255	0,00415	0,00399	0,00382
0,04	0,084	0,00336	0,00496	0,00480	0,00463
0,045	0,101	0,00455	0,00615	0,0599	0,00582
0,05	0,1225	0,00312	0,00772	0,00756	0,0739

Aile N° 2

Ky	$\frac{Kx}{Ky}$	Kx	$Kx + \frac{\sigma}{S}$	$Kx + \frac{\sigma}{S}$	$Kx + \frac{\sigma}{S}$
0,015	0,1075	0,00161	0,00327	0,00305	0,00288
0,02	0,09	0,0018	0,00346	0,00324	0,00307
0,025	0,0795	0,00199	0,00365	0,00343	0,00326
0,03	0,074	0,00222	0,00388	0,00366	0,00349
0,035	0,073	0,00255	0,00421	0,00399	0,00382
0,04	0,074	0,00296	0,00462	0,00440	0,00423
0,045	0,0775	0,00348	0,00514	0.00492	0.00475
0.05	0.0845	0.004220	0.00588	0.00566	0.00549

Il sera facile de calculer pour des valeurs successives de Ky celles de $\frac{Rx}{Ry} \times Ky = \frac{\sigma}{S}$ dont nous aurons besoin dans la suite

Les résultats du calcul sont reportés sur le tableau N°1 ci-joint non seulement pour S = 53, mais encore pour S = 69 mètres carrés et pour 2 ailes différentes.

Calcul de y γ et β

Prenons les formules générales de l'avion données au §

$$y = \frac{1}{3310} \times \frac{Rx}{Ry} \times Ky \times S \quad \frac{N^{3/5}}{(P_o)^{2/5}}$$

relative à l'avion et au moteur.

$$y = \Gamma \frac{\beta^{3/5}}{\gamma^{3}}$$

relative à l'hélice.

Pour calculer les valeurs de (y avion) dressons le tableau de calculs N° 2 et posons :

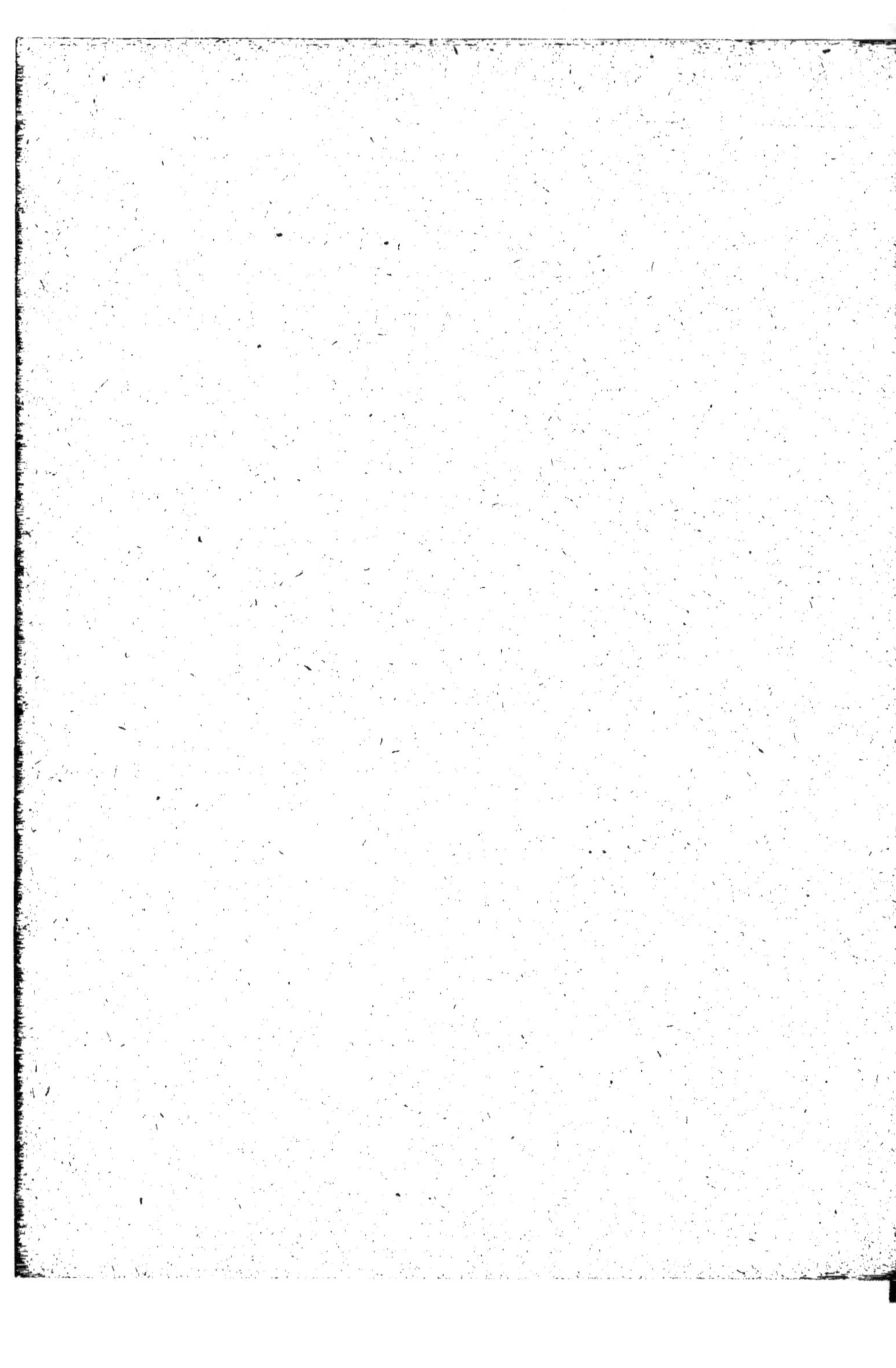

$$A = \frac{1}{3610} \frac{S \times N^{6/5}}{T_o^{2/5}}$$

on aura :

$$y = A \left(\frac{Kx}{Ky} Ky \right) = A \left(Kx + \frac{?}{S} \right)$$

La valeur de A, calculée compte tenu des valeurs numériques données à S,N, et T sera :

$$A = 11,3$$

La colonne 3 du tableau (N° 2) donne les valeurs de y calculées pour les différentes valeurs de Ky.

Connaissant (y avion) les courbes représentatives donnant y, ρ, γ, β, pour la famille des hélices types fourniront des valeurs de ces paramètres que l'on reportera dans les colonnes, 4,5, et 6.

Calcul de D.

La formule :

$$0,986\ T_o = \beta\ N^3\ D^5$$

donnera :

$$D = \left(\frac{1}{\beta \times 10^{10}} \right)^{1/5} \times \frac{100\ (0,986\ T_o)^{0\ 1/5}}{N^{3/5}}$$

Calculons : $B = \frac{100\ (0,986\ T_o)^{1/5}}{N^{3/5}}$

On aura :

$$D = B \times \left(\frac{1}{\beta\ 10^{10}} \right)^{1/5} = 3,59 \left(\frac{1}{\beta\ 10^{10}} \right)^{1/5}$$

Les valeurs de D calculées seront inscrites colonne 8.

TABLEAU N° 2 .

APPLICATION DE LA FORMULE $Y = \frac{1}{3.610} \times Kx \times \frac{\sigma}{S} \times S \times \frac{N^{6/5}}{(T)^{2/5}}$

1	2	3	4	5	6
Ky	$Kx + \frac{\sigma}{S}$	$y = A\left(Kx + \frac{\sigma}{S}\right)$	ρ	$\gamma = \frac{V}{ND}$	$\beta\, 10^{10}$
0,015	0.00279	0.0375	0.75	0.0378	4.03
0,02	0.0029	0.0397	0.73	0.0369	3.83
0,025	3175	0.0358	0.72	0.0349	3.52
0,030	3595	0.0406	0.70	0.0321	3.02
0,035	415	0.0469	0.672	0.029	2.36
0,040	496	0.056	0.63	0.025	1.74
0,045	615	0.0695			
0.05	772	0.0872			

7	8	9	10	11	
$\left(\frac{1}{\beta\, 10^{10}}\right)^{1/5}$	$D = B \left(\frac{1}{\beta\, 10^{10}}\right)^{1/5}$	$V = ND\gamma$	μ	Z	
1,32	2,72	165	1.05		
1.312	2.73	161	0.825	1.700	
1.286	2.79	156	0.705	3.400	
1.248	2.88	148	0,65	4.150	
1.197	3	139	0.515	4.650	Plafond
1.106	3.2	130	0.655		

S = 53

T = 250

N = 1600

$$A = \frac{1\ S}{3610} \times \frac{N^{9/5}}{T^{2/5}} = \frac{53 \times 7000}{3.610 \times 9,1} = 11,3$$

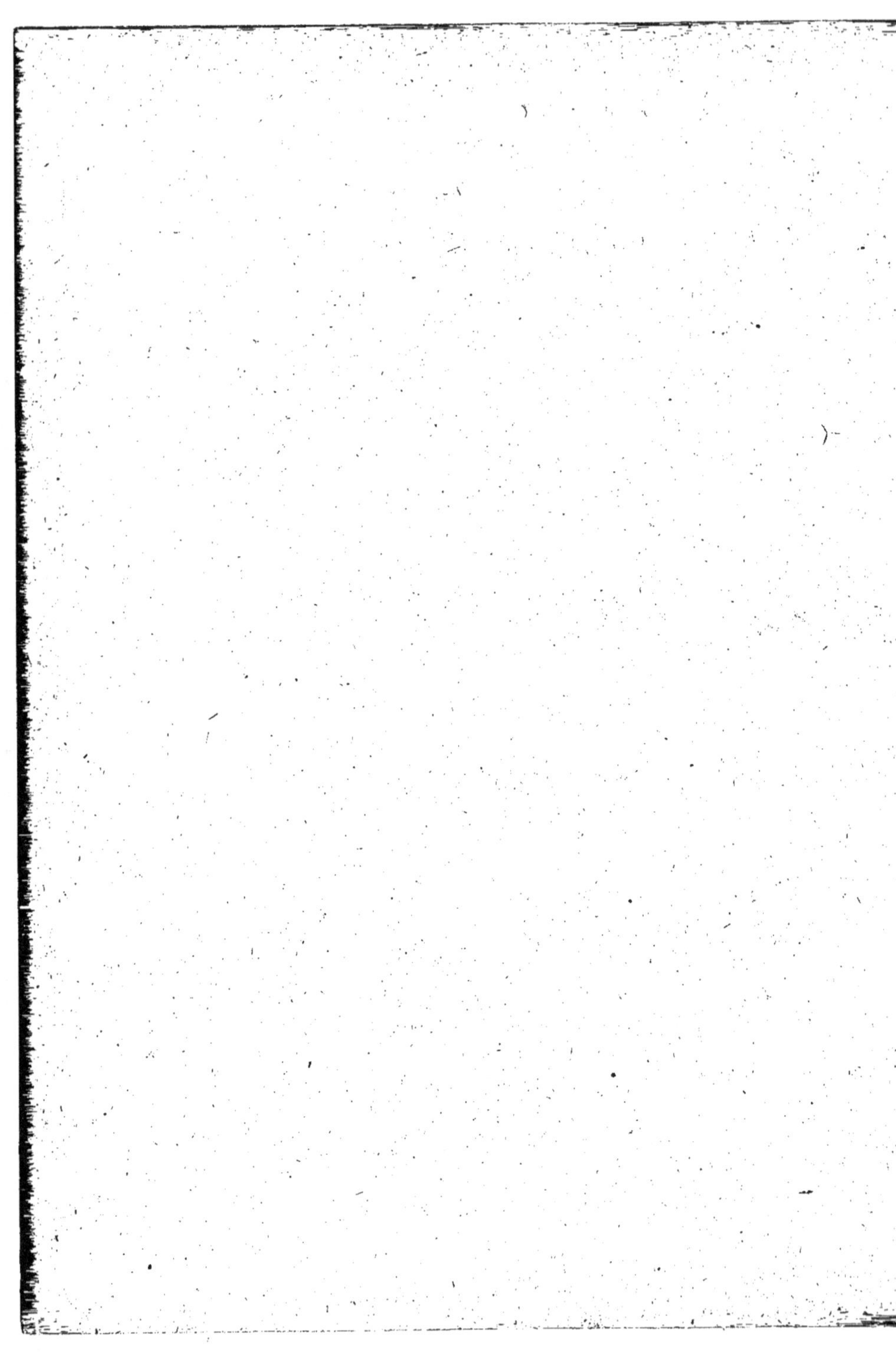

$$D = 100\,(T_0 \times 0{,}975)^{1/5} \frac{1}{N^{3/5}} \left(\frac{1}{\beta_{10}^{10}}\right)^{1/5} = B \left(\frac{1}{\beta_{10}^{10}}\right)^{1/5}$$

$$B = 100 \frac{(T_0 \times 0{,}975)^{1/5}}{N^{3/5}} = \frac{100 \times (250 \times 0{,}975)^{1/5}}{1.600^{3/5}} = \frac{100 \times 3{,}02}{84} = 3{,}59$$

$$\mu = \frac{13\ \Pi}{S} \times \frac{1}{V^2\ Ky} = C \times \frac{1}{V^2} \times \frac{1}{Ky}$$

$$C = \frac{13\ \Pi}{S} = \frac{13 \times 7 \times 250}{53} = 429$$

==================

Calcul de V.

La formule $V = N\ D\ \gamma$ donne les valeurs de V que l'on inscrura colonne 9.

Calcul de μ et Z

La formule de la sustentation $\Pi = Ky\ S\ \frac{V^2}{13}\ \mu$ permettra de calculer $\mu = \frac{13\ \Pi}{S}\ \frac{1}{V^2\ Ky}$ que l'on ins crira colonne 10 .

Les valeurs des altitudes de vol déduites de celles de μ seront portées colonne 11.

On voit immédiatement en consultant les colonnes 9 et 11 que la vitesse à 2000 mètres et le plafond 4650 sont supérieurs aux données du problème.

Si l'on fait les mêmes calculs avec $\frac{\Pi}{T_0} = 8$ on trouvera un plafond $Z_m = 3600$ mètres trop faible et une vitesse convenable.

Il est à présumer que la solution sera obtenue pour

une valeur de $\frac{II}{T_o}$ légèrement supérieure à 8 avec un $\frac{II}{S}$ inférieur à 33.

Prenons donc les valeurs suivantes de $\frac{II}{T_o}$ et $\frac{II}{S}$

$\frac{II}{T_o}$	$\frac{II}{S}$
8	30
8	25
9	30
9	25

Nous obtiendrons pour chacun de ces 4 cas des plafonds et des vitesses à 2000 particulières.

On reportera sur un diagramme en prenant comme abcisse $\frac{II}{T_o}$ fig. (47)

1°/ les valeurs de Z_m pour $\frac{II}{S}$ et 25 et $\frac{II}{S}$ = 30

2°/ les valeurs de V_{2000} pour $\frac{II}{S}$ = 25 et $\frac{II}{S}$ = 30

Les courbes de V coupent l'horizontale V = 150, vitesse imposée en deux points A et B qui correspondent aux plafonds A' et B'.

La droite A' et B' coupe l'horizontale Z_m = 4000 plafond imposé en un point O' correspondant à $\frac{II}{T_o}$ = 8k,18, solution cherchée.

On voit que $\frac{II}{S}$ est compris entre 25 et 30.

Par interpolation on trouve $\frac{II}{S}$ 27k,500

En prenant comme abcisse $\frac{II}{S}$ on pourra obtenir également la valeur $\frac{II}{S}$ donnant la solution du problème.

Pour obtenir les caractéristiques exactes de l'avion on reprendra les calculs en faisant :

$$\frac{II}{T_o} = 8,18 \quad \text{et} \quad \frac{II}{S} = 27k,500$$

Il importe maintenant de reprendre le problème dans le cas de la démultiplication.

****

CALCUL DE L'AVION à HÉLICE DÉMULTIPLIÉE

****

Dans le cas de la démultiplication on choisira le rendement voisin du maximum, maximorum soit :

$\rho = 0,78$ que l'on peut obtenir et auquel correspondent :

$$y = 1,71$$

$$\frac{h}{D} = 1$$

$$\beta \times 10^{10} = 6,58$$

$$\gamma = 0,05$$

Faisons un essai en prenant $\frac{II}{T_o} = 9$

et $\frac{II}{S} = 33$, d'où $S = 69$ mètres

Nous poserons (y avion) = 1,71 et l'on aura :

$$y = 1,71 = \frac{1}{3610}\left(Kx + \frac{\sigma}{S}\right) \times S \times \frac{N^{6/5}}{T_o^{2/5}}$$

Calcul de N..

La formule précédente permet de calculer le nombre de tours N pour chaque valeur de Ky et $Kx + \frac{\sigma}{S}$

On a :

$$N^{6/5} = \frac{3610\ T_o^{2/5}}{S} \times \frac{1,71}{Kx + \frac{\sigma}{S}}$$

ou :

$$N^{6/5} = A_1 \frac{1}{Kx + \frac{\sigma}{S}} = 812,5 \frac{1}{Kx + \frac{\sigma}{S}}$$

Les valeurs de $N^{\frac{6}{5}}$, N et $N^{\frac{3}{5}}$ seront portées dans les colonnes (3) (4) (5) du tableau N° 3.

Calcul de D.

Il sera facile de calculer D par la formule :

$$D = 100\ (0,985\ T_o)^{1/5} \left(\frac{1}{\beta_{10}^{10}}\right)^{1/5} \frac{1}{N^{3/5}}$$

$$D = B_1 \frac{1}{N^{3/5}} = 207 \times \frac{1}{N^{3/5}}$$

Les valeurs de D sont portées colonne (6).

Calcul de V, μ, Z

Les valeurs de V, μ, Z seront calculées comme dans le cas précédent et portées dans les colonnes (8) (8) (9).

Comme résultats on aura :

le plafond égal à 4.600 mètres

la vitesse à 2.000 mètres 155 kilomètres à l'heure, c'est-à-dire sensiblement la solution cherchée

TABLEAU N° 3 Application de la formule $y = \frac{1}{3610} \left(Kx + \frac{\sigma}{S}\right) \frac{S\,N^{6/5}}{T_o^{2/5}}$

1	2	3	4	5	6	7	8	9
Ky	$Kx + \frac{\sigma}{S}$	$N^{6/5} = A_1 \frac{1}{Kx + \frac{\sigma}{S}}$	N	$N^{3/5}$	$D = \frac{B_1}{N^{3/5}}$	$V = \gamma\, ND$	μ_1	Z
0.015	0.00246	3305.00	860	57.5	3.61	161	1.11	1.000
0.02	0.00257	3160	825	56.2	3.68	158.5	0.855	3.050
0.025	0.002845	2855	755	53.5	3.88	152.5	0.735	4,050
0.03	0.003265	2490	680	50	4.15	147	0.66	4.350
0.035	0.00382	2130	595	46.2	4.49	139	0.635	4.600
0.04	0.00463	1750	510	41.8	4.96	132	0.617	
0.045	0.00582	1395	415	37.4	5.53	119	0.67	

$S = 0,78$

$Y = 1,71$

$10^{10}\,\beta = 6,58$

$\gamma = 0,052$

$(\beta \times 10^{10})^{1/5} = 1,457$

$\mu_1 = \frac{13\,D}{S} \times \frac{1}{V^2\,Ky} = C \times \frac{1}{V^2} \times \frac{1}{Ky}$

$C = 13 \times 33 \times 429$

$N^{6/5} = \frac{3610\, y \times T_o^{2/5}}{S} \times \frac{1}{Kx + \frac{\sigma}{S}}$

$N^{6/5} = A_1 \times \frac{1}{Kx + \frac{\sigma}{S}}$

$A_1 = \frac{3610 \times y \times (T_o^{2/5})}{S} = 3610 \times \frac{1,71 \times 9,1}{69} = 812,5$

$D = 100\,(T_o \times 0,975)^{1/5} \left(\frac{1}{\beta\,10^{10}}\right)^{1/5} \frac{1}{N^{3/5}}$

$D = B_1\,\frac{1}{N^{3/5}}$

$B_1 = 100\,(250 \times 0.975)^{1/5}\,\frac{1}{1.457} = \frac{100 \times 3,02}{1,457} = 207$

En prenant comme pour le cas précédent 2 valeurs de $\frac{II}{T}$ et 2 valeurs de $\frac{II}{S}$ on obtiendrait la solution exacte du problème.

Si l'on voulait établir l'avion répondant aux conditions du calcul précédent le nombre de tours serait voisin de 800.

On prendra ce chiffre qui correspond à une démultiplication possible.

REGLE GENERALE: On devra toujours prendre comme nombre de tours de l'hélice non pas celui indiqué par le calcul qui ne sera jamais réalisable, mais bien celui qui s'enrapproche le plus et permis par les rapports de démultiplication possibles.

****

CALCUL DES ELEMENTS DE L'AVION.

****

Le poids total de l'avion sera :

$$II = 9 \times 250 = 2250$$

Le calcul de p_i donne pour $C = 7$

$$p_i = 810 \text{ kilogs.}$$

Calcul de P_2 et P_c

P_2 avec demultiplication est égal à 533 kilogs

Le poids du combustible consommé par Cheval et par heure par un moteur est de 0 k/300 réservoir compris.

Pour 5 heures par exemple et 250 HP on aura :

$$P_c = 333 \text{ K.}$$

Calcul du poids utile

Le poids utile p_u sera

$$p_u = II - (p_1 + p_2 \times + p_c)$$

Si l'on déduit 200 kilogs de p_u pour le pilote, mécanicien et accessoires, la charge commerciale sera p'_u = 330 kilogs

DÉTERMINATION DES DIMENSIONS DES AILES ET DE LEUR ÉCARTEMENT

Pour les ailes, on admet généralement un allongement compris entre 7 et 8.

Si l'on prend des ailes égales solution plus avantageuse au point de vue construction pour les appareils à grande envergure on aura à calculer :

A = envergure

l = profondeur

S = 2 × l × A pour le biplan

Si $\frac{\ell}{A} = 8$

On aura :

$$S = 16\ A^2$$

d'où $A = \frac{S}{4}$

Comme $S = 69$ on aura :

$A = \frac{69}{4} = 17{,}30$

$\ell = 2$ m,16

L'écartement des plans peut être pris égal à 2 m/16 valeur égale à celle de ℓ, ce qui est admis dans la pratique.

Calcul de la longueur du fuselage et de la surface du gouvernail de direction

Le rapport entre l'envergure A et la distance du centre de gravité à l'axe du gouvernail de direction est compris entre 0,36 et 0,52 sur les avions français existants.

Si l'on prend 0,45 qui est une valeur reconnue bonne, on aura L = 7,80

Si s est la surface du gouvernail

S la surface totale,

l la profondeur

L la distance du centre de gravité à l'axe du gouvernail

On a $\frac{l}{s} \times \frac{S}{L}$ voisin de 3 pour les avions bien cons-

~~truits~~

On aura par conséquent :

$$\frac{2,16 \times 69}{s \quad 7,8} = 3$$

D'où $s = \dfrac{2,16 \times 69}{3 \times 7,8} = 6,4$

Le rapport entre la surface mobile s du gouvernail et sa surface totale s peut être pris égal à 0,3

On aura donc :

$$s_1 = 0,3 \times 6,4 = 1,92$$

L'expérience a montré que l'envergure d'un gouvernail monoplan ne saurait guère dépasser 5 mètres 50 faute de quoi la solidité serait compromise et il serait nécessaire de le construire biplan.

Le gouvernail pourra être dessiné comme l'indique la fig. ( )

Calcul du gouvernail de direction

Le gouvernail de direction sera calculé à l'aide d'une formule analogue à celle du gouvernail de profondeur.

Par conséquent il devra exister pour les monomoteurs un rapport constant entre la surface s' du gouvernail de direction et celle s du gouvernail de profondeur. Ce rapport pour les bons avions est voisin de 0,37.

Dans ces conditions, la surface du gouvernail de direction sera égale à 2 m 50

RÉCAPITULATION DES CARACTÉRISTIQUES DE L'AVION

L'étude précédente permet de fixer les caractéristiques générales de l'avion qui seront les suivants :

Poids total Π = 2.250 kilogs

Poids du planeur pl= 810 kilogs

Poids du groupe motopropulseur P_2= 563 kilogs

Poids du combustible pour 5 H. pc = 363 kilogs

Pilote mécanicien et accessoires de vol = 200 Kilogs

Charge commerciale = 310 kilogs

Puissance T_1= 250 HP pour No = 1600

Vitesse de rotation de l'hélice No= 800

Diamètre de l'hélice D = 3,75

Pas de l'hélice h = 3,80

Vitesse à 2000 mèt. = 155 kilomètres

Plafond théorique 4600 mètres

Surface de voilure 69 mètres

Envergure 17 m 30

Profondeur d'aile 2 m 16

Longueur de queue 7 m 80

Comptée à partir du bord antérieur de l'aile 8, 45

Surface du gouvernail profondeur .... S = 6 m 40

Surface de la partie mobile du gouvernail de profondeur 1, 92

Surface du gouvernail de direction.... 2,30

DEUXIEME EXEMPLE DE CALCUL

Le nombre des exemples de calculs que l'on peut choisir est considérable eu égard à celui des paramètres entrant dans le problème de l'avion.

Il est intéressant par exemple, de montrer ce que donne le projet d'un avion, dit de record, dont une des qualités a été poussée à l'extrême.

Prenons le cas du record de l'altitude et recherchons la possibilité d'atteindre 10.000 mètres avec un moteur Hispano- Suiza de 300 HP.

Pour un avion de cette nature on a comme poids partiels

Poids du groupe motopropulseur.......	410 kilos
essence et huile pour la montée	100 kilos
un pilote..........................	80 kilos
appareils respiratoires et instruments de bord....................	30 kilos
total :	620 kilos

Le poids du planeur serait d'environ 150 kilos pour un coefficient de sécurité 6 que l'on ne devrait pas réduire au-dessous de ce chiffre.

Le poids total serait :

$$\Pi = 770$$

Le coefficient σ des résistances passives étant pris égal à 0,08, chiffre admis pour le fuselage avec moteur Hispano, on fera plusieurs avant-projets avec différentes valeurs de S.

Prenons par exemple S = 30 mètres

$$\frac{\sigma}{S} = \frac{0,08}{30} = 0,00267$$

Les calculs analogues au précédent donnent le plafond théorique légèrement supérieur à 10.000 mètres pour une vitesse de 173 kilomètres à l'heure.

Dans ce cas particulier pour obtenir le résultat chargé on a réduit le poids total le plus qu'on a pu et on a augmenté la surface quitte à réduire la vitesse.

L'avion serait chargé à 26 kilos au mètre.

L'hélice serait en prise directe et aurait un rendement ne dépassant pas 0,72.

Comme on le voit il est toujours possible de construire un avion dans lequel on aura exagéré une qualité afin de battre un record.

Cet avion sera en général médiocre dans son ensemble et il est surtout destiné à étonner l'opinion publique.

Les avions de cette espèce n'ont aucune valeur et ne sauraient faire progresser l'aviation.

Il n'en est pas de même de l'avion de concours pour lequel on aura défini un certain nombre de qualités formant

un ensemble ayant pour but de faire rechercher de véritables progrès pour chacune des parties de l'appareil

DESSIN D'ENSEMBLE DE L'AVION

Les calculs d'application des formules du problème de l'avion ayant permis de déterminer les caractéristiques de l'appareil, il s'agit ensuite d'en faire le dessin d'ensemble.

Dessin des ailes et mise en place dans la cellule

La première opération consiste à dessiner les ailes en vraie grandeur et de mettre en place les longerons (fig.47)

Les distances a et b du bord antérieur de l'aile de profondeur l aux axes des longerons sont choisies de manière à leur donner le maximum de hauteur et de répartir convenablement les efforts entre chacun d'eux.

On a sensiblement pour l'aile donnée dans le cours

$$a = 0,127$$

$$b = 0,60$$

Pour faciliter la construction de l'avion on peut suivant les profils d'ailes, modifier ces chiffres de telle façon que la droite joignant les axes des longerons soit perpendiculaire à leurs faces verticales respectives. Comme sur la figure 47 représentant le schéma de la cellule pour laquelle $A\ B\ A'\ B'$ est un rectangle obtenu en prenant $A\ A' = B\ B' = \ell$

La ligne de vol représentée par l'axe de l'hélice doit faire avec la corde des ailes un angle voisin de celui du vol normal d'utilisation et dont la tangente est 0,05 environ.

Cette ligne de vol est représentée sur la fig. 47 par la droite E D',

L'emplacement de la verticale du centre de gravité est obtenu en prenant C F = C'F' = 0,30 ℓ

Le centre de poussée sera placé sur la droite F F' en point H que l'on obtient en remarquant que la partance de l'aile supérieure étant représentée par 10, celle de l'aile inférieure sera 9 en raison de l'interaction des ailes.

On a : $\frac{HF}{HF'} = \frac{10}{9}$

$$HF = \frac{FF' \times 10}{9}$$

La verticale du centre de gravité sera HI.

Dans l'exemple choisi, l'aile supérieure se trouve légèrement décalée vers l'arrière d'une quantité égale à FI + F'I'.

On a constaté qu'avec les ailes décalées de cette façon la stabilité longitudinale était augmentée mais la sustentation légèrement réduite.

Cette disposition diminue la fatigue des ailes dans le sens de la tramée.

Le décalage de l'aile supérieure vers l'avant augmente la qualité sustentatrice, rend le réglage de la cellule plus délicat et augmente la fatigue dans le sens de la tramée.

Il est facile en déformant le rectangle A' B' A B d'obtenir soit la cellule non décalée, soit la cellule décalée vers l'avant.

Dans ces deux cas on perd l'avantage d'avoir des mats égaux et des ferrures d'assemblage les plus simples comme dans celui de la fig.47.

Supposons cependant que l'on ait adopté la cellule à ailes non décalées, on établira une projection horizontale des ailes fig.48 donnant la forme des extrémités et l'emplacement des ailerons calculés comme il a été indiqué précédemment.

Les ailerons peuvent être placés soit uniquement sur le plan supérieur, soit sur les deux.

Il est avantageux pour la construction de leur donner la largeur B D fig.46, afin de ne pas ajouter un faux longeron supplémentaire pour les fixer.

Pour les très gros avions à grande profondeur d'aile on peut être obligé d'employer des faux longerons afin de réduire la profondeur de l'aileron qui trop large devient difficile à établir suffisamment rigide et léger.

Dessin du fuselage et mise en place dans la cellule

Pour un avion du temps de paix on pourra exiger que le mécanicien soit placé à proximité du moteur et de l'alimen-

tation en essence et huile, le pilote n'ayant d'autres occupations que la conduite de l'avion.

Dans ces conditions, on placera les charges contenues dans le fuselage dans l'ordre suivant :

Charges	Encombrement longitudinal
Moteur et radiateur	1,70
Emplacement du mécanicien	0,90
Essence	(Fonctions des dimensions
Soute	) du maitre couple
Palomier du gouvernail de direction	à 0,25 de la soute
Distance du palomier au fond du siège du pilote	0,90

Pour raccorder l'avant du fuselage contenant le moteur 250 H P avec son corps, il suffit de donner au maitre couple une largeur de 1 mètre.

Si l'on adopte cette dimension on aura comme section utile du maitre couple environ 1 mètre carré et dans ces conditions les encombrements longitudinaux des réservoirs et de la soute seront :

pour 1 réservoir de 400 lit... 0 m/40

pour 1 soute de 1 m/3 .... 1 m.

Comme première approximation on pourra placer le centre de gravité du réservoir au centre de gravité général. Connaissant la distance 7,80 de ce point à l'extrémité arrière du fuselage on aura la longueur totale de celui-ci égale à :

1.70 + 0,90 + 0,20 + 7,80 = 10 m.60

Si, compte tenu de l'étude détaillée des équarissages des pièces et du calcul des poids élémentaires, le centrage parfait n'était pas obtenu, on serait obligé d'avancer ou de reculer le fuselage par rapport à la cellule pour réaliser ce centrage.

Le combustible étant un poids variable, devrait en principe, être rigoureusement placé au centre de gravité général.

En réalité on peut admettre une tolérance telle que la suppression du combustible corresponde à un moment ne dépassant pas $\frac{II}{50}$ Kilogrammètres

Il y a lieu en outre de faire intervenir la condition de bonne visibilité pour le pilote.

L'étude du fuselage ne saurait être terminée qu'après un certain nombre de tatonnements et s'il s'agit d'un avion militaire ou des conditions d'aménagement très complexes sont imposées, les tatonnements sont généralement nombreux.

Le mieux est de s'inspirer des dispositions prises dans des circonstances analogues et de consilier au mieux les conditions imposées en faisant remarquer les impossibilités qui pourraient être demandées.

La projection horizontale du fuselage pourra donc être tracée connaissant la longueur totale et la largeur du maitre couple (fig. 48)

La mise en place du moteur et son entourage par un

capotage serré au plus près, tout en respectant les organes accessoires, permet de fixer l'axe du fuselage en projection verticale.

Le fuselage doit être suffisamment solide pour pouvoir résister aux efforts du gouvernail. Il est généralement dysmétrique, l'extrémité de la queue étant relevé vers le haut :

1° - afin de placer le centre des poussées latérales sur les surfaces verticales au dessus du centre de gravité.

2° - de relever vers l'arrière l'axe principal d'inertie du roulis ce qui permet de donner du V latéral aux ailes (voir fig.48) pour augmenter la stabilité du roulis.

On ménage à l'arrière une arête verticale de 0m60. environ pour supporter l'axe du gouvernail de direction.

On a représenté (fig.48) la projection verticale du fuselage.

Mise en place des roues du train d'atterrisage.

L'emplacement des roues du train d'atterrissage est défini par les conditions.

1° - de conserver un angle de garde α compris entre 20 et 25° (fig. 48)

2° - d'éviter qu'au départ l'extrémité de l'hélice ne vienne heurter les objets qui se trouvent sur le sol.

Pour cela il faut que l'axe de l'hélice étant horizontal, sa pointe passe à 40 centimètres du sol.

Il est donc facile de déterminer à l'aide de ces 2 conditions la position de l'axe O du train de roues.

Le chassis d'atterrissage devra reporter les efforts à l'aplomb des longerons c'est-à-dire en A et B et soutenir au besoin le moteur.

Il peut être dessiné comme l'indique la figure 48.

Mise en place des gouvernails.

Les surfaces des gouvernails étant déterminées, ils seront dessinés en adoptant les formes classiques ayant donné les meilleurs résultats dans la pratique.

En particulier la forme en trapèze représentée figure donne une bonne assise du gouvernail sur l'extrémité du fuselage.

La silhouette de l'avion se trouve tout naturellement dessinée à la suite des différentes opérations que l'on vient de décrire. Il est indispensable d'exécuter plusieurs dessins diffèrent très peu les uns des autres il est vrai dans leur ensemble mais présentant plus ou moins d'harmonie.

On devra adopter celui dont la forme sera la plus agréable à l'oeil.

L'avant projet étant terminé, on déterminera la meilleure répartition des mats de cellule ainsi que les dimensions des pièces constitutives de l'avion en appliquant :

1° - les lois de la résistance des matériaux

2° - l'expérience acquise en ce qui concerne les

détails de construction des avions et en réduisant les résistances passives le plus que l'on pourra.

L'exécution des dessins de détail, les dispositions à prendre, pour les aménagements divers, l'alimentation du moteur etc....sont une application du cours spécial concernant l'étude des détails de construction des avions.

Il sera facile par la suite d'établir un devis des poids avant de commencer l'exécution des dessins de détail et de déterminer le centrage correct de l'avion en déplaçant simplement le fuselage ou en modifiant au besoin la répartition des masses.

Le centre de gravité G sera déterminé en prenant les moments des poids partiels par rapport à deux axes rectangulaires.

On vérifiera la stabilité longitudinale d'après la méthode indiquée dans le cours et compte tenu de la position de l'axe de l'hélice par rapport au centre de gravité.

Il sera bon de construire un petit modèle rigoureusement exact et de l'essayer au tunnel.

L'AVIATION DU TEMPS DE PAIX

Les perfectionnements successifs apportés depuis le commencement de la guerre aux avions militaires, ont été bien supérieurs à ce que l'on pouvait imaginer, et l'on est en droit d'admettre aujourd'hui que l'Aviation du temps de Paix pourra, dans un avenir plus ou moins éloigné, suivre une évolution analogue et devenir par la suite réellement pratique.

Ce serait cependant une erreur de croire que l'emploi des avions militaires du moment, pour les transports commerciaux devrait donner de bons résultats.

Les avions militaires et les avions de transport du temps de Paix sont des appareils tout à fait différents en ce qui concerne les caractéristiques et le mode d'emploi de la puissance.

Les avions de guerre sont en effet ce que l'on peut appeler des appareils poussés à outrance, dont la durée est très limitée et dont le prix de revient est de ce fait considérable.

Pour les transports du temps de Paix, il faudra des avions de types nouveaux, étudiés spécialement pour donner le maximum d'utilisation avec le minimum de dépenses.

Ces conditions premières sont nécessaires et doivent être le point de départ de toutes les études que l'on

pourra entreprendre sur cette question.

Pour aboutir il faut avant tout avoir une foi profonde dans l'avenir de l'Aviation de Paix, foi basée sur ce fait que l'expérience de quelques années seulement a donné tort aux esprits chagrins qui, ne voulant pas faire crédit à l'aviation, avaient décrété que le vol mécanique ne pouvait être qu'une curiosité scientifique.

Il y adouze ans à peine Wilbur Wright s'élevait difficilement à quelques dizaines de mètres au-dessus du sol, aujourd'hui on peut envisager la possibilité d'enlever un homme à 10 kilomètres de hauteur par le plus lourd que l'air.

Ce simple exemple montre que l'on doit faire crédit à l'aviation du temps de Paix et travailler le plus que l'on pourra afin de la voir aboutir.

En attendant que des procédés nouveaux permettent de faire réaliser à l'aviation du temps de paix un véritable bond, il est indispensable de rechercher ce que peut donner l'application des connaissances actuelles de la science aérodynamique et d'indiquer dans quel sens les études doivent être poussées.

Un avion de transport du temps de paix doit dans son ensemble répondre aux conditions suivantes :

1° - avoir des moteurs robustes et sûrs

2° - avoir un rendement propulseur aussi grand que possible

3° - avoir le maximum de légèreté tout en étant solide

4° - enlever le plus grand poids utile possible pour un trajet bien défini

5° - être maniable bien équilibré et d'une conduite facile dans le vent.

L'étude technique qui va suivre a pour but de relier entre elles ces différentes conditions, de chiffrer les résultats que l'on peut obtenir et de rechercher dans quel sens les améliorations pourraient être envisagées, afin de rendre la capacité de transport la plus grande possible.

GROUPES MOTOPROPULSEURS

Les moteurs actuellement employés en aviation militaire ne pourraient être utilisés pour des avions de transport du temps de Paix.

Pour les avions de transport volant en raison de leur charge à faible altitude, la surcompression actuellement employée pour les moteurs d'avions militaires, ne saurait être utilisée sans danger pour leur conservation.

Afin de réduire l'usure, le coefficient de sécu-

rité des différentes pièces du moteur devra être amélioré; il y aura de ce fait, augmentation du poids des organes et obligation de réduire les vitesses de rotation.

Malgré cette réduction des vitesses, les propulseurs en prise directe, tourneraient encore trop vite sur des avions lourdement chargés au cheval, pour que le rendement propulseur soit bon.

On devra envisager de forts réducteurs et employer des hélices à grand rapport du pas au diamètre voisin de 1,2 qui correspond au maximum maximorum de rendement environ 0,80 que l'on devra s'efforcer d'obtenir et même de dépasser.

Le nombre de tours des hélices ainsi que leurs caractéristiques doivent dans un projet être calculés pour chaque cas particulier.

Les conditions que l'on vient d'indiquer se traduiront fatalement par une augmentation du poids par HP des groupes motopropulseurs actuels.

Compte tenu de ce qui existe, on peut admettre sous erreur appréciable, que le poids par HP d'une groupe motopropulseur pour avion du temps de Paix, sera majoré de 30 %, si on le compare au groupe de même type monté sur avion militaire.

Néanmoins on peut espérer que le poids moyen par HP d'un groupe motopropulseur durable, destiné à un avion de transport du temps de paix, pourra être ramené à 1 k.8

La consommation par HP et par heure en combustible et huile, emballage compris, est voisine de 0 k.3000.

En résumé pour ce qui concerne le groupe motopropulseur on devra :

1° - Etablir des moteurs robustes sans surcompression pouvant tourner au moins 400 heures, sans être revus et sans accuser de baisse de puissance.

2° - Etudier des démultiplicateurs genre Rolce Royce, qui donnent satisfaction et employer des hélices à très grand rendement propulseur, soit 80 %.

3° - Prendre pour les calculs 1 k.8 pour le poids m par HP du groupe motopropulseur sous réserve que ce chiffre devra être amélioré par la suite.

4° - Prendre 0 k.300 pour la consommation horaire en essence et huile par HP réservoirs compris.

==================

DU PLAFOND THEORIQUE DES AVIONS DE TRANSPORT

========

Le plafond théorique d'un avion caractérise en quelque sorte l'excès de puissance que l'on doit lui réserver pour réaliser les conditions suivantes :

1° - Décoller dans de bonnes conditions.

2° - Voler correctement à une altitude choisie, de

telle façon qu'en cas de panne des moteurs le pilote ait le temps de rechercher un emplacement convenable pour y atterrir en vol plané.

3° - Avoir un avion de puissance suffisante pour tenir compte des faiblesses éventuelles des moteurs et de la diminution de la qualité sustentatrice du planeur à la suite d'un usage prolongé.

4° - Possibilité de voler à puissance réduite après délestage du combustible afin de diminuer la fatigue des organes du moteur et d'augmenter sa durée.

5° - Possibilité de voler avec une partie des moteurs seulement.

Si l'on prend 4.000 mètres comme plafond théorique le plafond pratique sera voisin de 3.000 mètres et les conditions énoncées précédemment seront remplies.

Un avion ayant un plafond théorique de 4.000 mètres pourra dans des conditions particulières supporter une surcharge au départ, ce qui diminuera ce plafond à la volonté du pilote.

Mais il semble nécessaire pour une étude de prendre ce chiffre de 4.000 mètres, afin d'éviter des surprises.

Pour Zm = 4.000 mètres on a :

$$\mu = 0,606 = \frac{H}{760}$$

$$\mu_1 = 0,66 = \frac{\delta}{\delta_0}$$ (rapport des densites de l'air à 4.000 mètres et au sol.

=================

ÉTUDE DU PROBLEME GÉNÉRAL DE L'AVION DE TRANSPORT

*****

La nature des groupes motopropulseurs ainsi que le plafond théoriquc étant définis, le problème peut se résoudre dans le cas le plus général en prenant comme troisième condition l'obligation d'emporter le maximumde poids utile.

Les données du problème sont donc les suivantes :

Plafond Zm = 4.000 mètres

μ = 0,606

μ_1 = 0,66

m poids du groupe motopropulseur par HP = 1 k. 8

nx 0,3 consommation horaire par HP pour n heures

ρ rendement propulseur à rendre voisin de 0,80

Choisissons une bonne aile pour laquelle on connait

$$Ry = F\left(\frac{kx}{k_y}\right)$$ donnés par M. Eiffel

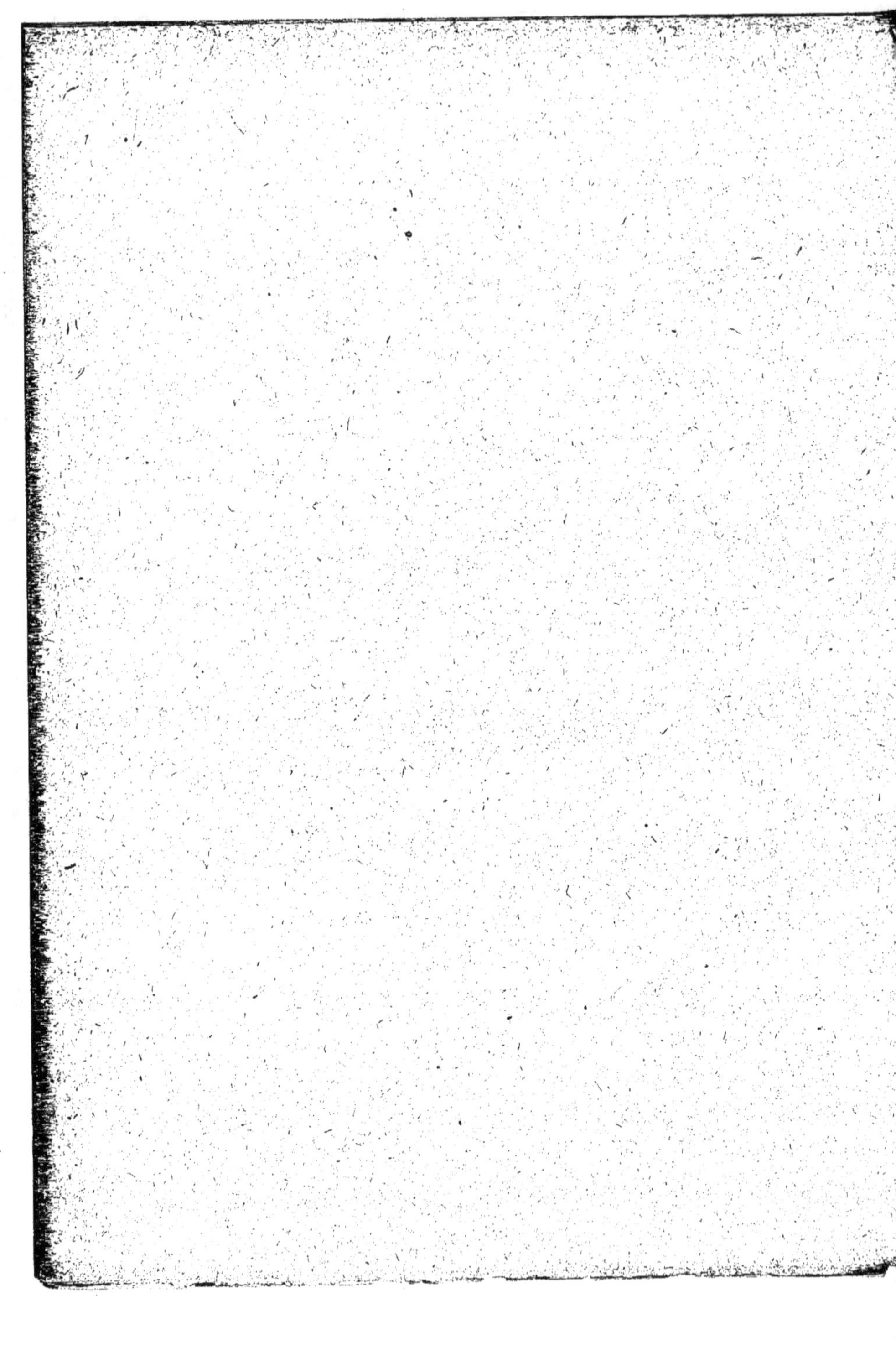

Soient :

σ le coefficient de résistance passive variable avec les dimensions de l'appareil.

S la surface

$\frac{\Pi}{T_o}$ = a poids soulevé par HP

$\frac{\Pi}{S}$ = b poids soulevé par mètre carré

Les équations générales de l'avion donnent :

$$\rho = 0{,}0133 \frac{\Pi}{T_o} \left(\frac{\Pi}{S}\right)^{1/2} \frac{Rx}{Ry} \left(\frac{1}{Ky}\right)^{1/2} \frac{1}{\mu_m \mu_{im}}^{1/2}$$

avec la condition que pour le plafond les valeurs de

$$\frac{Rx}{Ry} \left(\frac{1}{Ky}\right)^{1/2}$$ seront minimum

Recherchons les minima de

$$\frac{Rx}{Ry}\left(\frac{1}{Ky}\right)^{1/2} = \left(\frac{Kx}{Ky} + \frac{\sigma}{S}\frac{1}{Ky}\right) \left(\frac{1}{Ky}\right)^{1/2}$$

pour des valeurs de $\frac{\sigma}{S}$ comprises entre 0,0008 et 0,0016 que l'on retrouve dans la pratique, on a pour l'aile choisie les valeurs suivantes :

$\frac{\sigma}{S}$	Ky	$\frac{Rx}{Ry}$	$\frac{Rx}{Ry}\left(\frac{1}{Ky}\right)^{1/2}$
B,0008	0.0464	0,094	0,45
0.0010	0.0465	0.099	0.453
0.0012	0.0467	0.104	0.475
0,0014	0.0469	0.109	0.498
0.0016	0.047	0.114	0.52

En romplaçant dans l'équation (1) ρ par 0,80 μ_m par ρ, γ : B.606, et μ_m par 0,66 on obtiendra le produit

$\frac{II}{T_o}\left(\frac{II}{S}\right)^{1/2}$ pour les différentes valeurs de $\frac{\sigma}{S}$

$\frac{\sigma}{S}$	$\frac{II}{T_o}\left(\frac{II}{S}\right)^{1/2} = d^{1/2}$	d
B. 0008	68.5	4700
0.0010	65	4240
0.0012	62	3810
0.0014	59	3500
0.0016	56.5	3200

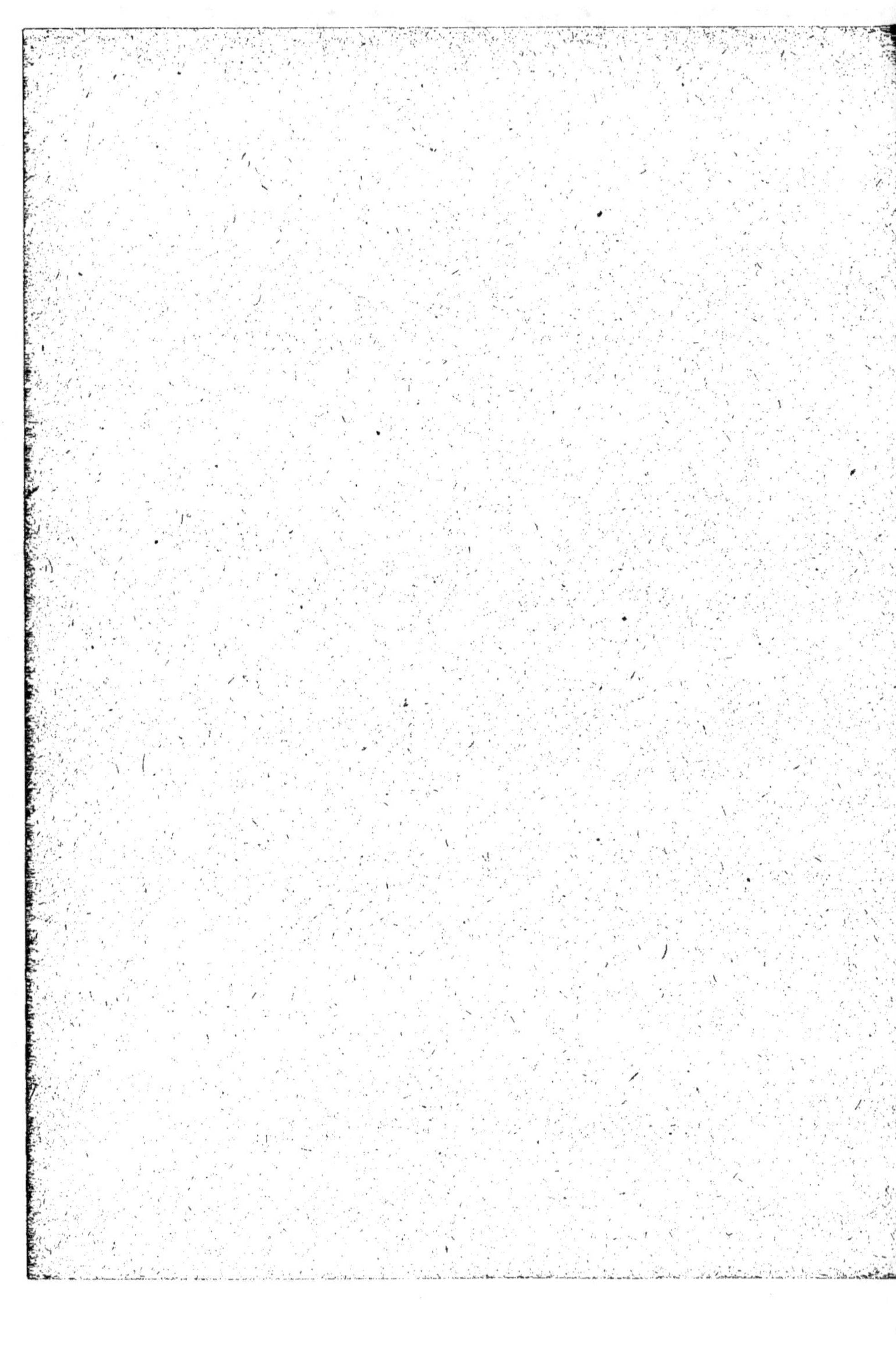

Pour une autre valeur ρ' du rendement on aura donné pour d' : $d'^{1/2} = d^{1/2} \frac{\rho}{80}$

ou $d' = d \left(\frac{\rho}{80}\right)^2$

Le tableau précédent peut servir pour les calculs et au besoin remplacer l'équation en ρ de l'avion.

Si l'on veut obtenir le maximum du poids utile pour une valeur particulière de T_o on aura comme on l'a vu précédemment à satisfaire les 2 équations :

$$\frac{34,6}{c^{3/2}} = \frac{a^{5/2}\ T_o^{1/2}}{d} = \frac{\left(\frac{II}{T_o}\right)^{1/2} T_o^{1/2}}{\frac{II}{S}}$$ (Condition pour que P_u soit maximum pour des valeurs particulières de T_o)

$$\rho = 0,0133 \left(\frac{II}{T_o}\right)\left(\frac{II}{S}\right)^{1/2}\left(\frac{Rx}{Ry}\right)\left(\frac{I}{Ky}\right)^{1/2} \frac{I}{\mu_m \mu_{1m}}^{1/2}$$ (équation de l'avion)

Ces deux équations permettront d'obtenir $\frac{II}{T_o}$ et $\frac{II}{S}$ donnant le maximum de P_u pour les différentes valeurs de T_o , $\frac{\sigma}{S}$, μ_m, μ_{1m}, C.

En prenant le plafond Zm = 4.000, C, 5, 5 et $\frac{\sigma}{S}$ égal à 0,0008 et 0,001 valeurs que l'on obtient avec les gros avions multimoteurs. On calculera $\frac{II}{T_o}$, $\frac{II}{S}$ et par conséquent Vm pour des valeurscroissantes de T_o

(500 HP, 1000 HP, 1500 HP, 2000 HP)

Les résultats des calculs sont représentés sous forme de courbes (fig. 49)

L'examen du diagramme permet de tirer les conséquences suivantes :

CONSEQUENCE - Pour un avion à poids utile maxima :

1° - Le poids soulevé par mètre carré va en croissant avec la puissance (29 k. pour 500 HP 50 k. pour 2000 HP)

2° - Le poids soulevé par HP décroit lorsque la puissance augmente (12^k pour 500 HP, 9^k pour 2000 HP)

3° - La vitesse du vol horizontal au plafond va en croissant avec la puissance (110 kilomètres pour 500 HP et 145 pour 2000 HP)

Ces remarques très importantes permettent de fixer les limites dans lesquelles les études devront être faites lorsqu'il s'agira d'un avion répondant à des conditions données.

Pratiquement les lois indiquées précédemment se vérifient dans leur ensemble.

C'est ainsi que l'Avion Handley Page de 1600 HP dont le $\frac{\sigma}{S}$ est voisin de 0,001 porte 49 kilos au mètre carré et 9 kilos au cheval, tandis que le F 50 Farman de 500 HP est chargé à 29 kilos par mètre carré.

Il y avait lieu d'attirer l'attention sur ces différences considérables de caractéristiques des avions suivant leurs puissances .

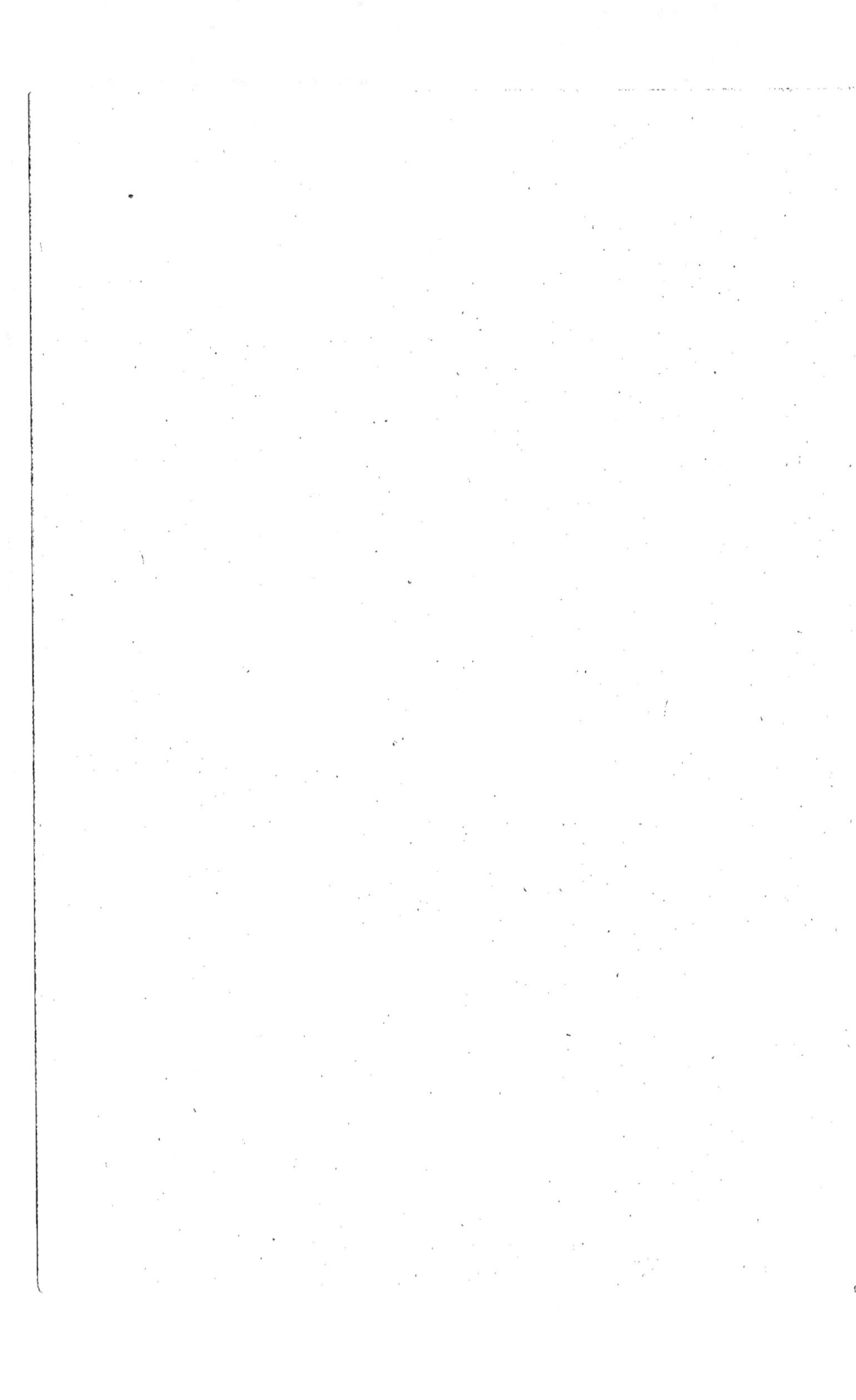

Pour chaque puissance les caractéristiques obtenues sont bien définies et peuvent se rechercher facilement.

Pour compléter les renseignements donnés précédemment il y a lieu de calculer les charges utiles p_u en prenant par exemple n 5 heures et m 1,8 pour $\frac{\sigma}{S} = 0,0008$ et $\frac{\sigma}{S} = 0,001$

On a :

$$p_1 = a\ T_o \times 0,358$$

et :

$$p_u = a\ T_o - a\ T_o\ 0,358 - T_o(m + 5\ 0,3)$$

$$p_u = T_o\ (\ 0,642\ a - 3,30\ )$$

$$\frac{p_u}{T_o} = 0,642\ a - 3,30$$

T_o	$\frac{\sigma}{S} = 0.0008$ a	0,642 a	$\frac{p_u}{T_o}$	$\frac{\sigma}{S} = 0.001$ a	0,642 a	p_u
500	12,6	8,1	4,80	12,1	7,8	4,5
1000	10.9	7	3.70	10.5	6.75	3.45
1500	10.1	6.5	3.2	9.7	6.22	2.92
2000	9.6	6.15	2.85	9.3	6	2.70

Dans ce qui précède on a imposé la seule condition de p_u optimum sans tenir compte de la vitesse V_m qui dans le cas particulier se trouve définie pour chaque valeur de T_o.

Il n'y a aucun intérêt à réduire la vitesse des avions de très fort tonnage, par contre on pourra être amené à augmenter la vitesse des avions de tonnage moyen en réduisant la capacité de transport.

Dans ce cas la valeur de $\frac{\sigma}{S}$ aura une grosse impor-

tance qu'il est facile de chiffrer dans chaque cas particulier en étudiant le projet d'après la méthode générale, c'est-à-dire en étudiant complètement l'avion pour différentes valeurs de $\frac{5}{S}$ et en prenant différents profils d'ailes.

Quoiqu'il en soit on voit d'après ce qui précède qu'un avion de 2000 HP pourra avec 5 heures de marche enlever environ 5700 kilos de poids utile, la vitesse au plafond étant de 150 km/ à l'heure et par conséquent de 170 environ à 2000 mètres,

Telles sont les possibilités actuelles qui seront certainement, en employant les moyens dont nous disposons, dépassées et permettent déjà d'entrevoir une utilisation des avions comme moyen de transport tout au moins dans des cas spéciaux.

EMPLOI DE LA SURALIMENTATION DES MOTEURS POUR LES AVIONS DE TRANSPORT

****

Dans le cas de la suralimentation, le calcul des éléments de l'avion pour level horizontal à une altitude donnée se fait d'une façon différente que s'il s'agit d'un moteur ordinaire.

Les équations générales de l'avion sont les suivantes

$$\mathrm{II}\ \frac{Rx}{Ry}\ \frac{V}{3,6} = 75 \times \rho\ T_o \quad \text{(Puissance nécessaire)}$$

$$\mathrm{II} = Ry\ S\ \frac{V^2}{13}\ \mu \quad \text{(Sustentation)}$$

$$T_o = \beta\ N^3\ D^5\ \mu\,,$$

$$V = N\ D\ \gamma$$

$$\beta = f_1\ (\gamma)$$

$$\rho = f_2\ (\gamma)$$

$$\frac{Rx}{Ry} = F\ (Ky)$$

De ces équations on tire :

$$y^1 = \frac{\beta\rho^3}{\gamma^5} = \frac{3,93}{10^{10}} \left(\frac{Rx}{Ry}\right)^3 Ky\ S \left(\frac{\mathrm{II}}{T_o}\right)^2 N^2$$

qui remplace l'équation en y utilisée précédemment.

La fonction y' hélice a été reportée sur le diagramme donnant y et sera utilisée de la même façon que cette dernière.

En ce qui concerne le maximum du poids utile p_u on pourra utiliser les résultats précédents de la façon suivante: Si la suralimentation (avec) $d' = \frac{\mathrm{II}}{T_o} \left(\frac{\mathrm{II}}{S}\right)^{1/2}$ et $R'x$ et $R'y$ sont les coefficients de trainée et de sustentation pour le vol horizontal à l'altitude du plafond de l'avion sans suralimentation, on aura en prenant le même rendement :

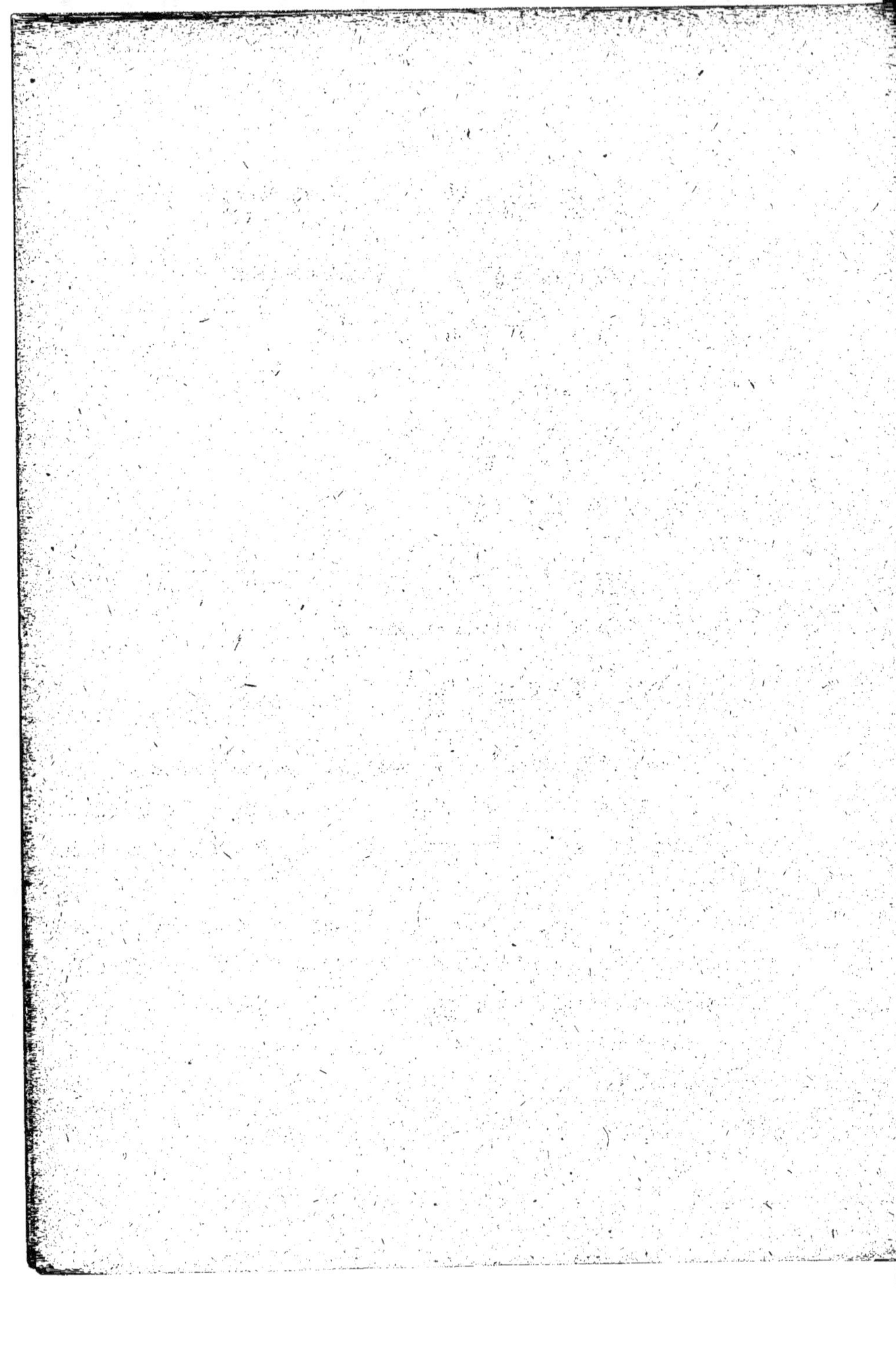

$$(1)\quad d' \frac{R'x}{R'y}\left(\frac{1}{K'y}\right)^{1/2}\left(\frac{1}{\mu'}\right)^{1/2} = d\,\frac{Rx}{Ry}\left(\frac{1}{Ky}\right)^{1/2}\left(\frac{1}{\mu'}\right)^{1/2}\frac{1}{\mu}$$

$$(2)\quad \frac{a'^{5/2}}{d'} = \frac{a^{5/2}}{d} \quad \text{ou} \quad \frac{a'^{5/2}}{a^{5/2}} = \frac{d'}{d} = \frac{\frac{Rx}{Ry}\left(\frac{1}{Ky}\right)^{1/2}}{\frac{R'x}{R'y}\left(\frac{1}{Ky}\right)^{1/2}} \times \frac{1}{\mu}$$

Pour que l'avion puisse décoler, il est indispensable que pour un poids a' par HP, il ait un certain excès de puissance; alors que la suralimentation ne saurait employée. Si l'on prend 3000 par exemple on aura :

(3) $\frac{a'}{a} = \left(\frac{\mu'_m}{\mu_m}\right)^{1/2} = 1{,}07$, μ_m correspond au plafond Z'm 4000 choisi pour le calcul précédent .

On peut admettre que l'augmentation du poids par HP compense l'alourdissement obligé par la présence de la suralimentation.

Si le poids utile n'est pas augmenté, il n'en sera pas de même de la vitesse qui deviendra beaucoup plus grande au fur et à mesure que l'on s'élèvera , ce qui présente un avantage marqué.

Si l'on prend par exemple l'angle de vol correspondant à $\frac{Rx}{Ry}$ et Ky donnant $\frac{Rx}{Ry}\left(\frac{1}{Ky}\right)^{1/2}$ minimum, on aura dans le cas de la suralimentation :

$$\frac{\Pi}{T_0} \times \frac{Rx}{Ry}\;\frac{V}{3{,}6} = 75\,\rho$$

$$\Pi = Ky\;S\;\frac{V^2}{13}\,\mu''$$

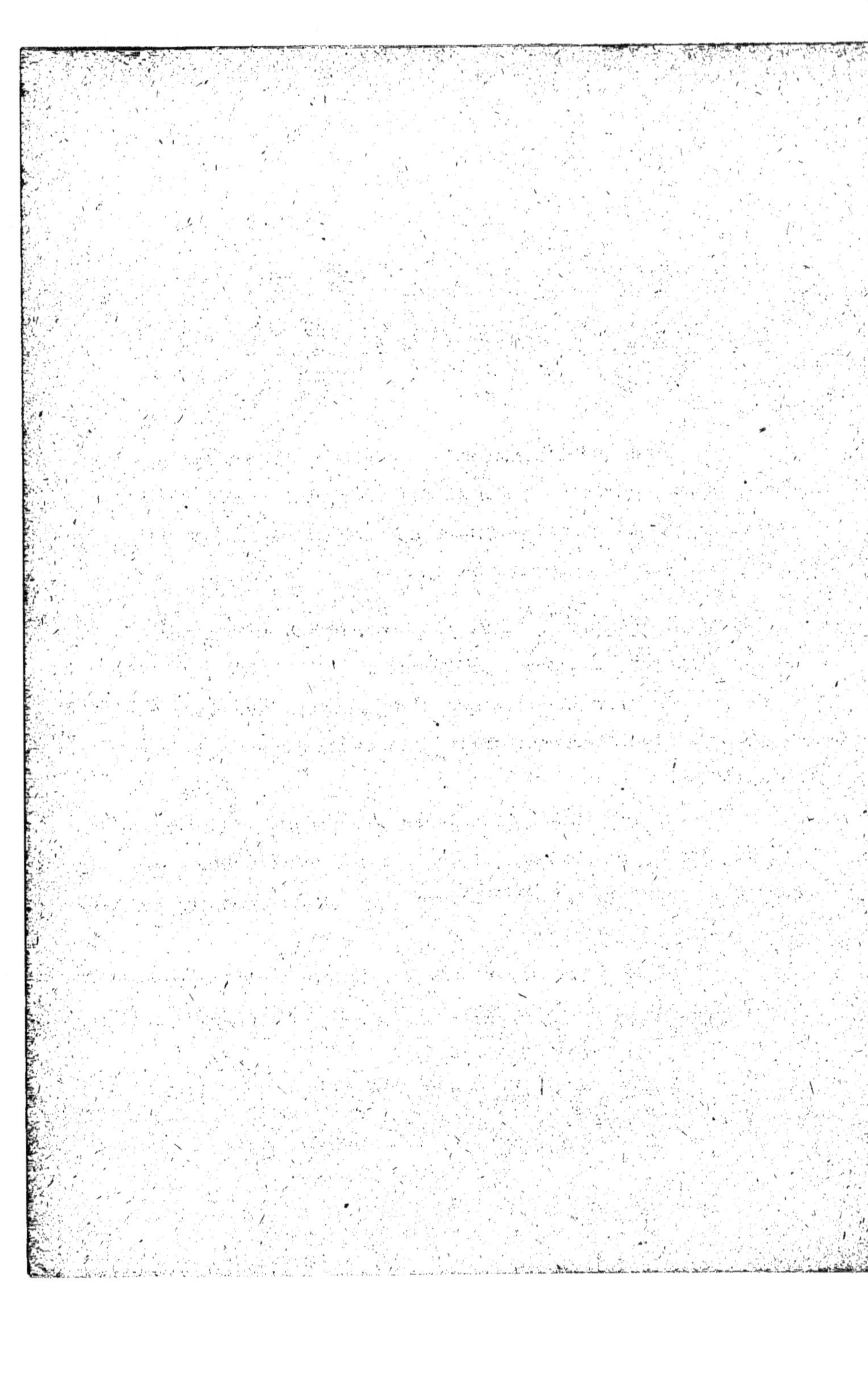

μ'' pour l'altitude de vol correspondant à la vitesse V obtenue avec moteur suralimenté.

Prenons comme exemple :

1°/ Cas de moteur ordinaire.

$T_o = 2000$ HP

$\frac{\sigma}{S} = 0,0008$

$a = 9^k$

$b = 50^k$

$\rho = 0,80$

$\frac{Rx}{Ry} = 0,094$

$Ky = 0,0464$

$S = 360$

$V_m = 145$

2°/ Cas du moteur suralimenté.

$T_o = 2000$

$\frac{\sigma}{S} = 0,0008$

$a = 9^k,65$

$b = 50^k$

$\rho = 0,80$

$\frac{Rx}{Ry} = 0,094$

$Ky = 0,0464$

$S = 387$ mètres

On aura :

$$V'm = \frac{3,6 \times 75 \times \rho}{\frac{II}{T_o} \times \frac{Rx}{Ry}} = 236 \text{ km. heure}$$

l'altitude de vol pour obtenir cette vitesse est donnée par :

$$\mu'' = \frac{13\ II}{S} \times \frac{1}{Ky} \times \frac{1}{V^2}$$

$$\mu'' = \frac{13 \times 50}{0,0464 \times 56000} = 0,25$$

Soit : Z = 11000 mètres environ.

Dans le cas du moteur ordinaire avec 5 heures de combustible pour le moteur tournant au sol, on pourrait parcourir en volant au plafond par vent nul :

$$5^h \frac{T_o}{T_o} \times \frac{V\ m}{\times\ 0,606} = \frac{5^h \times 145}{0,606} = 1180 \text{ kilomètres.}$$

chiffre théorique obtenu en supposant l'emploi d'un carburateur parfait à correction altimètrique.

Dans le cas de la suralimentation la distance parcourue avec 5 heures d'essence serait :

5 × 236 = 1180 kilomètres

<u>CONSÉQUENCE</u> ; Par vent nul la suralimentation devrait donner le même rayon d'action que le moteur ordinaire avec la même provision d'essence mais les vitesses sont dans le rapport de $\frac{236}{145} = 1,63$

Par vent de 50 kilomètres à l'heure on aura comme rayon d'action R dans le premier cas et en supposant l'essence bien employée.

To

$$\frac{5}{0,606} = \frac{2\,R \times V}{V^2 - 02} = \frac{2\,R \times 145}{145^2 - 50^2}$$

d'où :

$$R = \frac{5\,(145^2 - 50^2)}{0,606 \times 2 \times 145} = \frac{5 \times 18500}{0,606 \times 2 \times 145} = 525^k$$

Dans le second on aura :

$$R = \frac{5\,(236^2 - 50^2)}{2 \times 236} = \frac{5 \times 51000}{2 \times 236} = 540^k$$

Le rayon d'action n'est pas sensiblement augmenté dans ce cas.

Mais l'avantage de la vitesse subsiste.

Il est incontestable que si pour les avions de transport, le fait d'utiliser des grandes altitudes est un inconvénient en raison de la raréfaction de l'air qui nécessite l'emploi d'appareils respiratoires, on doit reconnaitre que pour les avions militaires, la possibilité de voler à très grande vitesse aux hautes altitudes, présente un avantage capital.

Le problème de la suralimentation et de la variation du pas de l'hélice pendant la marche peut être considéré comme résolu; reste à solutionner celui de la variation du diamètre de l'hélice et de l'automaticité.

=========================

FIN DU COURS...

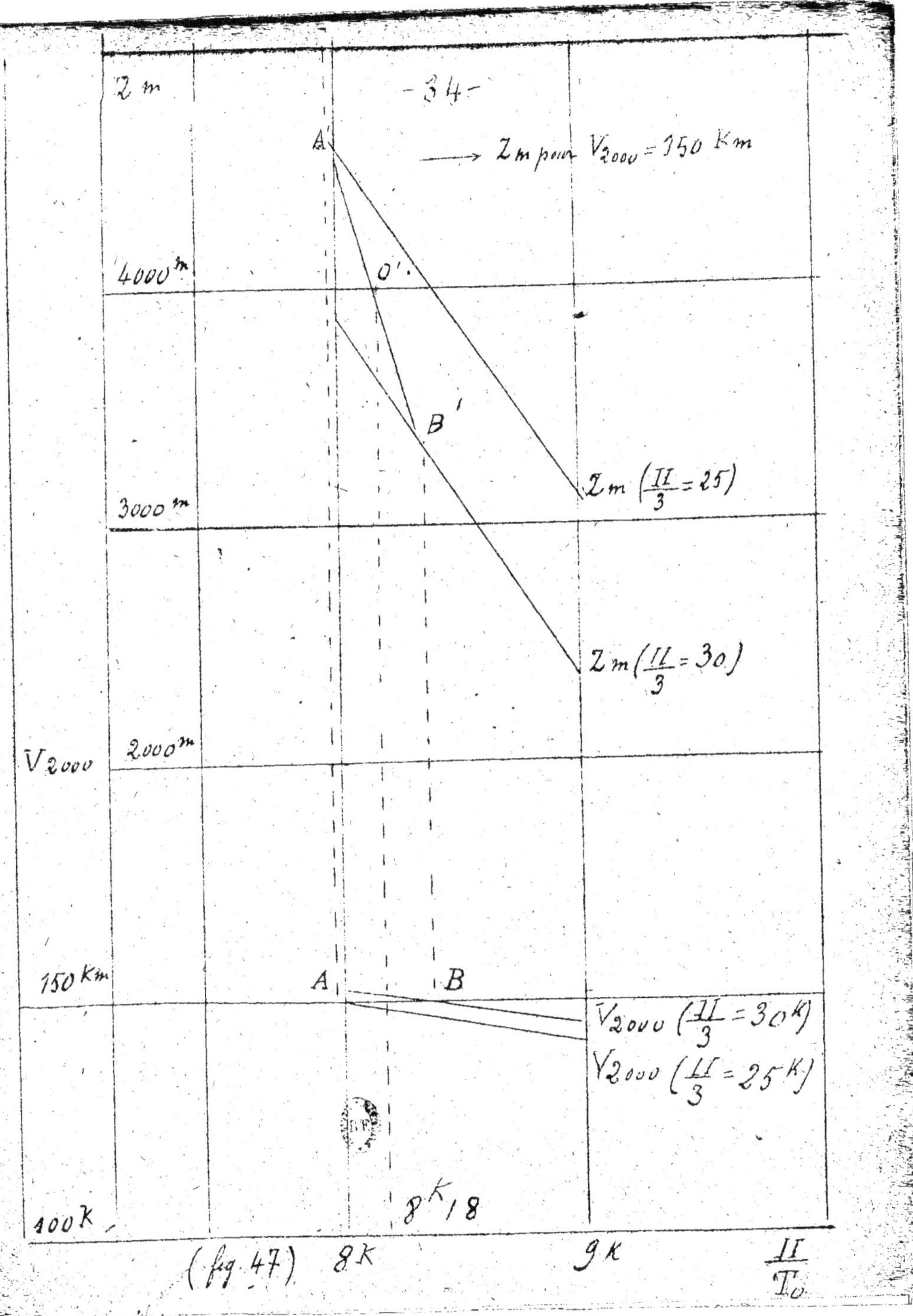

Z m
A'
→ Z m pour V2000 = 150 Km
4000m
O'
B'
Z m (II/3 = 25)
3000m
Z m (II/3 = 30)
V 2000
2000m
150 Km
A
B
V2000 (II/3 = 30K)
V2000 (II/3 = 25K)
8K18
100K
8K
9K
II/To

(fig. 47)

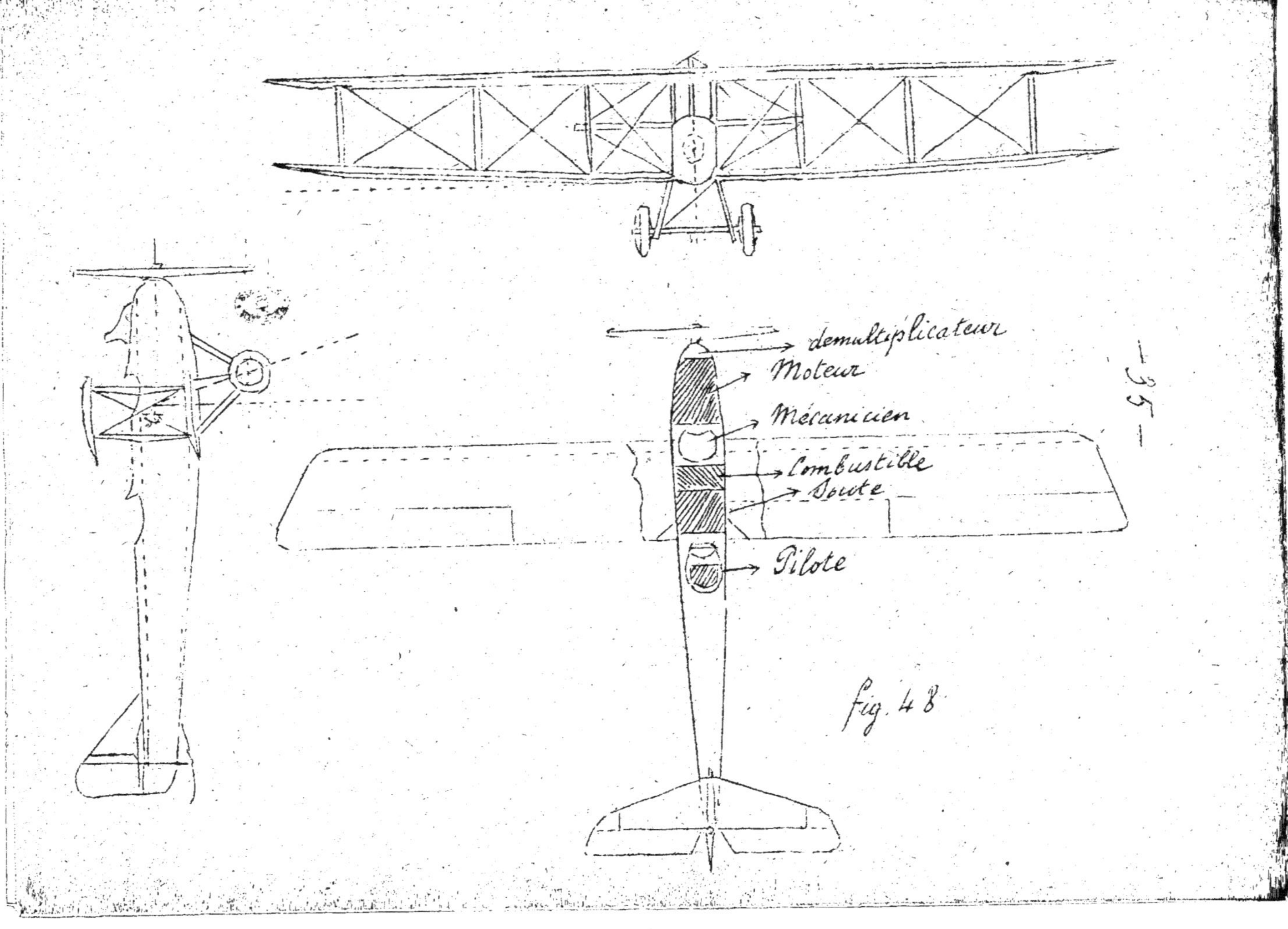
demultiplicateur
Moteur
Mécanicien
Combustible
Soute
Pilote

fig. 48

V | Π/S | Π/To
13 Km
12 K
50 Km
11 K
10 K
45 K 9 K
8 K
7 K
40 K
6 K
5 K
150 K 35 K 4 K
3 K
2 K
100 K 30 K
1 K

Π/S $\left(\frac{\sigma}{3}=0{,}0008\right)$
Π/S $\left(\frac{\sigma}{3}=0{,}001\right)$
Handley-Page ○ Π/S
Π/To $\left(\frac{\sigma}{3}=0{,}0008\right)$
Π/To $\left(\frac{\sigma}{3}=0{,}001\right)$
○ Π/To Handley-Page
V 200
Vm
Pu/To

500 HP 1000 HP 1500 HP 2000 HP

fig. 49

www.ingramcontent.com/pod-product-compliance
Lightning Source LLC
LaVergne TN
LVHW050446060726
842526LV00001B/59

9782019957117